· 四川大学精品立项教材 ·

环境修复学

HUANJING XIUFU XUE

孙 辉 唐 柳 主 编

四川大学出版社
SICHUAN UNIVERSITY PRESS

项目策划：王　锋
责任编辑：王　锋
责任校对：胡晓燕
封面设计：墨创文化
责任印制：王　炜

图书在版编目（CIP）数据

环境修复学 / 孙辉，唐柳主编． — 成都 ： 四川大
学出版社，2020.12
　　ISBN 978-7-5690-4059-3

　　Ⅰ．①环… Ⅱ．①孙… ②唐… Ⅲ．①生态恢复—研
究 Ⅳ．① X171.4

中国版本图书馆 CIP 数据核字（2020）第 263239 号

书名	环境修复学
	HUANJING XIUFU XUE
主　　编	孙　辉 唐　柳
出　　版	四川大学出版社
地　　址	成都市一环路南一段 24 号（610065）
发　　行	四川大学出版社
书　　号	ISBN 978-7-5690-4059-3
印前制作	成都完美科技有限责任公司
印　　刷	成都市新都华兴印务有限公司
成品尺寸	185mm×260mm
印　　张	16
字　　数	340 千字
版　　次	2020 年 12 月第 1 版
印　　次	2020 年 12 月第 1 次印刷
定　　价	68.00 元

◆ 读者邮购本书，请与本社发行科联系。
　电话：(028)85408408/(028)85401670/
　(028)86408023　邮政编码：610065
◆ 本社图书如有印装质量问题，请寄回出版社调换。
◆ 网址：http://press.scu.edu.cn

四川大学出版社
微信公众号

前　言

　　"中华民族生生不息，生态环境要有保证"，"生态文明建设是关系中华民族永续发展的根本大计"，为贯彻新时期党中央关于生态环境保护的总体要求，环境约束性和预期性目标将逐步纳入国民经济和社会发展规划、国土空间规划以及相关专项规划，形成全社会共同推进生态建设和环境治理的良好局面。为此，须提供更加符合新时代要求的环境修复和生态建设的科学理论和系统方法，为推动我国生态环境质量根本好转、建设生态文明和美丽中国提供有效保障。随着近10年来环境整治和生态建设力度不断强化，生态文明建设快速推进，特别是大气污染防治行动计划、水污染防治行动计划和土壤污染防治行动计划相继推出，对环境修复产生了巨大的市场需求，环境修复的新理论、新技术、新材料和新方法不断形成，并快速应用于实践。

　　环境修复，狭义上仅指污染场地的修复，广义上的环境修复是在不同空间尺度上，对受损环境和污染环境介质（如土壤、地表水、沉积物、地下水、湿地、迹地和生态系统等）进行净化和恢复，是对环境系统的结构和功能进行恢复、重建或重构，以改善环境质量和服务功能。环境修复目前尚缺乏标准规范和完善的技术体系，更多是基于健康风险、生态风险评估结合生态与环境等学科理论针对性的技术、方法和措施集成。随着环境修复学科体系的深入完善、行业产业发展和技术发展更新，在生态文明建设、环境质量改善和社会需求导向下，国内外在环境修复领域的原则、理论、技术、评估方法及修复材料等方面都取得了长足进展。但是，尚缺乏比较系统阐述和总结环境修复各领域的理论体系和技术方法的教科书或培训手册，不利于专门人才的培养和本领域知识的系统传播，这对于我国蓬勃发展的环境修复学科、专业和产业都形成了极大制约。

　　《环境修复学》是在国内外环境修复理论和实践探索基础上的系统研究、应用、总结和提炼，书稿作为环境科学与工程相关专业本科课程《环境修复》讲义，已持续使用了10余年，其间尽力不断补充、更新、修改、完善。本书介绍了环境修复领域的基本概念、原理，环境介质主要类型、污染源及污染特征，环境修复的原则、技术方法体系和优缺点分析，每章后附进一步阅读的文献。全书共分为11章：第1章主要介绍了环境修复背景、主要术语、概念和发展历史，以及环境修复学的学科基础和任务；第2~6章着重介绍了污染环境的物理修复、化学修复、微生物修复、植物修复和生态工程修复的基础知识、主要技术类型及技术要点；第7章重点介绍了土壤环境修复的相关内容，包括重金属污染修复和土壤有机污染修复及其技术类型；第8章从河流、湖库和湿地方面，阐述了地表水环境修复的原则、特点和主要技术方法；第9章讲述了地下水污染特点、修复技术以及土壤—地下水联合修复方法；第10章讲述空气污染行之有效的主流修复模式和技术；第11章系统阐述了污染场地的主要类型及修复技术方法。本书框架纲要由孙辉和唐柳完成，第1章、第2章、第3章和第4章由孙辉、唐柳、谢冰心、秦纪洪、陈文清和李智编写，第5章、第6章、第7章由秦纪洪、李智、范诗雨、孙辉和唐柳编写，第8章、第9章由秦纪洪、杨济源、谢冰心、李智、周璇、唐柳编写，第10章和第11章由李智、谢冰心、孙辉、唐柳、陈文清编写，全书由四川大学水利水电学院周璇博士等统稿校核，由孙辉和唐柳最终定稿。

本书也体现了四川大学工程设计研究院、四川省健康人居工程技术研究中心等国内外机构近年来的大量工程实践，可以作为环境专业本科生和研究生的教材和参考书，也可为企事业单位环境管理、环境修复工程技术人员提供有价值的参考。感谢四川大学教材建设和选用审核委员会对本书稿作为教材建设予以立项资助，感谢四川大学建筑与环境学院相关领导和专家的鼓励和帮助，感谢四川大学出版社编审们高效专业的工作，感谢所有为本书顺利出版做出贡献和提供帮助的专家和朋友。顾及本书的系统性，借鉴了本领域已经报道的很多研究和实践工作，鉴于格式体例要求，未能逐一注引说明，在此一并致谢。限于学科日新月异快速发展、编者理论水平和认识局限，终归力不从心、挂一漏万，其中存在的疏漏和不足之处，恳请广大同仁和读者批评指正。

编 者
二〇二〇年冬

目　录

第1章 绪论

环境问题、环境污染、环境治理、环境修复，已成时代热词。随着环境科学认识不断深入，环境理论和技术不断进步，公众环境意识不断增强，环境修复应运而生。环境修复是通过物理、化学、生物或综合的技术与工程措施，使环境中污染物质的毒性降低或危害消除，使受损环境的结构和功能得到部分或全部恢复的过程。

1.1 环境问题与环境污染

1.1.1 环境

环境（Environment）是指围绕某一事物主体，并对该主体产生影响的所有外界要素（如空间、条件、状态等）。不同情形下，环境的概念有所不同。如《中华人民共和国环境保护法》将"环境"定义为"影响人类生存和发展的各种天然的和经过人工改造的自然因素的总体，包括大气、水、海洋、土地、矿藏、森林、草原、湿地、野生生物、自然遗迹、人文遗迹、自然保护区、风景名胜区、生活居住区等"，即把环境中受到保护的环境要素或对象界定为环境。

环境学所研究的环境，是以人类为主体的外部世界，即人类生存、繁衍所必需的、相适应的环境，或事物条件的综合体，它们可分为自然环境和人工环境。从狭义上说，自然环境（Natural environment）是一切直接或间接影响人类，且是自然形成的物质、能量和自然现象的总体，它是人类赖以生存、生活和生产的基础，如大气、水、土壤、岩石等物理要素，光照、温度、降水、湿度等气候要素，动物、植物、微生物、植被等生物要素，地壳稳定性、引力、磁力、辐射、能量等自然现象。人类的活动主要发生在生物圈内，与自然环境密不可分。随着科学技术的进步，人类活动的影响范围日益扩大，外太空、深海和岩石圈都受到了人类活动的影响。但自然环境对人的影响才是根本性的，人类是自然的产物，同时人类活动又影响着自然环境，人类要改造自然环境，就必须遵循自然环境的基本原则。人工环境（Artificial environment）是在自然环境的基础上由人类活动形成的环境要

1

素，它是通过人类长期有意识的社会劳动、加工和改造自然而形成的物质、能量和精神产品，以及在此过程中形成的人与人之间的关系。它包含了综合生产力、技术进步、人工构筑物、人工产品和能量、政治体制、社会行为、宗教信仰和文化与地方因素等。与漫长的自然演化历史相比，人工环境出现的时间较短，但是在这短暂的时间内，其内容得到了极大的丰富和发展。环境科学中所研究的人工环境是指自然环境，也就是自然生物圈这一层与人工环境中的人工构筑物、人工产品和能量以及人的关系的问题。

1.1.2　环境要素

环境要素(Environmental elements)，又称环境基质，是指构成环境整体的各个独立、性质不同而又服从整体演化规律的基本组成部分，分为自然环境要素和人工环境要素。自然环境要素通常包括水、大气、土壤、阳光、生物、岩石等。人工环境要素包括综合生产力、技术进步、人工产品和能量、政治体制、社会行为、宗教信仰等。

环境要素组成环境结构单元，环境结构单元又组成环境整体或环境系统。例如，由水组成水体，全部水体总称水圈；由大气组成大气层，全部大气层总称大气圈；由土壤组成农田、草地等，全部土壤总称土壤圈；由岩石组成岩体，全部岩体总称岩石圈等。各个环境要素之间相互利用，并因此而发生演变。环境要素是认识环境、评价环境、改造环境的基本依据，一般具有如下属性：

(1)最小限制律：这与生态学最小因子定律(Liebig's Law of the Minimum)类似。整体环境质量和容量，不是由环境诸要素的平均状态决定，而是受环境诸要素中与最优状态差距最大的要素控制。环境质量高低与环境容量大小，取决于环境诸要素中处于"最低状态或最差状态"的特定要素，而不能用其余处于优良状态的环境要素去弥补和代替。因此，在改进环境质量时须对环境诸要素的优劣状态进行定量描述，以由差到优的顺序，依次改造每个要素，使之均衡地达到最佳状态。

(2)协同性：环境不是各要素之间简单的加和，环境诸要素互相联系、互相作用产生的集体效应是个体效应基础上质的飞跃。

(3)普遍联系：环境诸要素在地球演化史上的出现具有时空顺序，但彼此之间仍然相互联系、相互依赖。每个新要素的产生都能给环境整体带来巨大影响。这些环境要素相互关系的特点是通过能量在各个要素之间的传递、形态转换，以及物质在各个要素之间的流通实现的。环境诸要素间的联系和依赖，主要表现在以下方面：首先，从演化意义上看，某些要素孕育着其他要素。在地质史上，岩石圈的形成为大气圈的出现提供了条件，而岩石圈和大气圈的出现又为水的产生提供了条件，岩石圈、大气圈和水圈的存在，为生物的发生、发展提供了条件。其次，环境诸要素的相互联系、相互作用和相互制约，是通过能量流在各个要素之间的传递，或通过能量形式在各个要素之间的转换来实现的。地表所接受的太阳辐射可任意转化为增加气温的显热，这种能量形式的转化影响整个环境要素间相互制约的关系。另外，通过物质在各个环境要素间的流动，即通过各个要素对于物质的贮存、释放、转运等环节的调控，使全部环境要素联系在一起。食物链与食物网是环境诸要素间相互联系、相互依赖最直接的体现之一。

1.1.3 环境功能与环境效应

环境系统是一个动态的复杂开放系统，它存在时间、空间、量、序的变化，系统内外存在着巨大的能量变化和交换。由于人类环境存在连续不断的、巨大的、高速的物质及能量、信息的流动，因此环境系统对人类活动的影响具有不容忽视的特性。

环境功能(Environment function)是环境要素及其组合形成的状态在时空维度上维持人类社会生存和经济活动的功能。环境的首要功能是物质生产功能，即从土壤、水体、森林、矿藏等自然资源中进行正常的物质生产(源的功能)；其次是人类社会生活和物质生产过程中形成的废弃物的去向(分解、处置、循环或储存)安全(汇的功能)；第三是提供可持续的生命支持的环境或生态系统服务功能，例如气候稳定性、生物多样性、生态系统完整性和紫外线辐射防护(服务功能)；第四是提供内在愉悦、心理、审美和文化价值(精神功能)。

环境影响(Environmental impacts)是指各种人类活动(经济、政治和社会活动)对环境功能产生的作用和导致的变化，以及这些作用和变化对人类生存、社会和经济活动的效应。环境影响又称环境效应，包括人类活动对环境的作用和环境对人类的反作用两个方面。因此，环境影响既强调人类活动对环境的作用，即认识和评价人类活动使环境发生或将发生哪些变化，又强调这种变化对人类的反作用，即认识和评价这些变化会对人类社会产生什么样的效应(结果)。一般情况下，环境效应具有以下特征。

(1)整体性。整体性体现在两个方面，第一个方面是人类与地球环境是一个整体，地球的任何部分或任意系统，都是人类环境的组成部分，各部分之间存在着紧密的相互联系、相互制约的关系。局部地区的环境污染或破坏会对其他地区造成影响和危害，因此，人类的生存环境是没有区域界线的，整个环境系统是一个整体。整体性的第二个方面是指特定环境要素的污染和破坏，会通过环境要素之间的相互作用，对整个环境系统造成影响或危害，例如土壤重金属污染会影响土壤微生物、植物、地表水和地下水体、大气环境，进而影响整个系统的环境质量和环境容量。

(2)有限性。人类环境的稳定性、资源及容纳污染物质、对污染物质的自净能力是有限的。环境背景值和环境容量就是环境有限性的衡量指标。在未受到人类干扰的情况下，环境中化学元素及物质和能量分布的正常值，称为环境本底值(环境背景值)。环境对于进入其内部的污染物质或污染因素，具有一定的迁移、扩散、同化、异化的能力。在人类生存和自然环境不致受害的前提下，环境可能容纳污染物质的最大负荷量，称为环境容量。环

境容量的大小，与其组成成分和结构、污染物的数量及其物理和化学性质有关，任何污染物对特定的环境及其功能要求都有其确定的环境容量。

（3）潜伏性。除了如森林大火之类的事故性污染与破坏可直观其后果外，日常的环境污染与环境破坏对人们的影响，其后果的显现有一个过程。如日本汞污染引起的水俣病，在20年后才显现出其对人类健康的危害性。

（4）持久性。正如环境污染的潜伏性一样，环境污染具有持久性的特征，污染源停止排出污染物后，污染并没有马上消失，而是还会存在较长时间。

（5）累积性。环境污染和破坏的危害性和灾害性，在深度和广度上会产生累积效应与放大效应。如 SO_2、NO_x 等气体排放，不仅造成局部空气环境污染，还可能造成酸沉降导致土壤酸化、植被破坏等，而 CO_2 等温室气体的排放，则会造成全球变暖、冰川消融、海洋酸化以及海平面上升等。

1.1.4　环境污染

环境污染（Environment pollution）是指由于人为或自然的因素，使得有害物质或者其因子进入环境，破坏环境系统正常的结构和功能，降低环境质量，对人类或者环境系统本身产生不利影响的现象。环境污染是各种污染因素本身及其相互作用的结果，具有公害性（环境污染不受地区、种族、经济条件的影响，一律受害）、潜伏性（许多污染不易及时发现，一旦爆发则后果严重）、长久性（许多污染长期连续不断地影响，危害人们的健康和生命，并且不易消除）等特点。引起环境污染的物质称为环境污染物或污染因子，简称污染物或污染因子。

环境污染可以按照污染因子、环境要素以及污染产生原因进行分类。

（1）按照污染因子的性质，环境污染可分为物理污染、化学污染、生物污染。其中物理污染包括噪声污染、光污染、热污染、电磁辐射、核辐射等；化学污染包括有机污染、重金属污染等；生物污染包括细菌污染、病毒污染、真菌污染等。

（2）按照环境要素，环境污染可分为空气污染、水污染、土壤污染、生物污染和物理环境污染等。

（3）按照污染产生原因，环境污染可分为工业污染、农业污染、交通污染和生活污染等。

环境污染不仅对人类及环境造成危害，还减少地表水、地下水、土地等自然资源可使用量，使资源紧缺的形势更加严峻。环境污染也导致生态破坏，加剧生态系统结构与功能改变，加速物种灭绝等，环境污染已成为全球性问题。与环境污染相对应的，是环境质量下降和环境健康受到威胁。其中，环境质量（Environment quality）是度量环境健康的主要指标之一，是指在特定环境中，环境总体或环境某些要素对人类生存和健康以及社会经济发展的适宜程度，是反映人类的具体要求而形成的对环境现状进行评定的参数或者特征指标体系。环境健康（Environment health）[1]是指在人与环境相互作用的过程中，环境处于系统功能正常、环境质量良好、人类身心健康、生命质量有保障的状态。

1.1.5 环境问题

1.1.5.1 环境问题的定义

环境问题（Environment issues）一般指由于自然界或人类活动作用于人类周围环境引起环境质量下降或生态失调，以及这种变化反过来对人类生产、生活产生不利影响的现象。环境问题可分为两大类：一类是自然因素的破坏和污染等原因所引起的。如火山活动、地震、风暴、海啸等产生的自然灾害，因环境中元素自然分布不均引起的地方病，以及自然界中放射物质产生的放射病等。另一类是人为因素造成的环境污染和自然资源与生态环境的破坏。在人类生产、生活活动中产生的各种污染物（或污染因素）进入环境，超过了环境容量的容许极限，使环境受到污染和破坏；人类在开发利用自然资源时，超越了环境自身的承载能力，使生态环境质量恶化，有时候会出现自然资源枯竭的现象，这些都可以归结为人为造成的环境问题。由人为因素引起的生态和环境问题，从大类上来说主要包括气候变化（Climate change）、环境退化（Environment degradation）、环境健康问题（Environment issues with health）、环境能源问题（Environment issues with energy）、环境社会问题（Environment issues with society）、环境污染（Pollutions，点源和非点源污染，包括空气污染、水污染和土壤污染等）、资源耗竭（Resource depletion）、环境毒物（Environment toxicants，部分为持续性有机污染物，即 POPs）、固体废弃物（Waste）等。

1.1.5.2 环境问题的产生和发展

人类是环境的产物，也是环境的改造者。环境问题随着人类的诞生而出现，随着人类生产力和文明水平的提高而发展。人类生产力提高，人口数量和物质生活水平随之提高，环境问题日益尖锐。根据环境问题的产生过程和轻重程度，环境问题的发生和发展可大致可分为以下三个阶段：

---

[1] As of 2015 the WHO website on environmental health states "Environmental health addresses all the physical, chemical, and biological factors external to a person, and all the related factors impacting behaviors. It encompasses the assessment and control of those environmental factors that can potentially affect health. It is targeted towards preventing disease and creating health-supportive environments. This definition excludes behavior not related to environment, as well as behavior related to the social and cultural environment, as well as genetics."

(1)早期环境问题。其跨越了从人类文明开始，到产业革命以前的漫长时期。在原始社会，由于生产力水平很低，人类依赖自然环境，以狩猎和采集天然动植物为生，人类主要是利用环境而很少有意识地改造环境，环境问题虽已出现但并不突出。新石器时代，原始农、牧业的产生使人类摆脱了靠狩猎、采集和迁徙维持生存的局面，人类社会进入"刀耕火种"时代。但随着人口增长和社会发展，森林大面积被破坏，土地和草原被开垦，引起了水土流失、土地退化、土壤盐渍化及沼泽化等环境问题。例如，黄河流域作为人类文明的发源地，曾经森林广布（诗经"坎坎伐檀兮，置之河之干兮，河水清且涟猗"），至春秋末期农业扩张导致森林破坏，河水逐渐变黄（左传"俟河之清，人生几何"），而至两汉时期大规模开垦，森林骤减，水源得不到涵养，造成水旱灾害频繁，水土流失严重，沟壑纵横，土地日益贫瘠。此阶段人类活动对环境的影响，多数情况下还是局部和暂时的，没有达到影响整个生物圈的程度。

(2)近代环境问题。工业革命是世界史的一个新时期的起点，欧洲和美国在不到一个世纪的时间里先后进入工业化社会，并迅速向全世界扩展。工业化社会的特点是高度城市化，但因城市盲目扩张、违背自然规律搞建设而表现出来的与城市发展不协调的失衡和无序，造成巨大资源浪费、居民生活质量下降和经济发展成本上升，进而导致城市竞争力丧失，阻碍城市可持续发展，即所谓的城市病。这些城市的人口、交通和产业过度集中，超出区域自然与环境承载力，基础设施跟不上城市化扩张和人口快速增长的需要，导致城市的大气和水环境质量持续恶化、交通拥堵、人口剧增、市政绿地减少、生态环境恶化等。同时，一系列发明和技术革新大大提高了社会生产力，人类开始以空前的规模和速度开采和消耗化石能源及其他自然资源。环境问题开始出现新的特点，并日益复杂化和全球化。在 20 世纪 60 年代以后，发达国家均开始重视环境问题，进行有效治理，较好地解决了发达国家国内的环境污染问题，并把污染严重的相关工业产业转移到发展中国家。随着产业转移和污染输出，一些发展中国家开始重蹈发达国家的覆辙，重走工业化和城市化的老路，环境问题有过之而无不及，同时伴随着严重的生态破坏，这在一些拉美国家表现得尤为突出。

(3)当代环境问题。从 20 世纪 80 年代开始，环境问题逐渐从局部、区域问题发展成为全球性的问题。1984 年，英国科学家发现南极上空出现臭氧空洞，这一发现在 1985 年被美国科学家证实，由此引发了第二次世界性环境问题的高潮，人类环境问题也进入当代环境问题阶段。

1.1.5.3　当代环境问题特征

(1)全球化。过去的环境问题所影响的对象、范围、后果，都具有局部性、区域性特点，当代环境问题则表现出明显的全球性。如气候变暖、臭氧层空洞等，其影响范围是全球性的，产生的后果也是全球性的。随着当代科技的迅猛发展，由高新技术引发的环境问题日渐增多。如全球气候变化、大规模核事故、酸沉降、持续性有机污染、新型工业污染、大范围土地利用改变等。这些环境问题治理技术难度大，影响范围不局限于区域或国家，治理不但涉及技术问题，而且涉及相关国家或区域经济体的根本利益，需要国际社会的共同努力。

（2）综合化。20 世纪中期出现的"八大公害事件"曾引起世界的震惊，但它们实际上都是由区域性污染引起的损害人们健康的问题。当代环境问题已远远超出这一范畴，涉及人类生存环境的各个方面，如森林锐减、草场退化、荒漠化、土壤侵蚀、物种减少、水源危机、气候异常、城市化问题等，已严重影响人类生存、生产、生活的各个方面。

（3）复杂化。虽然人类已进入后工业化、信息化时代，但历史上不同阶段所产生的环境问题在当今地球上依然存在。同时，现代社会又滋生了一系列新的环境问题。这样，形成了从人类社会出现以来各种环境问题在地球上的不断积累、组合及集中暴发的复杂局面。

（4）社会化。当代环境问题已影响到人类社会的各个方面，已不是仅限于少数人、少数部门关心的问题，而是成为全社会共同关注的问题。虽然当代环境问题仍不断出现新情况，但保护环境已成为全人类的共识，环境问题已成为国际社会共同关注的焦点。

（5）政治化。作为人类社会的生命支持系统，生态系统与自然环境对人类社会经济发展的支撑功能已经接近极限，环境问题日趋复杂。当代环境问题已不再是单纯的技术问题，而是日益成为国际政治博弈的工具。与此同时，很多发展中国家现代化过程中出现的城市环境和生态破坏，以及快速城市化进程中"低标准和贫穷为基本特征的高密度人口聚居区"出现的环境恶化和资源短缺现象增多。又如，环境污染跨境转移等问题，威胁到人类社会生存和发展的基础，成为国家之间争取生存权和发展权的政治问题，人类在面对、解决环境问题的道路上仍然任重道远。

1.1.6　全球主要环境问题

当代前期面临的全球环境问题，已经突破国家和区域边界，成为国际性的政治经济问题，包括全球气候变化，废弃物泛滥，酸沉降，持久性有机污染物扩散，生物多样性丧失等，都不是一个区域或国家通过努力就可以彻底解决的。几乎所有这些问题，都是不可持续的方式利用自然资源的结果。废弃物跨境转移，不安全的水源，恶劣的环境卫生条件，大范围的空气污染，全球气候变化，这些全球环境危机和环境健康影响令人深感不安。当前的环境问题，正导致一些国家的环境灾难和环境悲剧，如不合理解决将对未来环境安全产生巨大的影响。这需要政府部门切实关注，制定适当的法律来解决，并让全社会意识到转变为可持续的环境友好的生产和生活方式的重要性和必要性。

1.1.6.1　全球气候变化（Global climate change）

全球气候变化最明显的特征是全球变暖（Global warming），全球变暖是指全球气温升高。近一百多年来，全球平均气温经历了冷—暖—冷—暖两次波动，总体来看为上升趋势。1981—1990 年全球平均气温比一百年前上升了 0.48℃。导致全球变暖的主要原因是人类在近一个世纪以来大量使用矿物燃料（如煤、石油等），排放出大量的 CO_2 等多种温室气体。由于这些温室气体对来自太阳辐射的短波具有高度的透过性，而对地球反射回来的长波辐射具有高度的吸收性，也就是常说的"温室效应"，导致全球气候变暖。全球气候变暖的后果，是使全球降水量重新分配，冰川和冻土消融，海平面上升等，既危害自然生态系统的平衡，更威胁人类的食物供应和居住环境。

与全球气候变化关联的是极端天气事件（Extreme weather）。极端天气事件发生的频率和程度越来越严重，如持续时间更长和温度更高的热浪，更频繁和更严重的干旱，更强的降雨和更具破坏力的飓风。美国国家科学院、工程院和医学院在 2016 年共同认为可将一些极端天气事件（如热浪）直接归因于气候变化。2015 年，加州持续干旱，这是该州 1200 年来最严重的干旱，由于全球变暖而加剧了 15%～20%。发生类似严重干旱的概率在过去一个世纪中几乎翻了一番。

全球变暖使海水温度越来越高，这意味着热带风暴可携带更多能量，第 3 类风暴变成更危险的第 4 类风暴。自 20 世纪 80 年代初以来，北大西洋飓风发生频率增加，并且达到 4 类和 5 类风暴的次数增加。2005 年袭击美国新奥尔良市的卡特里娜飓风是美国历史上造成损失最惨重的飓风，损失仅次于卡特里娜的飓风桑迪于 2012 年又袭击了美国东海岸。

全球变暖的影响正在全球范围内加剧。自 2002 年以来，南极洲每年融化的冰约 1340 亿立方米，如果按照目前的速度继续消耗化石燃料，将导致未来 50～150 年里海平面上升数米。

1.1.6.2　有毒化学品与危险废物

有毒化学品（Toxic chemicals）是指进入环境后通过环境蓄积、生物蓄积、生物转化或化学反应等方式损害环境与人体健康，或者通过接触对人体具有严重危害和具有潜在危险的化学品。市场上有 7 万~8 万种化学品，其中约有一半对人体和生态环境具有危害，发现有致癌、致畸、致突变作用的超过 500 种。随着工业不断发展，每年有 1000 多种新化学品进入市场。由于全球有毒化学品种类和数量不断增加，以及国际间贸易扩大，而且大多数有毒化学品对环境和人体危害还不完全清楚，它们在环境中的迁移难以控制，对人类健康和环境安全构成了严重威胁。有毒化学品泄露和运输所造成的事故，突发性强，污染速度快，范围大，持续时间长。特别是一些重大危险品泄漏事故，会造成严重的人身伤亡和财产损失，对环境构成重大危害。因此，有毒化学品问题已成为重要的全球环境问题，引起了世界各国的重视。

关于危险废物，国际上已经有了《巴塞尔公约》（*Basel Convention on the Control of*

Transboundary Movements of Hazardous Wastes and Their Disposal)。该公约签订于 1989 年 3 月 22 日，生效时间是 1992 年 5 月 5 日，其目的是限制危险废物越境转移。危险废物指国际上普遍认为具有爆炸性、易燃性、腐蚀性、化学反应性、急/慢性毒性、生态毒性和传染性等特性中一种或几种的生产性垃圾和生活性垃圾，前者包括废料、废渣、废水和废气等，后者包括废食、废纸、废瓶罐、废塑料和废旧日用品等，这些垃圾都会给环境和人类健康带来严重的危害。虽然已经有了《巴塞尔公约》，但危险废物越境转移仍屡禁不止，欧美一些发达国家向发展中国家转移有害废物的事件时有发生。1996 年 4 月发生在北京市平谷区的"洋垃圾"事件就是美国违反《巴塞尔公约》，假借出口混合废纸的名义向中国倾倒有害废物的典型事件。这已引起包括我国在内的广大发展中国家的强烈不满，呼吁发达国家信守诺言，认真履约，保证不再向发展中国家转嫁污染。2017 年，国务院办公厅印发的《禁止洋垃圾入境推进固体废物进口管理制度改革实施方案》对外公布，该方案明确全面禁止洋垃圾入境，完善进口固体废物管理制度，切实改善环境质量，维护国家生态环境安全和人民群众身体健康。

1.1.6.3　酸沉降（Acid deposition）

酸沉降是大气中的酸性物质（含有硫酸根或硝酸根）通过湿沉降（雨、雪、雾、雹、霜等）和干沉降（扬尘、灰霾等）到达地面的过程。湿沉降通常指 pH 值低于 5.6 的降水，包括雨、雪、雾、冰雹等各种降水形式。最常见的就是酸雨。干沉降是指大气中的酸性物质在气流的作用下直接迁移到地面的过程。目前，人们对酸雨的研究较多，已将酸沉降与酸雨的概念等同起来。酸雨在 20 世纪五六十年代最早出现于北欧和中欧，当时北欧的酸雨是欧洲中部工业酸性废气迁移所导致。1950—1972 年间，欧洲二氧化硫排放量增加了 2 倍，雨水酸度每年平均以 10% 的速度增加。20 世纪 70 年代以来，许多工业化国家采取各种措施防治城市化和工业化造成的空气污染，其中一个重要的措施是增加烟囱高度，这一措施虽然有效地改变了排放地区的大气环境质量，但空气污染物远距离迁移的问题却更加严重，污染物越过国界进入邻国，甚至形成了更广泛的跨国酸雨。全世界矿物燃料使用量持续增加，也使得受酸雨危害区域进一步扩大，酸雨由一个局部问题发展为一个区域乃至全球性的环境问题。

另外，受酸雨危害的地区，出现土壤和湖泊酸化，植被和生态系统遭受破坏，建筑材料、金属结构和文物被腐蚀等环境问题。全球受酸雨危害严重的有欧洲、北美和中国部分区域。据报道，瑞典 9 万个湖泊中有 2 万个成为"死湖"，鱼、虾等水生生物绝迹。欧洲大约有 6500 万公顷森林遭受酸雨污染危害，德国森林受酸雨危害面积由 1982 年的 8% 扩大到 1985 年的 52%，中欧有 100 万公顷森林枯萎死亡。在我国，酸雨已由 20 世纪 80 年代主要发生在西南地区，蔓延至华中、西南、华东和华南等地区，特别是在华中地区，降雨呈酸

 环 境 修 复 学

性的城市占 58%，近 20% 的城市酸雨频率大于 80%。

1.1.6.4 臭氧层消耗（Ozone layer depletion）

臭氧层在距地表 10～50 km 范围内，在约 25 km 高度处浓度最高，臭氧层吸收太阳紫外辐射，给地球提供防护紫外线的屏障，并将能量贮存在上层大气，有调节气候的作用。研究表明，平流层中臭氧浓度每减少 10%，地表紫外线强度将增加 20%，严重威胁人体健康。例如，当紫外线强烈作用于皮肤时，可导致光照性皮炎，皮肤出现红斑、痒、水疱、水肿等症状，还可能引起皮肤癌。当紫外线作用于中枢神经系统时，可能出现头痛、头晕、体温升高等症状。当紫外线作用于眼部时，可能引起结膜炎、角膜炎，还可能诱发白内障。平流层臭氧每减少 1.0%，全球白内障发病率将增加 0.6%～0.8%；而照射到地面上的紫外线强度每增加 1%，美国恶性黑色素瘤发生率将上升 0.8%～1.5%。

1987 年南极上空臭氧浓度降至 1957—1978 年的一半，南极臭氧空洞引起全世界高度重视。1987 年 9 月 16 日，在加拿大蒙特利尔会议上通过了《关于消耗臭氧层物质管制的蒙特利尔议定书》（*Montreal Protocol on Substances that Deplete the Ozone Layer*，以下简称《蒙特利尔议定书》），该协定于 1989 年 1 月 1 日起生效。蒙特利尔议定书规定每个成员组织将冻结并依照缩减时间表来减少 5 种氟利昂的生产和消耗，冻结并减少 3 种溴化物的生产和消耗。1995 年 1 月 23 日，联合国大会通过决议，确定从 1995 年开始，每年的 9 月 16 日为"国际保护臭氧层日"。《蒙特利尔议定书》至今已经过多次修正和调整，如 1990 年 6 月伦敦第 2 次缔约方会议上形成《伦敦修正案》，1992 年 11 月哥本哈根第 4 次缔约方会议上形成《哥本哈根修正案》，1995 年 12 月维也纳第 7 次缔约方会议上形成《维也纳调整案》，1997 年 9 月蒙特利尔第 9 次缔约方会议上形成《蒙特利尔修正案》，1999 年 11 月北京第 11 次缔约方会议上形成《北京修正案》等。

世界气象组织与联合国环境规划署发布《2014 年臭氧层消耗科学评估报告》指出，国际社会于 1987 年达成的《蒙特利尔议定书》为减少消耗臭氧层物质排放做出了巨大贡献。基于《蒙特利尔议定书》及相关协定开展的行动成功降低了曾用于冰箱、喷雾器、绝缘泡沫塑料和灭火器等产品的氟氯化碳和哈龙等气体在大气中的丰度。如果能够全面遵循《蒙特利尔议定书》，中纬度地区和北极上空的臭氧层有望在 21 世纪中叶以前恢复到 1980 年的基准水平（臭氧层出现严重消耗之前的水平），南极部分地区有望在晚些时候恢复到这一水平。该报告同时提出替代消耗臭氧层物质的氢氟碳化物虽对臭氧层无害，但包含多种强效温室气体，氢氟碳化物浓度正以年均 7% 的速度增加，如任其发展下去，氢氟碳化物可能会成为导致气候变化的另一重要因素。

1.1.6.5 生物多样性锐减（Biodiversity loss）

生物多样性（Biodiversity）是指生物、生物赖以生存的生态复合体以及各种生态过程中

的多样性和变异性总和，是生命系统的基本特征。生物多样性包括所有植物、动物、微生物等生命形态，这些生命形态所拥有的基因，以及这些生物与生存环境形成的复杂生态系统、生态过程等。生物多样性包括多个层次，如基因、细胞、组织、器官、种群、群落、生态系统和景观等，每一层次都存在多样性，研究内容包括遗传多样性、物种多样性、生态系统多样性及景观多样性。目前，研究更多集中在物种多样性水平，特别是濒危物种、小种群以及物种灭绝等问题，这些是全球普遍关注的重大生态环境问题。

据联合国环境署估计，目前全球有 500 万～3000 万种生物。事实上，自地球出现生命以来，就不断地有物种产生和灭绝。物种灭绝有自然灭绝和人为灭绝两种原因，人为灭绝是伴随人类大规模开发自然环境产生的。近几个世纪，随着人类对自然资源开发规模和强度的增加，人为灭绝的速度及濒临灭绝物种的数量都大大增加。据统计，人类活动已经引起全球 700 多个物种灭绝，其中包括 100 多种哺乳动物和 160 余种鸟类。在我国，大约有 200 个物种已经灭绝，约有 5000 种植物和 398 种脊椎动物处于濒危状态，分别占中国高等植物总数的 20% 和中国脊椎动物总数的 7.7%。1992 年 6 月，联合国通过《生物多样性公约》，中国及 135 个国家和地区在公约上签字，全球对生物多样性的保护和生物资源的可持续利用达成广泛共识并成为全球的联合行动。

1.1.6.6　*海洋污染*（Marine pollution）

海洋污染通常是指人类改变了海洋原来的状态，使海洋生态系统遭到破坏。有害物质进入海洋环境而造成的污染，会损害生物资源，危害人类健康，妨碍捕鱼和人类在海上的其他活动，损坏海水质量和环境质量等。海洋面积辽阔，储水量巨大，因此长期以来是地球上最稳定的生态系统。由陆地流入海洋的各种物质被海洋接纳，而海洋本身却没有发生显著的变化。然而近几十年，随着世界工业的发展，海洋的污染日趋严重，使局部海域环境发生了很大变化，并有继续扩张的趋势。海洋污染已经成为一种全球性的污染现象。1967 年 3 月，"托利卡尼翁"号油轮在英吉利海峡触礁失事是一起严重的海洋石油污染事故，10 天内该船所载的 11.8 万吨原油除小部分在轰炸沉船时燃烧外，其余全部流入海中，近 140 公里的海岸受到严重污染，受污染海域有 25000 多只海鸟死亡，50% 以上的鲱鱼卵不能孵化，幼鱼也濒于绝迹，英、法两国为此损失 800 多万美元。1978 年超级油轮"阿莫戈·卡迪兹"号在法国西北部布列塔尼半岛布列斯特海湾触礁，22 万吨原油全部泄入海中，又是一次严重的石油污染事故。最严重的海上油田井喷事故是墨西哥湾"Ixtoc-I"油井井喷，该井 1979 年 6 月 3 日发生井喷，一直到 1980 年 3 月 24 日才封住，历时 296 天，其流失原油 45.36 万吨，这次井喷造成 10 毫米厚的原油顺潮北流，涌向墨西哥和美国海岸。黑色油带长 480 公里，宽 40 公里，覆盖 1.9 万平方公里的海面，使这一带的海洋环境受到严重污染。2010 年 4 月 20 日晚上，英国石油公司（BP）位于美国路易斯安那州海岸约 80 公里

的墨西哥湾近海钻井平台突然发生猛烈爆炸，并于两天后沉没。4 月 29 日浮油面积接近 3000 平方公里，4 月 30 日晚，浮油面积已达大约 9900 平方公里，到 5 月 5 日，浮油面积已迅速扩大到 2 万平方公里。爆炸事故发生 3 周内，每天大约有 80 万升原油流入墨西哥湾，引起严重的海洋和近岸带生态灾难。

海洋污染的特点是污染源多、持续性强，扩散范围广，难以控制。重金属和有毒有机化合物等有毒物质在海域中累积，并通过海洋生物的富集作用，会对海洋动物和以此为食的其他动物造成毒害。石油会在海洋表面形成面积广大的油膜，阻止空气中的氧气向海水中溶解，同时石油的分解也消耗海水中的溶解氧，造成海水缺氧，对海洋生物产生危害，并祸及海鸟和人类。目前海洋污染已经引起国际社会越来越多的重视。1995 年在美国华盛顿召开的政府间会议上，"保护海洋环境免受陆源污染全球行动计划"（简称"全球行动计划"，GPA）由联合国环境规划署（UNEP）发起并获得通过，全球有 108 个成员国参与该行动计划。GPA 旨在应对人类陆地活动所引起的对海洋及沿海环境的健康、繁殖及生物多样性的威胁，是全球唯一明确提出处理淡水、沿海及海洋水环境相互间问题的多边机构，在地方、国家、区域乃至全球广泛参与的基础上，采取统一的跨领域的行动举措。

1.1.6.7 持久性有机污染物（POPs）

持久性有机污染物（Persistent organic pollutants，POPs）是具有环境持久性、生物累积性、长距离迁移能力和高生物毒性的特殊污染物，狭义的 POPs 是指《关于持久性有机污染物的斯德哥尔摩公约》附件及其修正案中所列化学品，包括有意生产的有机氯杀虫剂类（艾氏剂、狄氏剂、异狄氏剂、滴滴涕、七氯、氯丹、灭蚁灵、毒杀芬），工业化学品（多氯联苯和六氯苯），工业生产或燃烧过程无意产生的副产品（二噁英类和呋喃）等。广义的 POPs 还包括一些具有 POPs 特性的其他化学物质，如多环芳烃、溴代阻燃剂、氯代阻燃剂、多氯代苯系衍生物等，其中部分溴代阻燃剂列入修正案中。POPs 造成巨大的环境和人体健康危害，国际社会在控制和消除 POPs 的必要性方面，已经取得共识。在联合国环境规划署主持下，为了推动 POPs 的淘汰和削减，保护人类健康和环境免受 POPs 的危害，国际社会于 2001 年 5 月 23 日在瑞典首都共同缔结了《关于持久性有机污染物的斯德哥尔摩公约》（POPs 公约），成为国际社会继《巴塞尔公约》《鹿特丹公约》之后，通过协调在有毒化学品管理控制方面迈出的极为重要的一步。

1.2 环境修复及其类型

环境修复（Environment remediation）指采取物理、化学和生物等各种技术措施，使污染物从环境介质（土壤、水体、沉积物等）中得以清除，受损的特定环境介质或者环境系统的部分或全部结构与功能得到恢复，或具有正常的环境结构与功能的过程。环境修复包括三方面的内容，即环境恢复（Environment restoration）、环境重建（Environment rehabilitation）和环境更新（Environment renewal）。

环境恢复是指使部分受损的对象向其初始状态的形态、结构与功能转化，即完全意义上的恢复到未被损害前的状态，与生态恢复（Ecological restoration）相近；环境重建是使丧失功能的对象恢复至具有功能的过程，并不强调形态与结构，与生态重建相似，只是前者注重环境基质，后者重视生态功能；环境更新则是指使部分受损的对象获得改善，增加人类所期望的新的形态、结构与功能。

环境修复与环境污染治理及环境自净不同。环境污染治理（Environmental pollution control）是指对污染环境的污染物采取生物与工程技术措施，使污染物向环境中的排放减小或消除，使污染物对环境和人体健康的危害减小或消除。环境自净（Environmental self-purification）是指污染物在环境中受到环境本身物理、化学和生物等作用，逐渐稀释、转化、降解的无害化过程，环境要素恢复到原来的洁净状态。环境自净能力是有限度的。环境修复和环境自净是环境质量形成过程中一对对立统一的矛盾，其共同点表现在环境修复和环境自净都是使环境污染物的总量减少或污染强度降低、毒性下降。但环境自净是一种自然的被动过程，强调的是环境的内源因子对污染物质或能量的清除；环境修复则是人为的主动过程，强调的是人类通过有意识的外源活动对污染物质或能量的清除。

1.2.1 按修复技术类型划分

1.2.1.1 物理修复

物理修复是通过人工的物理过程，用以改变自然物的物理性质。环境物理修复技术借助物理手段将污染物从环境中提取分离出来，工艺简单，费用低廉。作为初步的分离、分选、阻隔等技术，物理修复法一般不具有较为精细的选择性，一般也难以达到受污染环境充分修复的要求。

1.2.1.2 化学修复

化学修复是所有修复技术中发展最早的，通过添加外源的、天然的或天然物质改性的或人工合成的物质，用以改变污染物的化学结构与形态。如增加溶解性，便于淋洗；改变价态或降低溶解性以降低毒性。化学修复法主要包括化学淋洗、溶剂浸提、化学氧化修复、化学还原及还原脱氯修复等。

1.2.1.3 生物修复

生物修复是目前环境修复的主要组成部分。环境生物修复利用生物的生命代谢活动，

通过吸收、固持、同化、转化、降解等途径,减少环境中污染物的浓度,甚至使其完全无害化,可以使受污染的环境部分或全部恢复到原始状态。

1.2.1.4 生态修复

生态修复是通过生态原理采用生态工程手段或生态辅助手段,利用生态系统及其功能组分,对环境污染物进行处理,构建新兴生态系统,或逐步恢复原来环境系统的结构与功能。

1.2.2 按修复对象划分

1.2.2.1 土壤环境修复

土壤环境修复是指对受污染的土壤,通过物理、化学、生物或综合技术与工程等修复方法,以阻断污染物进入食物链和向环境中扩散,阻止污染物对环境和人体健康造成危害。

1.2.2.2 水体环境修复

水体环境修复是指利用物理、化学、生物或综合技术与工程等修复方法,减少地表或地下水环境中有毒有害物质的浓度,或使其完全无害化,使受污染水环境质量和水生态功能能够部分或完全恢复的过程。

1.2.2.3 大气环境修复

大气环境修复是采取技术和工程措施,来降低或消除大气环境中的有毒有害化合物。

1.2.2.4 固体废物环境修复

固体废物(Solid waste)是指在生产建设、日常生活和其他活动中产生的污染环境的固态、半固态废弃物质,这些废弃物及其释放的污染物,对环境造成越来越严重的污染和危害。受固体废物污染环境的修复,是利用物理、化学、生物等修复方法,通过减量化、无害化和资源化的处理过程,对固体废物进行处理处置,同时减少或消除固体废物中污染物向环境释放。

1.3 环境修复学及学科基础

环境修复学,是研究污染和退化环境的介质结构和环境功能,以及环境修复的理论、方法、技术、材料的一门综合交叉学科。环境修复学的研究内容,包括受污染环境和退化环境的结构与功能修复重建的基础理论及其实现途径。环境修复的最终目的，是通过修复理论研究、技术开发、材料和方法的综合应用，使破坏和退化环境的结构或功能，部分或全部得以改善和恢复。环境修复学的学科基础，主要是建立在环境生态学、生态工程学、环境化学、环境水文学、环境土壤学、环境微生物学和环境材料学之上，其基础理论与技术方法与这些学科的积累和进展关系密切。环境修复学的研究内容，是环境受到污染和破坏带来的各种各样的环境问题及其修复所需的新理论、新技术、新材料和新方法。

(1)环境生态学。环境生态学是环境修复从生态维度认识环境的基础理论和方法。生态学是研究生物与其周围环境相互关系的科学。环境包括生物环境和非生物环境，生物环境是指从生物个体、种群、群落、生态系统、景观直至整个生物圈各层次，非生物环境包括自然环境，如土壤、岩石、水、空气、温度、湿度及其组合。环境生态学以生态学的基本原理为理论基础，侧重于研究生物与受损环境(人为环境、退化环境、污染环境)之间的作用机理与相互关系，阐明人(生态系统)与受损环境间的相互作用规律及解决环境问题的生态途径，寻求受损生态系统的恢复、重建和保护对策。

(2)生态工程学。生态工程学是环境修复遵循的技术思路与原则。生态工程是在环境工程以及生态工程的基础上，通过不断与其他学科交叉而诞生的专业，是用生态学的理论方法与工程学手段相结合，来解决环境污染，改善环境质量的一门技术科学。

(3)环境化学。环境化学是环境修复学认识受损环境及其与生物作用机制和本质的基本手段。环境化学是环境科学的重要交叉学科，运用化学的理论和方法，研究大气、水、土壤环境中潜在有害有毒化学物质含量的鉴定和测定、污染物存在形态、迁移转化规律、生态效应以及减少或消除其产生的科学。当前化学物质的污染是环境污染的主要形式，只有认识环境污染及其作用的化学本质，才能针对性进行环境修复。

(4)环境水文。环境地质与水文地质为环境修复提供定量的背景资料。环境地质是研究生物(包括人类活动)和水文—地质环境相互作用的学科，既要研究地质环境与生物之间的相互作用及影响机制，也要研究环境污染物的生物地球化学过程及其对生物(包括人体健康)的效应和作用机制。环境水文是研究多介质环境中水的分布、运动和变化及其与环境污染物迁移耦合关系的一门学科。这两个领域的理论与技术在污染场地、地下水以及土壤等环境修复的污染调查、评估、预测以及实施各个环节中都必不可少。

(3)环境土壤学。土壤为植物提供肥力和生长条件，为生物提供栖息环境要素，为地表水和地下水提供库容和水质净化媒介，土壤是人类社会重要的自然资源。同时，土壤也是污染物蓄积、分布、迁移、转化和净化的环境介质。随着环境问题的不断发展和对土壤污染问题的忽视，一些区域的土壤不但成为一些污染物的汇，也成为污染物的源，影响到食物链和整个生态系统。环境土壤学是研究土壤环境质量变化规律和机理，以及土壤环境质量变化对人体健康、生态系统结构和功能的环境效应，探索调节、控制和改善土壤环境质

环 境 修 复 学

量的途径和方法的学科。土壤和场地污染修复，需要从环境土壤学基本原理和方法入手。

（4）环境微生物学。环境微生物学是研究微生物与污染环境的相互关系的一门交叉学科。环境微生物学研究自然和污染环境中的微生物群落、结构、功能与动态规律及其对环境因子的响应特征，特别地，环境微生物学研究对不同环境中微生物的物质降解和能量转化的作用机理，以及如何利用微生物有效降解和转化日趋严重的环境污染物，为改善或解决环境问题提供理论基础和技术方法。环境微生物学的相关研究，可为环境修复提供有效的微生物技术手段和理论支持。

（5）环境材料学。环境材料（Environmental materials）是指具有优良的使用性能和环境协调性能的材料，以及具有修复和改善环境质量的材料。环境材料学是材料学的理论方法和技术体系在环境科学领域中的应用，是材料在环境保护和环境修复领域中的应用。随着新的环境问题的不断产生，原来的材料将难以解决环境污染问题和进行环境修复的客观要求，环境新材料的研发将为精准环境修复提供越来越重要的材料支撑。

1.4　环境修复学的任务

1.4.1　基础理论研究

基础理论研究是所有科学技术发展的前提和基础，是认识事物和现象的本质及规律的必由之路。环境污染尽管已经具有非常悠久的历史，但是由于环境污染物和有毒物质种类及来源的复杂性、迁移转化过程和作用机理的复杂性、环境介质及源和汇的复杂性，作用对象及暴露风险的复杂性，加上科技飞速发展带来的层出不穷的新兴环境污染物和环境风险问题，使得我们对于环境污染认识的基础理论研究深度，与现实需求之间还有很大的距离。

对于环境修复学科，相关基础理论是支撑整个学科体系和技术体系的基石，修复的有效性客观上要求对环境污染、修复技术与修复材料的全生命周期、全过程的规律和本质的认识。这些基础理论包括环境污染物和有害物质特征表示方法、毒理作用与过程机理，在环境介质中和介质间降解、转化、迁移的过程；污染物和有害物质在环境介质中的暴露风险和健康评价；环境修复技术体系的理论支撑；环境修复的标准体系；环境修复的评价方法与风险管控理论；环境修复新技术、新材料研发和改进；新兴污染物环境修复。

1.4.2　应用技术开发

环境修复的关键是技术研发。任何一个或一类污染环境和污染场地，相应的环境修复技术体系都是复杂技术体系，涵盖物理、化学和生物及生态等各方面理论在具体的环境修复中的整合和综合运用，以及这些理论在修复技术各个环节的配套应用。技术配套体系研发包括新材料、新设备、新工艺等的研发以及应用条件和产业化条件研究，修复技术体系标准化及规程研究等各个方面。只有针对特定场景下污染环境修复技术体系的系统研究和规范，才能实现环境修复的针对性、有效性和可持续性。

1.4.3　顺应时代要求

在我国社会经济发展进入新时期后，要实现经济发展方式的转变，从高速度经济增长转变为高质量经济发展。高质量经济发展，就是能够很好满足人民日益增长的美好生活需要的发展，是体现新发展理念的发展，是创新成为第一动力、协调成为内生特点、绿色成为普遍形态、开放成为必由之路、共享成为根本目的的发展。高质量发展，优美生态环境不能缺席。优美生态环境的核心是绿色发展和可持续发展，是进行污染和受损环境修复重建，将生态环境建设与经济发展进行融合，而不是进行末端治理。让良好的生态环境成为全面小康社会普惠的公共产品和民生福祉，是新时代以共享激发动力，补齐社会发展中短板的客观要求。

同时，单一的环境治理技术越来越难以满足环境污染类型繁多、种类复杂的现实，也不能适应新时期生态环境质量综合系统改善和提高的迫切需求，更加难以满足社会日益增长的生态环境产品的需求。新时代的生态建设与环境保护已经成为一个整体，即生态文明建设。这要求从环境治理向综合性环境修复转变，山水林田湖是一个生命共同体，系统推进森林、草原、河流、湖泊、湿地等重要生态系统的生态保护与环境修复，才能有效扩大生态与环境产品的社会供给，稳定生态系统结构和提升生态服务功能。当代社会对生态环境产品的极大需求，为环境修复提供了时代的发展机遇。

"绿水青山就是金山银山"，要求生态环境问题的解决必须从环境修复和资源优化方面寻求技术和理论突破。通过环境修复技术综合运用，对生态环境进行综合改善和提升，提供满足时代发展需要的各种生态和环境产品与服务，而不是局限于传统治理，才能在有效发展区域社会经济的同时，改善和提高空气环境质量，加快城乡黑臭水体的有效治理，确保饮用水源地水质稳定达标，地表和地下水体、水环境质量良好，推进解决农业面源污染、土壤污染分类管控与利用以及污染场地环境安全，确保农业环境安全和农产品产地安全。

1.4.4　建设生态文明

环境修复，本质上是恢复和重建受损生态系统与污染环境的结构与功能，即建设生态环境系统以保障生态安全；同时提供生态环境产品和服务，实现生态人居环境与生态经济产业；在生态建设与环境修复过程中，通过不断推进生态文化和健全生态制度，保障人与自然和谐共生。

生态文明，是人类为保护和建设美好生态环境而取得的物质成果、精神成果和制度成

果的总和，是贯穿于经济建设、政治建设、文化建设、社会建设全过程和各方面的系统工程，反映了一个社会的文明进步状态。面对资源约束趋紧、环境污染严重、生态系统退化的严峻形势，必须树立尊重自然、顺应自然、保护自然的生态文明理念，把生态文明建设放在突出地位，融入经济建设、政治建设、文化建设、社会建设各方面和全过程，努力建设美丽中国，实现中华民族永续发展。

在生态文明建设的新时期，基于国土空间规划的生态空间、生产空间和生活空间的规划建设，将对国土空间开发和保护做出总体安排和综合部署，是制定国土空间发展政策、开展国土空间资源保护、利用、修复和实施国土空间规划管理的蓝图。在此基础上，开展国土空间综合整治、土地整理复垦、矿山地质环境恢复治理、海洋生态环境保护、海域海岸带和海岛修复等工作。通过生态文明建设，从自然生态的整体性、系统性及其内在规律出发，全方位、全地域、全过程开展国土空间生态与环境修复、生态环境保护，坚持人与自然和谐共生，统筹山水林田湖草系统治理，走上生产发展、生活富裕、生态良好的永续发展道路。在新的历史时期，环境修复将为生态文明建设提供重要的专门技术和实现手段。

◆作业◆

名词解释

环境功能；环境影响；环境效应；环境自净；环境修复。

简述

(1)环境诸要素及其显著属性有哪些？

(2)试总结环境效应主要有哪些特征？

(3)环境污染的治理措施有哪些？

(4)环境修复与环境污染治理的根本性区别表现在哪些方面？

(5)污染环境修复研究的内容、对象和任务各是什么？

◆进一步阅读文献◆

徐明岗,曾希柏,周世伟.施肥与土壤重金属污染修复[M].北京:科学出版社,2014.

串丽敏,郑怀国.土壤污染修复领域发展态势分析[M].北京:中国农业科学技术出版社,2015.

胡文翔,应红梅,周军.污染场地调查评估与修复治理实践[M].北京:中国环境出版社,2012.

周启星,宋玉芳.污染土壤修复原理与方法[M].北京:科学出版社,2004.

Hasegawa H,Rahman I,Rahman M A.Environmental remediation technologies for metal-contaminated soils[J].Springer Japan,2016.

第 2 章　物理修复

物理修复是利用污染物与环境介质物理特性差异，采用物理手段将污染物从环境中分离去除或稳定化，降低移动性，实现环境修复的技术方法。物理修复主要有分离、固化、稳定、浸提、电动力学、热力学等技术体系，应用范围较广，一般具有高效快捷、周期短、环境干扰小等特点。

2.1　物理修复

物理修复（Physical remediation）是通过物理手段，将污染物从环境介质（土壤、地下水或地表水体）中分离去除或稳定化的技术方法。物理修复不改变污染物组成和化学性质，是最基本处理环境污染的技术，常用作环境污染的一级处理或预处理。物理处理不投加或少投加化学药剂，运行费用较化学修复少。同时，物理修复受环境和微生物限制小，具有处理效率较高、修复时间短、操作简便等优点；但污染物质多数被转移到其他相中，不能被降解，可能引起二次污染。常见的物理修复技术包括分离修复、玻璃化与固化修复、热力学修复、电动力学修复等（表 2—1）。

表 2—1　常用物理修复方法与技术

污染物存在形式	采用的物理修复方法
离子态	离子吸附法、膜分离法、玻璃化法、电动力学法、淋洗法
分子态	萃取法、吸附法、膜分离法、浮选法、吹脱法、热力学法、空气喷射法、溶剂浸提法
胶　体	沉淀法、吸附法、过滤法、混凝沉淀法、气浮法
悬浮态	沉淀上浮法、气浮法、膜分离法、固化/稳定化法

2.2　分离修复

分离修复（Physical separation remediation）是指借助物理手段将污染物质从污染环境中分离去除的修复技术，包括抽提法、吸附法、沉淀上浮法、萃取法、膜分离法、过滤法等，具有工艺简单、费用低廉等优点。

2.2.1　抽提法

抽提法是在污染场地设置数对抽提孔(垂直、水平或任意方向),向一侧孔中注入清洁水(水提)或空气(气提),从另一侧孔中抽出含污染物的水或空气,进而在地表集中处理,以去除污染介质中的污染物。

一般情况下,处理过的水或空气可以重新注入,循环利用,一直持续到抽出的液体或空气不含污染物为止。抽提法能高效去除环境介质(特别是多孔介质,如土壤、砂砾、淤泥等)中的污染物。但抽提法对渗透性能极差的环境介质,如岩石层、市政污泥等,污染物的去除效果不好或周期太长,或对设备性能要求极高。

2.2.2　吸附法

吸附法是指利用吸附材料具有的较大比表面积和表面能,使污染物被孔隙截流或被吸附材料表面能吸引,进而从污染介质中去除的修复技术。

污染物从水中向吸附材料表面移动从而发生吸附,是水、污染物质和吸附材料三者相互作用的结果。引起吸附的主要原因在于污染物质对水的疏水特性和污染物质对吸附材料的高度亲和力。污染物质的溶解度越大,向表面运动的可能性越小;憎水性越强,向吸附界面移动的可能性越大。此外,吸附作用还受污染物与吸附材料之间的静电引力、范德华引力或化学键力所影响。

2.2.3　沉淀与上浮法

沉淀与上浮法是利用水中悬浮颗粒与水的密度差进行分离。当悬浮物的密度大于水时,在重力作用下,悬浮物下沉形成沉淀物。当悬浮物的密度小于水时,则上浮至水面形成浮渣,通过收集沉淀物和浮渣,可使污染水体得到净化。

2.2.4　萃取法

萃取法是向污染介质(土壤、地下水或自然水体)中投加不溶于水但能溶解污染物的溶剂,使污染介质与溶剂充分接触,污染物转移到溶剂相,进而分离污染介质和溶剂,使污染介质得到净化的修复技术。

2.2.5　膜分离法

膜分离法是利用特制薄膜,对液体中某些成分进行选择性透过的分离方法。溶剂透过膜的过程称为渗透,溶质(污染物)透过膜的过程称为渗析。常用的膜分离方法有电渗析、反渗透、超滤等。

2.2.6 过滤法

过滤是去除悬浮污染物，特别是低浓度悬浊液中微小颗粒的技术方法。过滤时，含悬浮污染物的水流过过滤介质，水中的悬浮物被截留在介质表面或内部而被去除。

2.3 玻璃化与固化修复

2.3.1 玻璃化修复

玻璃化修复(Vitrification remediation)是指在高温条件下，富含重金属或放射性的重污染区土壤或底泥等形成玻璃态物质，使重金属或放射性物质固定于其中，达到固化降低重金属移动性而消除污染的目的。这项技术工程量大、费用高昂，但能从根本上固定土壤等环境介质中重金属和放射性污染。由于该法见效快，因此适用于重金属严重污染区土壤的抢救性修复。玻璃化修复技术包括原位玻璃化和异位玻璃化两种技术。

2.3.1.1 原位玻璃化

原位玻璃化技术是指向污染土壤介质插入电极，施加 1600℃～2000℃高温，使有机污染物和部分无机污染物(如硝酸盐、硫酸盐和碳酸盐等)得以挥发或热解。污染物(如放射性物质和重金属等)被包覆在冷却后化学性质稳定、不渗水的坚硬玻璃体中。热解产生的水分和热解产物由气体收集装置收集后做进一步处理。在进行原位玻璃化技术操作时，需先把表土等介质熔化，再把电极逐步向环境介质深层移动，由浅至深直到把深部污染土壤熔化为止(目前也有操作是直接把电极插入需要处理的位置，直接把特定位置的污染土壤熔化)。当污染土壤全部熔化并关闭电源后，冷却形成玻璃态物质，使用的电极也成为玻璃体的一部分保留在其中。经过原位玻璃化技术修复的场地地表，一般会因体积减小稍微下陷，可用干净土回填。污染土壤进行原位玻璃化时，绝大部分有机污染物也因热解高温而被燃烧或成为蒸汽逸出，通常需要在现场安置一个真空罩，以收集逸出的气体进行处理。

原位玻璃化技术适用于修复含水量较低、污染物厚度不超过 6 m 的土壤和场地，处理对象包括放射性物质、非挥发性有机物、重金属等，但不适于可燃有机物污染治理。其修复效果受诸多因素影响，包括埋设导体通路(管状、堆状)方式、砾石含量、污染物迁移、易燃易爆物质积累、土壤或污泥中可燃有机物含量、固化物质与土地用途等。值得注意的是，采用原位玻璃化技术修复低于地下水位的污染，需要采取措施防止地下水反灌，导致湿度太高，增加修复难度和成本等。

 环 境 修 复 学

2.3.1.2 异位玻璃化

异位玻璃化技术是指对于移出的污染土壤利用等离子体、电流或其他热源在高温下熔化土壤及污染物，熔化物冷却后形成玻璃体将污染物包覆起来，使其失去迁移性。通常，有机污染物在高温下被热解或蒸发，产生的水汽和热解产物需收集后由尾气处理系统进一步处理。异位玻璃化技术可用于破坏、去除污染土壤及污泥中有机物和大部分无机污染物，但实施时需控制尾气中的有机物及一些挥发性重金属，且需进一步处理玻璃化后的残渣。与原位玻璃化相比，其区别在于异地处置是在密封容器中进行，其加热装置包括等离子吹管和电弧炉。玻璃化过程中逸出的气体需要收集后通过高温燃烧/氧化等方法进行净化。

2.3.2 物理固化修复

物理固化修复(Physical stabilization)是指利用水泥一类的物质(固化剂)与污染介质相混合，将污染介质与污染物一起包被起来，使之呈颗粒状或大块状存在，此时污染物处于相对稳定的状态，固化剂与污染物之间不发生化学反应。物理固化技术适用于污染类型比较复杂的土壤和环境介质。

一般来说，物理固化修复技术具有以下几个方面的优点：①可以处理多种复杂金属废物；②修复成本较低；③加工设备容易转移；④所形成的固体毒性降低，稳定性强；⑤凝结在固体中的微生物很难生长，不致破坏结块结构。

该技术在应用过程中的影响因素也较多，例如土壤固化，其中水分及有机污染物含量、亲水有机物的存在、土壤性质等都需要考虑。但物理固化技术只是暂时降低了环境中的污染物活性(移动性)，并没有从根本上去除污染物，当外界条件改变时，污染物质仍有可能释放出来污染环境。另外，在固化过程中，应避免封装后污染物的泄漏、过量处理剂泄漏及固化剂中挥发性有机污染物等的释放问题。

2.4 热力学修复

热力学修复(Thermal remediation)是指加热受污染的土壤或多孔环境介质，挥发性污染物(如重金属 Hg)被收集起来进行回收或处理的一种方法。常用的加热方法有蒸汽、红外辐射、微波、电和射频等。

热力学修复具有工艺简单、技术成熟等优点。但由于该方法能耗大、操作费用高，仅适用于易挥发污染物，目前未能得到广泛的应用。

2.4.1 热力学原位修复

热力学原位修复，即热力强化蒸汽抽提技术，是指利用热传导（如热井和热墙）或辐射（如无线电波加热）的方式加热土壤或其他污染介质，促进半挥发性有机物挥发，包括卤代有机物、非卤代的半挥发性有机物、多氯联苯（PCBs）以及高浓度的疏水性液体（DNAPL）等，从而实现污染环境的修复。热力学原位修复包括高温（＞100℃）和低温（＜100℃）原位加热修复技术，但高温会破坏土壤结构，目前常采用低温处理。实施时需严格设计并操作加热和蒸汽收集系统，以防污染物扩散产生次生污染。

2.4.2 热力学异位修复

热力学异位修复是指将土壤挖掘出来后堆积在地面空气管网上，通过真空抽吸，使挥发性和半挥发性有机物挥发而随气流排出至后续尾气处理系统，从而使土壤净化的修复技术。通常，土堆上覆盖地膜以防止挥发性有机物外逸，同时防止土壤被雨淋湿。异位蒸汽抽提技术的处理对象主要是环境介质中的挥发性有机污染物。环境介质中腐殖质等有机质含量以及黏粒比例等会影响其处理效果，且在挖土和处理过程中也容易发生泄漏或逸出。

2.4.3 电热修复

电热修复是利用高频电压产生电磁波和热能对土壤进行加热，使污染物从土壤颗粒内解吸出来，加快使一些易挥发性重金属从土壤中分离，从而达到修复目的。该技术可以修复被 Hg 和 Se 等重金属污染的土壤。

2.4.4 冰冻处理

冰冻处理是利用冰与水溶液之间的固、液相平衡原理，通过创造低温环境使溶液中的杂质在冰晶形成过程中被排挤出来，分离固、液相，从而得到较纯净的冰晶和浓缩液。该方法起源于海水淡化，后来逐渐发展到工业废水净化、污泥浓缩和污染土壤修复领域，目前还处于实验室研究阶段，未见大规模工程应用。

2.4.5 微波修复

微波修复（Microwave remediation）处理污染物的方式有两类。一类是静态处理，即先把污染物吸附在吸波材料上，再置于微波场中接受微波辐射，使污染物降解；或将污染物溶液直接置于微波场中接受辐射，使污染物降解。另一类是动态处理，将污染物溶液动态地连续送入微波场中，在有催化剂或没有催化剂的条件下将污染物降解。

当微波这种高频率的电磁波辐射有机污染物时，有机污染物吸收微波能量，快速升温，

并使极性分子处于快速振动状态，从而减弱分子中化学键的强度，降低反应的活化能，加速氧化分解反应的进程。

微波在环境修复领域中具有快速高效、操作程序简单、环境资源回收利用率高、省时节能、成本低的特点。微波技术在土壤、水体修复方面具有很大的潜力。但需注意微波泄露对人体及周围环境的危害，并加以防治，趋利避害。随着人们对环境保护的重视和微波环保技术的不断发展，完善微波技术在环境修复中的应用，将会带来极大的经济效益和社会效益。

2.5 电动力学修复

电动力学修复（Electrokenitic remediation）是利用土层和污染物电动力学性质对环境进行修复的新兴技术。电动力学修复技术的基本原理类似电池，是利用插入土壤等受污染环境介质的两个电极加上低压直流电场，在低强度直流电的作用下，溶解的或者吸附在介质颗粒表层的污染物，根据各自所带电荷的不同而向不同的电极方向运动。阳极附近的酸开始向毛细孔隙移动，打破污染物与土壤的结合键。此时，水以电渗透方式在介质中流动，液体被带到阳极附近，将溶解到溶液中的污染物吸附至污染环境表层得以去除。通过电化学和电动力学的复合作用，土壤中的带电颗粒在电场内定向移动，土壤污染物在电极附近富集或者被收集回收。污染物去除过程主要涉及电迁移、电渗析、电泳和酸性迁移带这 4 种电动力学现象。

电动力学修复技术通常有如下几种应用方法：①原位修复，直接将电极插入受污染土壤，污染修复过程对现场的影响最小；②分批修复，污染土壤被输送至修复设备分批处理；③电动栅修复，受污染土壤中依次排列一系列电极，用于去除地下水中的离子态污染物。

电动力学修复技术在污染土壤修复方面有很大优势：①与挖掘、土壤冲洗等异位技术相比，电动力学技术对现有景观、建筑和结构等的影响最小；②与酸浸提技术不同，电动力学技术改变土壤中原有成分的 pH 使金属离子活化，土壤本身结构不会遭到破坏，而且该过程不受土壤低渗透性影响；③与化学稳定化不同，电动力学技术中金属离子从根本上完全被驱除而不是通过向土壤中引入新的物质与金属离子结合产生沉淀物实现修复；④对于不能原位修复的现场，可以采用异位修复；⑤对饱和层和不饱和层都有效；⑥对水力传导性较低，特别是黏土含量高的土壤适用性较强；⑦对有机和无机污染物都有效。

电动力学修复技术在应用上也存在一些限制因素：①污染物溶解性和污染物从土壤胶体表面的脱附性能限制技术的有效应用；②需要具有电导性的孔隙流体来活化污染物；③埋藏的地基、碎石、大块金属氧化物、大石块等会降低处理效率；④金属电极在电解过程中溶解会产生腐蚀性物质，因此电极需采用惰性物质，如碳、石墨、铂等；⑤土壤含水量低于10%的场地处理效果较低；⑥非饱和层水的引入会将污染物冲出电场影响区域，埋藏的金属或绝缘物质会引起土壤中电流的变化；⑦当目标污染物浓度相对于背景值（非污染物浓度）较低时，处理效率降低。

2.6 溶剂浸提修复

溶剂浸提修复（Solvent extraction remediation）是指利用溶剂将有害化学物质从污染土壤中提取出来，并将该溶剂再生处理后回用的技术，包括原位和异位两种方式。其适用于修复PCBs、石油烃、氯代烃类、PAHs和多氯二苯呋喃（PCDF）等有机污染物污染的土壤。农药（包括杀虫剂、杀真菌剂和除草剂等）污染土壤也可利用该技术处理。值得注意的是，湿度大于20%的土壤要先风干，避免水分稀释提取液而降低提取效率。黏粒含量高于15%的土壤不适于采用这项技术。

溶剂浸提修复技术是利用批量平衡法，将污染土壤挖掘出来并放置在一系列提取箱（除出口外密封很严）内，在其中进行溶剂与污染物的离子交换等化学反应。当监测结果显示土壤中的污染物基本溶解于浸提剂时，借助泵将其中的浸出液排出提取箱并引导到溶剂恢复系统中。按照这种方式重复提取过程，直到目标土壤中污染物水平达到预期标准。同时，要对处理后的土壤引入活性微生物群落和富营养介质，快速降解残留的浸提液。溶剂的类型取决于污染物的化学结构和土壤特性。该技术关键之一是浸提溶剂能很好地溶解污染物，而且浸提剂在土壤介质中的残留较少。典型的浸提溶剂有液化气（丙烷和丁烷）、超临界二氧化碳液体、三乙胺及专用有机液体等。通常采用可移动装置在现场进行溶剂浸提操作。

2.7 强化破裂与空气喷射

强化破裂修复（Enhanced fracturing）是一种改善其他原位修复技术处理效果的强化修复手段，通过在低渗透或结实的土壤及地下深层污染环境中产生裂缝，增加可供流体流通的孔隙，加快污染物通过抽气井抽出，以便进行后续处理。同时，这种方法也可将有助于修复的物质，如功能微生物、氧化剂等通过压力泵注入地下污染区域，促进污染物降解、转化，减少抽提井的数量，节省修复时间和处理费用。常用的强化破裂修复技术有气动压裂（Pneumatic fracturing，PF）技术、爆破强化破裂（Blast enhanced fracturing，BF）技术和水压破裂（Hydro fracturing，HF）技术。应用该技术时需注意有害污染物的进一步扩散，也不能大范围高强度应用于地震活动频繁区域。

空气喷射修复（Air sparging，AS）是指通过向受污染地下水或土壤注入高压空气，形成纵、横向气流孔道，污染物挥发后随注入的气流进入气体抽提系统，从而使环境得以修复。

为提高地下水和土壤间的接触，并抽出更多地下水，在操作时需维持较高的气流流速。另外，除了可通过挥发去除污染物外，还可增加溶解氧浓度，增强环境中好氧微生物对污染物质的降解。有时为了加强微生物的降解作用，可降低空气喷射的气流流速，该技术常被称为生物喷射技术。空气喷射修复技术主要用于处理中、高亨利常数（如高蒸汽压和低溶解性）的卤代和非卤代挥发性有机物（VOCs）及非卤代半挥发性有机物（SVOCs），所需的实施时间通常为6个月至2年。该技术的处理效果受土壤异质性、渗透性等因素影响。

2.8 超声修复

超声修复（Ultrasonic remediation）是近年来开始研究的一项新型污染修复技术，集高级氧化、焚烧、超临界氧化等多种污染修复技术特点于一体，可单独或与其他技术联合使用，在污染物去除，特别是在难降解性有机污染物去除中极具应用潜力。

超声修复技术是利用超声空化过程把声场能量集中起来，伴随空化泡崩溃而在极小的空间内将能量释放，使之在正常温度与压力的液体环境中产生异乎寻常的高温（高于5000 K）和高压（高于 5×10^7 Pa），形成局部"热点"，从而加快化学反应速率。

目前，超声在污染环境修复中的应用，大多仅局限于实验室研究水平，要真正实现这项技术的工业化，还必须加大对其反应动力学的研究，开发出能够批量运行的大型超声反应处理装置。另外，将超声技术与其他氧化技术相结合，才能更有效地发挥超声技术在环境修复过程中的优势。

◆作业◆

名词解释

物理修复；玻璃化修复；电动力学修复；空气喷射修复。

简述

(1)根据电化学修复的原理，说明这种方法有哪几种类型？各有何利弊？

(2)为什么微波修复技术至今在污染环境的修复上还未大量采用？并简述其优、缺点。

(3)用吸附法处理污染水体/地下水时可以达到较高的修复效果。那么，是否对修复要求高的水体或地下水，原则上都可以采用吸附法？为什么？

(4)试述玻璃化修复技术的工作原理。

(5)请简要叙述热力学修复技术的概念及优、缺点。

(6)对比说明空气喷射修复与蒸汽抽提修复的不同之处。

系统阐述

(1)分析对重金属污染土壤进行物理修复的经济技术可行性。

(2)论述物理分离修复技术的基本概念和分类。

◆进一步阅读文献◆

Dermont G,Bergeron M,Mercier G,et al.Soil washing for metal removal:A review of physical/chemical technologies and field applications[J].Journal of Hazardous Materials,2008,152(1):1-31.

Gill R T,Harbottle M J,Smith J W N,et al.Electrokinetic-enhanced bioremediation of organic contaminants:A review of processes and environmental applications[J].Chemosphere,2014,107(1):31-42.

Gomes H I,Dias-Ferreira C,Ribeiro A B.Overview of *in situ* and *ex situ* remediation technologies for PCB-contaminated soils and sediments and obstacles for full-scale application[J].Science of the Total Environment,2013,445-446:237-260.

Iqbal M,Bermond A,Lamy I.Impact of miscanthus cultivation on trace metal availability in contaminated agricultural soils:Complementary insights from kinetic extraction and physical fractionation[J].Chemosphere,2013,91(3):287-294.

Kuppusamy S,Palanisami T,Megharaj M,et al.In-situ remediation approaches for the management of contaminated sites:A comprehensive overview[J].Reviews of Environmental Contamination and Toxicology,2016,236(18):1-115.

Yuan L,Cao X,Zhao L,et al.Biochar and phosphate induced immobilization of heavy metals in contaminated soil and water:Implication on simultaneous remediation of contaminated soil and groundwater[J].Environmental Science and Pollution Research,2014,21(6):4665-4674.

Mulligan C N,Yong R N,Gibbs B F.Remediation technologies for metal-contaminated soils and groundwater:an evaluation[J].Engineering Geology,2001,60(1):193-207.

Rodrigo M A,Oturan N,Oturan M A.Electrochemically assisted remediation of pesticides in soils and water:A review[J].Chemical Reviews,2014,114(17):8720-8745.

Su C,Jiang L,Zhang W.A review on heavy metal contamination in the soil worldwide:Situation,impact and remediation techniques[J].Environmental Skeptics and Critics,2014,3(2):24-28.

Sirés I,Brillas E,Oturan M A,et al.Electrochemical advanced oxidation processes:today and tomorrow—A review[J].Environmental Science and Pollution Research,2014,21(14):8336-8367.

Volchko Y,Norrman J,Rosén L,et al.Using soil function evaluation in multi-criteria decision analysis for sustainability appraisal of remediation alternatives[J].Science of the Total Environment,2014,485(1):785-791.

Wang J,Feng X,Anderson C W N,et al.Remediation of mercury contaminated sites—A review[J].Journal of Hazardous Materials,2012,221-222:1-18.

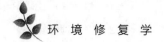

Wuana R A,Okieimen F E.Heavy metals in contaminated soils:A review of sources,chemistry,risks and best available strategies for remediation[J].Isrn Ecology,2011,2011:1-20.

Yang J S,Kwon M J,Choi J,et al.The transport behavior of As,Cu,Pb,and Zn during electrokinetic remediation of a contaminated soil using electrolyte conditioning[J].Chemosphere,2014,117:79-86.

Yao Z,Li J,Xie H,et al.Review on remediation technologies of soil contaminated by heavy metals[J].Procedia Environmental Sciences,2012,16:722-729.

Zhang X,Wang H,He L,et al.Using biochar for remediation of soils contaminated with heavy metals and organic pollutants[J].Environmental Science and Pollution Research,2013,20(12):8472-8483.

第3章 化学修复

化学修复是利用污染物与环境介质在化学性质间的差异，使加入污染环境中的化学修复剂与污染物发生化学反应，使污染物被降解、毒性被去除或降低的修复技术。相对于其他环境修复技术来说，化学修复发展较早，也相对成熟。化学修复一般是指从化学淋洗、络合沉淀、氧化还原、固化稳定化、电化学及光催化等理论发展起来的一系列技术方法。根据污染物类型、污染环境特征和环境修复的实际需要，当物理修复不能满足污染环境修复的需要时，可选择化学修复。

3.1 化学修复

化学修复（Chemical remediation）是直接或间接利用化学试剂与被污染环境介质（如污染土壤、自然水体、地下水等）中污染物质进行化学反应，通过化学氧化、还原、拮抗或沉淀等作用，以减少或清除环境中污染物质，达到净化环境的修复技术。化学修复技术主要包括基质改良修复技术、化学淋洗技术、化学氧化还原与还原脱卤修复技术、化学氧化修复技术、电化学修复技术和光化学修复技术等（表3-1）。化学修复也可分为原位修复和异位修复。目前，常见的原位化学修复技术主要有：原位土壤淋洗技术、原位玻璃化技术、原位化学氧化修复技术和电动力学修复技术等。

相对于其他污染修复技术来说，化学修复技术发展较早，也相对成熟。它既是一种传统的修复方法，同时由于新材料、新试剂的发展，也是一种仍在不断发展的修复技术。化学修复技术的主要特点如下：

（1）反应速度快。多数污染物质在化学修复过程中去除速率常数可达 $10^{-9} \sim 10^{-6}$ m·s^{-1}。

（2）反应较彻底。大部分化学修复方法可以把环境中的污染物质矿化，最终生成 CO_2 和 H_2O。

（3）适用范围广。化学修复方法能广泛适用于环境中常见的污染物质。

（4）次生污染风险较大。化学修复剂的加入，在降低环境中污染物毒性或降解环境中污染物的同时，或许会形成毒性更大的副产物，产生次生污染。另外，化学试剂的加入亦可能对生态系统产生负面影响。

（5）费用较高。化学修复技术因需要直接或间接投入大量的化学药剂而导致运行费用较高，药剂投加设备和反应装置亦增加了化学修复的基础投资。

（6）操作复杂。在化学修复过程中一般会用到大量设备，同时为了达到较好的修复效果，化学修复一般需要控制较严格的操作参数，因此造成化学修复操作系统的复杂。

表 3－1　常用化学修复技术及适用范围

方法	化学修复剂	适用性	现状及评价
土壤性能改良 （酸碱反应等）	石灰 厩肥、污泥 离子交换树脂	镉、铜、镍、锌 重金属 重金属、阳离子	已有成熟技术 已有成熟技术 有实例，但长期性能不清楚
化学氧化作用	各种氧化剂	氰化物、有机污染物	实地应用阶段
化学还原作用	各种还原剂	含氯有机污染物 非饱和芳香烃 六价硒 多氯联苯、卤化物 脂肪族有机污染物	实地应用阶段 实地应用阶段 有限的实地应用 有限的实地应用 实地应用阶段
	硫酸亚铁	六价铬	有限的实地应用，反应可逆
淋洗法	淋洗液	重金属、有机污染物	实地应用阶段
提取法	盐酸等	重金属	有限的实地应用
电化学法	—	重金属、有机污染物	有限的实地应用
光化学法	羟基自由基	有机污染物	实验室实验阶段
脱氯反应	零价金属	多氯联苯、二噁英	有限的田间试验，反应产物及长期行为尚待查明
其他	挥发促进剂	专性有机污染物	试验阶段

3.2　化学改良修复

化学改良修复（Chemical improved remediation），是指对于污染程度较轻的土壤等环境介质，可根据污染物在其中的存在特性，向其中施加某些化学改良剂和吸附剂，修复被污染的环境，以达到改良环境性能的目的。常用的改良剂有石灰、磷酸盐、堆肥、硫黄、高炉渣、铁盐以及黏土矿物等。其中，石灰能够提高环境介质 pH 值，促使土壤或淤泥中 Cd、Cu、Hg、Zn 等元素形成氢氧化物或碳酸盐结合态盐类沉淀。经常采用的石灰性物质有熟石灰、硅酸钙、硅酸镁钙和碳酸钙等。石灰可与酸性土壤黏粒的交换性 Al^{3+} 或有机质中的羧基官能团相互作用，中和酸性土壤的 H^+ 或 Al^{3+}；硅酸钙镁等可通过交换反应，将土壤黏粒交换点位上原有的非活动性 Ca^{2+} 变为有效 Ca^{2+}，而 Ca^{2+} 能够改善土壤结构，增加土壤胶体凝聚性，通过与 Ca^{2+} 的共沉淀反应促进金属氢氧化物的形成，改良酸性土壤。此外，硫黄及某些还原性化合物可使重金属成为硫化物沉淀，磷酸盐类物质与重金属反应形成难溶性磷酸盐，因此也可考虑少量投加沉淀剂如磷酸肥料，减少植物对重金属的吸收。向土壤施用有机质和黏土矿物，不但能够有效提高土壤肥力，还能增强其对重金属离子和有机物的吸附能力。有机质与重金属通过络合或螯合作用，使黏土矿物对重金属离子和有机污染物产生强烈的物理或化学吸附，使污染物失去移动性或生物有效性，减轻污染物对植物和生态环境的危害。

此外，向土壤投加吸附剂也可在一定程度上降低污染物的活性和移动性，起到缓解污染物对土壤微生物和植物的生理毒害。对重金属和某些阳离子来说，可加入一定量的离子交换树脂；对一些有机化合物来说，可添加吸附能力较强的沸石及其他天然黏土矿物或改性黏土矿物，增加土壤对有机、无机污染物的吸附能力。例如向土壤中添加硅酸盐钢渣，对 Cd、Ni、Zn 等重金属离子，具有吸附和共沉淀作用。沸石是碱金属或碱土金属的水化铝硅酸盐晶体，含有大量的三维晶体结构和很强的离子交换能力，能通过离子交换吸附和专性吸附作用降低土壤中重金属的有效性。

化学改良技术一般是在土壤原位上进行的，简单易行。但它并不是一种永久的修复措施，因为它只改变了重金属或有机污染物在土壤中存在的形态，重金属元素仍保留在土壤中，遇到合适的环境条件或环境变化，被固定的重金属元素容易再度活化。

3.3 化学淋洗修复

化学淋洗修复（Chemical flushing/washing remediation），是指将能够促进土壤中污染物溶解或迁移作用的溶剂注入或渗透到污染土层中，使其穿过污染土壤并与污染物发生解吸、螯合、溶解或络合等物理化学反应，最终形成迁移态化合物，再利用抽提井或其他手段，把含有污染物的液体从土层中抽提出来，进行后处理最终去除土壤中污染物的技术。化学淋洗通过两种方式去除污染物，一是以淋洗液溶解液相、吸附相或气相污染物；二是利用冲淋水力带走土壤孔隙中或吸附于土壤中的污染物。前一过程由污染物的溶解性及 Henry 定律常数控制，而后者则取决于冲淋水压梯度、土壤黏度及污染物浓度。

化学淋洗技术既可在原位进行修复，也可在异位进行修复。原位修复主要用于处理地下水位线以上、饱和区的吸附态污染物，其化学机制在于淋洗液或"化学助剂"与介质中的污染物结合，并通过淋洗液的解吸、螯合、溶解或固定等化学作用，达到修复污染土壤的目的。影响原位化学淋洗修复的有效性、可实施性，以及处理费用的因素很多，其中起决定作用的是土壤、沉积物或污泥等介质的渗透性。异位化学淋洗技术要把污染土壤挖掘出来，用水或溶于水的化学试剂来清洗、去除污染物，再处理含有污染物的废水或废液，处理后的土壤可以回填或运到其他地点。

原位化学淋洗技术修复污染土壤有很多优点，如快速、易操作、高渗透、费用合理（依赖于所利用的淋洗助剂）、土壤处理量大，适合于包气带和饱水带中多种污染物的去除，但处理时间长，效率较低，并且存在可能会污染地下水、无法预测去除效果与持续修复时间及去除效果受制于场地地质等情况。一般情况下，重金属和具有低辛烷水分配系数的有机化合物、羟基类化合物、低分子量乙醇和羧基酸类等污染物的去除比较适合采用这项技术。淋洗液通常在污染区域的上游注入，而溶有污染物的废液在下游通过抽提抽出，收集系统收集后做进一步处理。该技术要求土壤具有较高的渗透性，质地较细的土壤（红壤、黄壤等）由于对污染物吸附作用较强，需经过多次冲洗才能达到较好的效果。

异位化学淋洗技术的土壤处理量小，处理效率高，能够避免次生环境污染，适用于各种类型污染物的治理，如重金属、危险废物，以及许多高浓度有机物，包括石油烃、易挥发有机物、PCBs以及多环芳烃等。土壤异位化学淋洗技术适合于污染物浓度高，分布相对集中的污染土壤，且应用于异位土壤淋洗技术的装备应该是可运输的，可随时随地搭建、拆卸、改装，一般采用单元操作系统，包括矿石筛、离心装置、摩擦反应器、过滤压榨机、剧烈环绕分离器、流化床清洗设备和悬浮生物泥浆反应器等。

化学淋洗技术的关键是寻找一种既能提取各种形态的污染物，又不破坏土壤结构，同时可以提高污染物在土壤中的溶解性及其在液相中的可迁移性的淋洗液。淋洗液是包含化学冲洗助剂的溶液，具有增溶、乳化效果，或能够改变污染物的化学性质。常用的土壤淋洗液种类很多，包括表面活性剂、有机或无机酸、碱、盐和螯合剂。在实验室可行性研究的基础上，清洗剂可以依照特定的污染物类型进行选择，这样大大提高了修复工作的效率。到目前为止，化学淋洗技术主要应用在用表面活性剂处理有机污染物，用螯合剂或酸处理重金属来修复被污染土壤的场合。

化学淋洗法具有简便、费用合理、见效快等优点，适用于大面积或重度污染土壤的治理。特别适用于轻质土和沙质土，但对渗透系数很低的土壤效果不好。该法也存在一些缺点：①在去除重金属等污染物的同时，也使营养元素流失，破坏土壤结构，造成土壤肥力下降；②如果控制不当，淋洗废液可能会逸出反应区或工作区而产生二次污染问题。

3.4 化学氧化还原修复

化学氧化还原修复（Chemical oxidation/reduction remediation），是指向污染环境中加入化学氧化剂或还原剂，使污染物质转化为可生物降解或低毒、无毒、难溶态产物，从而使污染物在环境介质中的迁移性、生物可利用性或生物毒性得到有效降低或消除。

化学氧化还原修复效果受投加的氧化剂/还原剂的分散程度及活性的影响，对于低渗土壤，可采取创新的技术方法如土壤深度混合、液压破裂等方式对氧化剂/还原剂进行分散。

3.4.1 化学氧化修复

化学氧化修复(Chemical oxidation remediation),主要是通过受污染土壤、地表或地下水体中的污染物与化学氧化剂产生氧化反应,使污染物降解或转化为低毒、低移动性产物的一项修复技术。最常见的为原位化学氧化技术,其不需要将污染土壤或水体移出,而只是在污染区的不同深度,将氧化剂注入其中,通过氧化剂与污染物混合反应使污染物降解或导致其形态变化。在进行工艺方案设计时,应结合化学氧化修复技术的特点,从以下几方面进行考虑:①反应必须足够强烈,能使污染物通过氧化降解、蒸发及沉淀等方式去除,并能消除或降低污染物毒性;②氧化剂及反应产物应对人体无害;③修复过程应是实用和经济的。

化学氧化修复中最常用的氧化剂是 $KMnO_4$、H_2O_2 和 O_3 等。$KMnO_4$ 与有机物反应产生 MnO_2、CO_2 和中间有机产物。Mn 是地壳中储量丰富的元素,MnO_2 在土壤中天然存在,因此向土壤中引入 $KMnO_4$,氧化反应产生的 MnO_2 环境风险小,且 $KMnO_4$ 比较稳定安全,风险容易控制。其不利因素在于对土壤渗透性有负面影响。

H_2O_2 主要依靠分解产生的氧化能力很强的游离羟基($\cdot OH$)进行修复操作。处理时可不加催化剂,借助控制 pH、温度和时间等参数,达到破坏一些污染物的目的。同时可添加催化剂如铁、铜等,促进 H_2O_2 分解,提高处理效果。特别是常用 H_2O_2 与 Fe^{2+} 体系作处理剂,称作 Fenton 试剂或 Fenton 法。H_2O_2 能处理的有害物质种类繁多,适用范围很广,但处理最多和最有效的是硫化物、氰化物和酚类。由于 H_2O_2 进入土壤、地下水或自然水体后立即分解成水蒸气和氧气,因此要采取特别的分散技术避免氧化剂失效。

O_3 是一种氧化能力仅次于氟的强氧化剂,O_3 分子中的原子具有强烈的亲电子或亲质子性,O_3 分解产生的氧原子也具有很高的氧化活性,其在污染环境反应速度快。一般在现场通过氧气发生器和臭氧发生器制备臭氧,然后通过管道注入被污染土层中,另外也可以把臭氧溶解在水中注入污染土层中。

化学氧化修复技术可用于修复严重污染的场地或污染源区域,包括被油类、有机溶剂、多环芳烃(如萘)、五氯酚(Pentachlorophenol,PCP)、农药以及非水溶态氯化物(如三氯乙烯、TCE)等污染物污染的土壤,通常这些污染物在污染环境中长期存在,很难被生物降解。但加入化学氧化剂后可能生成有毒副产物,使土壤生物量减少或影响重金属存在形态。该技术所需的工程周期一般在几天至几个月不等,具体视待处理污染区域的面积、氧化剂的输送速率、修复目标值及污染环境的特性等因素而定。

3.4.2 化学还原修复

化学还原修复(Chemical reduction remediation),是指采用施加化学还原剂对污染环境实施修复治理的过程。该技术是利用化学还原剂将污染物还原为难溶态，从而使污染物在土壤中的迁移性和生物有效性降低。该技术对污染范围较大的地下水污染的修复非常有效，所需工程周期一般在几天至几个月，费用包括药剂费、采样分析费、现场管理及监理费、施工费、验收及后评价等。

常用的化学还原剂主要有以下几类：

(1)SO_2。SO_2 可用于去除地下水中对还原作用敏感的污染物，包括铬酸盐、铀以及一些氯化物溶剂。

(2)H_2S。H_2S 可用于还原重金属元素，修复土壤或地下水污染，如铬(Ⅵ)污染等。

(3)零价铁(Fe^0)。各种形态的 Fe^0 能脱除氯化溶剂中的氯离子，将可迁移氧化性阴离子(如 CrO_4^{2-})、氧化性阳离子(如 UO_2^{2+})转化为沉淀。

(4)有机物料。有机物料如未腐熟的稻草、牧草、紫云英、泥炭、富淀粉物质、畜禽粪便以及腐殖酸等。有机物料转化形成有机酸，如胡敏酸、富里酸、氨基酸，或者糖类，以及含氮、含硫的杂环化合物等，这些物质通过活性基团与重金属元素 Zn、Mn、Cu、Fe 等络合或螯合，通过降低可迁移性，影响重金属的环境毒性和生物有效性。

3.4.3 化学还原脱卤修复

有机卤化物的工业产品和农药曾经被大量使用，其残留物广泛地分布于土壤、大气、地表、地下水和食物链中。有机卤化物具有急性和慢性中毒效应、致癌性，属于国家相关法律中严格管控的环境污染物。对于有机卤化物污染环境，传统的处理方法是土地开挖、水体污染物净化(富集、提纯)，需要耗费大量的财力和时间，同时富集得到的污染物还需要进一步做稳定化处理(土地填埋)，否则容易造成二次污染。

化学还原脱卤修复(Chemical reductive dehalogenation remediation)，是指向受到卤代有机物污染的土壤中加入还原试剂，以置换取代污染物中的卤素或使其分解或部分挥发而得以去除。该技术主要用于挥发性含卤烃类、PCBs、二噁英和有机氯农药污染介质的去除，技术原理是应用合成的化学反应物或还原剂把有害的卤素分子中的卤素原子去除，使其成为低毒或无毒的化合物。化学还原脱卤技术处理效果好、操作简单易行，其降解产物一般为环境友好的碳氢化合物，无二次污染。

目前，最常用到的化学脱卤修复是零价铁修复技术，铁一般有三种价态：0，+2，+3，其中以零价铁的使用最为广泛。零价铁脱卤主要是利用零价铁的还原作用。

Fe^0 被氧化成 Fe^{2+}，失去的电子直接转移到有机卤化物上进行脱卤。

有机卤化物的脱卤过程有 3 种：①直接反应，将零价铁表面的电子转移到有机卤化物上使之脱卤。如 $Fe+RCl+H^+ \longrightarrow RH+Fe^{2+}+Cl^-$(以有机氯化物为例)。②铁腐蚀的直接产物 Fe^{2+} 具有还原能力，可使部分有机卤化物脱卤，但是该反应进行得很慢。③铁反应产生的氢气可使卤代烃还原，在厌氧条件下，H_2O 可作为电子接受体，存在下面的反应：

$$2H_2O + 2e^- \longrightarrow H_2\uparrow + 2OH^-$$

$$Fe + 2H_2O \longrightarrow Fe^{2+} + H_2\uparrow + 2OH^-$$

则：$H_2 + RCl \longrightarrow RH + H^+ + Cl^-$

零价金属可去除很多种类的污染物，目前主要是针对难降解的污染物，如氯烷烃、氯化芳香烃、杀虫剂（DDT、林丹）、多氯化物（PCBs）等降解进行研究和试验，对 Hg^{2+}、Ni^{2+}、Ag^+、Cd^{2+}、重铬酸盐、砷酸盐等重金属污染物的原位修复，以及对有机染料、亚硝酸基二甲胺（NDMA）、TNT 等含氮化合物的转化等。

3.5　可渗透反应墙修复

可渗透反应墙（Permeable Reactive Barrier，PRB），是一种在包气带至饱水带，选择合适位置与深度的剖面，安置由活性反应材料及填充物构成的墙体，污染物质随地下水向下游迁移并流经处理墙，墙体中的活性物质与污染物发生作用，使污染物得以降解或截留固定的修复技术，属于污染原位修复方法。该技术具有持续（5～10 年）处理、可处理多种污染物（如重金属、有机物等）、处理效果好、安装施工方便、维护运行简单、性价比较高等优点。但该技术不能保证所有扩散出来的污染物完全按处理的要求给予拦截或捕获，且外界环境条件的变化可能导致污染物重新活化。可渗透反应墙一般安装在包气带至地下蓄水层特定深度范围，位于垂直于地下水流方向的下游（图 3-1）。

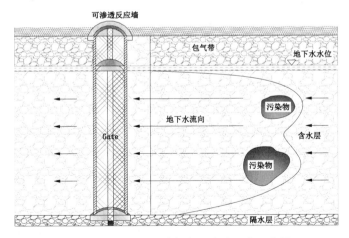

图 3-1　可渗透反应墙修复污染地下水工作原理

可渗透反应墙的修复机理，一般是通过改变地下水或土壤环境的 pH 值，或改变氧化还原电位，使得对氧化还原环境变化敏感的污染组分从水中析出或衰减；或通过反应材料的溶解与污染组分沉淀析出，以达到净化污染物的目的；或通过反应材料的高吸附性，去

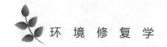

除水中的污染组分；或通过反应材料作为微生物活动所需营养成分去除水中的污染组分；或通过反应材料作为微生物活动的电子受体或养分供给，加速地下水或土壤中的微生物活动，增大污染组分的生物降解速率等；或上述反应途径多种相结合，实现地下水中污染物的去除和环境修复。

可渗透反应墙修复效果受到多种因素的影响，如污染物类型、地下水流速及其他水文地质条件等。通过不同活性材料组成的反应墙，有机物污染物、重金属、放射性元素等均可得以固化或降解。因此，可渗透反应墙中可充填含有降解 VOCs 或 POPs 的还原剂，固定金属的络（鳌）合剂，降解有机污染物的微生物生长繁殖所需的营养物质，或其他针对去除特征污染物所需的反应物质。

可渗透反应墙常用的充填材料如下：①灰岩，用以中和酸性地下水或去除重金属；②活性炭，用以去除非极性污染物和 CCl_4、苯等；③沸石和合成离子交换树脂，用以去除溶解态重金属等；④零价铁，用以去除多种重金属和四氯乙烯（PCE）、1，2－二氯乙烯（DCE）等有机污染物。由于可渗透反应墙能够适用于多种多样的污染环境和污染物，环境友好，实施和维护较为简便，修复效果较为稳定，且成本可控，因此得到广泛应用。

3.6　化学稳定化修复

化学稳定化（Chemical stabilization）又叫化学固定，是将污染土壤与黏结剂或稳定剂混合，使污染物实现物理封存或发生化学反应形成固体沉淀物，从而防止或者降低污染土壤释放有害化学物质过程的一类修复技术。例如，向污染环境（如土壤或污泥）中加入有机质、沸石等外源添加物，以及磷酸盐、硫化物和碳酸盐等可溶性弱酸盐，可以调节和改变重金属的物理化学性质，使其产生沉淀、吸附、离子交换、腐殖化和氧化—还原等一系列反应，降低其在土壤环境中的生物有效性和可迁移性。化学稳定化技术可用于处理大量的无机污染物及部分有机污染物。

3.6.1　原位稳定化修复

原位稳定化修复是指运用化学的方法，直接在污染现场将环境介质中有害污染物原位固定起来，阻止其在环境中迁移、扩散。一般是将修复物质注入污染环境介质中，直接进行相互混合，通过固态形式利用物理方法隔离污染物，或者将污染物转化成化学性质稳定的形态，降低污染物质的毒害程度。原位稳定化修复常用于处理重金属和放射性物质污染的土壤、底泥、场地等，但其修复后场地的后续利用可能使固化材料老化或失效，从而影响其固化能力，且接触水或冻融交替过程也可能降低污染物的固化效果。该技术所需修复时间一般为 3～6 个月，视具体修复目标值、待处理土壤特征、污染物浓度分布及地下水、土壤特性等因素而定。原位稳定化修复只改变重金属在土壤中的存在形态，重金属仍然持留，并不是一个永久性的措施，而且原位稳定化之后环境很难恢复到原始状态，不适宜开发和进一步利用。

3.6.2　异位稳定化修复

异位稳定化修复，是指将污染物连同环境介质移至特定场所，与化学固化剂或稳定剂混合而发生化学反应，形成固体沉淀物（如形成氢氧化物或硫化物沉淀等），从而达到降低污染物活性的目的，通常用于处理无机污染物。该技术不仅能将有害污染物变成低溶解性、低毒性和低移动性的物质，而且处理后所形成的固化体还可应用于建筑行业，作为路基、地基、建筑材料等。

3.7　电化学修复

电化学修复（Electro-chemical remediation），是利用外加电场作用，在特定反应容器或反应区域内，通过一系列设计好的化学过程、电化学过程、物理过程，达到修复污染环境的目的。该技术广泛应用于土壤、水体、地下水污染修复工程。作为一种"绿色技术"，电化学修复技术正逐渐成为解决环境污染问题的有效工具，在环境修复领域中发挥着越来越重要的作用。电化学修复技术不仅可用于电化学氧化还原，使有毒物质降解、转化，还可用于悬浮和胶体体系的相分离。电化学修复过程的主要运行参数是电流和电位，容易测定和控制，因此整个过程的可控程度乃至自动控制水平都很高，易于实现自动控制。通过控制电位可使电极反应具有高度选择性，防止可能发生的副反应，进而防止产生二次污染。电化学修复系统设备相对简单，设计合理的系统能量利用率也较高，因此操作与维护费用较低。此外，电化学修复技术应用灵活，既可以单独使用，也可以与其他处理方法相结合。

目前，电化学修复常用的基本方法有电化学氧化法、三维电极反应法、电 Fenton 法、铁屑内电解法、电凝聚气浮法、电沉积法、电解还原法、电渗析法等。

3.7.1　电化学氧化法

电化学氧化法（Electro-chemical oxidation remediation），是以外电压为化学反应动力，使有机物分子在电极上失去电子而被氧化的过程。电化学氧化法主要表现为阳极氧化，常用于废水、大气、土壤中难降解有机物的去除。由于电化学氧化法的电流密度和电流效率有待提高，能效比较低，因此目前实际应用还受到一定制约。

3.7.2　三维电极反应法

三维电极反应法（Three dimensional electrode reactor），是在电解槽中充填导电性粒

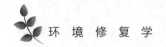

子，或者使充填粒子在电解槽中处于流动状态，从特别设置的主电极供给电流，在粒子表面发生化学反应。三维电极比表面积极大地增加，粒子间距小，提高了电流效率和处理效果，使污染物质传质效果得到很大改善。

目前许多设计装置都不同程度地存在长期运行后电极堵塞的问题，电极堵塞将使处理效率逐渐降低。需投加一定量的电解质才能改善这种状况，但是这样会使运行成本大为提高，不利于三维电极反应法的应用推广。

3.7.3　电 Fenton 法

电 Fenton 法(Electro-fenton remediation)通过电解过程产生 H_2O_2、Fe^{2+} 或 Fe^{3+}，直接构成 Fenton 体系去除污染物质，从而达到降低处理成本的目的。其氧化机理如下：

$$Fe^{2+} + H_2O_2 \longrightarrow Fe^{3+} + OH^- + \cdot OH$$

$$\cdot OH + RH(有机污染物) \longrightarrow R(降解产物) + H_2O$$

根据氧化基团生成的方式不同，电 Fenton 法一般可分为如下几类：

(1)EF—Fere 法。在该处理系统中，H_2O_2 和 Fe^{2+} 都由外部加入，但 Fe^{2+} 一旦加入后即可在阴极得以连续再生，此后无须持续投加。

(2)EF—FeO$_x$ 法。Fe^{2+} 由阳极氧化溶解产生，H_2O_2 经外部投加提供，这种方法又称牺牲阳极法。此外，Fe^{2+} 还可在阴极再次生成，其反应是否发生主要由电解池中的电解质溶液决定，但通常这一反应在此法中不占主导地位。

(3)EF—H_2O_2—Fere 法。该法中 H_2O_2 和 Fe^{2+} 都由阴极产生，提供的条件主要是利于合成 H_2O_2。将外源氧喷射在石墨、玻璃炭棒或活性炭纤维阴极上，外源氧在这些阴极上即会失去两个电子而还原生成 H_2O_2。自动生成 H_2O_2 的缺点在于电流效率低、反应速率慢。

(4)EF—H_2O_2—FeO$_x$ 法。H_2O_2 在阴极生成，Fe^{2+} 通过阳极氧化溶解产生。

3.7.4　铁屑内电解法

铁屑内电解法的基本原理是利用铁屑中的铁和炭(或加入的惰性电极)组分构成微小原电池的正极和负极，以充入的污染水体为电解质溶液，发生氧化还原反应，形成原电池。新生态的电极产物活性极高，能与废水中的有机物发生氧化还原反应，使其结构形态发生变化，完成由难处理到易处理、由有色到无色的转变。同时在铁屑内电解过程中，阳极溶出的 Fe^{2+} 还能将废水中的染料粒子等胶凝在一起，形成以 Fe^{2+} 为胶凝中心的絮凝体，捕集、挟裹和吸附悬浮的胶体共沉。另外，Fe^{2+} 经石灰乳中和曝气后，生成的 $Fe(OH)_3$ 是胶体絮凝剂，其吸附能力高于一般药剂水解法得到的 $Fe(OH)_3$ 的吸附能力。这样，污染水体中的悬浮物以及内电解产生的不溶物就可被其吸附凝聚。

3.7.5 电凝聚气浮法

电凝聚气浮法(Electrocoagulation remediation)，是指在外电压作用下，利用可溶性阳极(铁或铝)产生大量阳离子，对胶体废水进行凝聚，同时在阴极上析出大量氢气微气泡，与絮粒黏附在一起上浮。其去除机理包括氢氧化亚铁和氢氧化铁絮凝体表面的络合作用、静电吸引作用、化学调整作用和沉淀上浮作用。当铁电极上通直流电时，电极反应如下：

$$阳极(氧化)：Fe \longrightarrow Fe^{2+} + 2e^-$$
$$Fe \longrightarrow Fe^{3+} + 3e^-$$
$$阴极(还原)：2H_2O + 2e^- \longrightarrow H_2 \uparrow + 2OH^-$$
$$总电极反应：Fe + 2H_2O \longrightarrow Fe(OH)_2 + H_2 \uparrow$$
$$4Fe + 10H_2O + O_2 \longrightarrow 4Fe(OH)_3 + 4H_2 \uparrow$$

3.7.6 电沉积法

电沉积法(electrodeposition)，是利用电解液中同金属组分的电位差，使自由态或组合态的金属在阴极析出的过程。

金属离子的电解析出过程是在传质控制下的快反应过程，为提高电化学反应器的处理能力，应提高反应物的传递速率。另外，在某些污染环境中的金属不是以自由的离子状态存在，而是以有机或无机的络合状态配合物存在。原则上只有比阴极上的放 H_2 反应易于得电子的离子才能应用此法，如含有 Cu^{2+}、Ag^+、Hg^{2+}、Pb^{2+} 等的反应。

3.7.7 电解还原法

电解还原法(Electrolytic reduction remediation)，是通过阴极还原反应去除环境污染物。电解还原法可处理多种污染物，如金属离子、含氯有机物、二氧化硫气体等。利用电解还原法处理被重金属污染的环境，能从其中得到纯度很高的重金属。在工程中最常用到的是填充床或三维电极，阴极材料可用石墨纤维、金属纤维或碳纤维。这种方法运行费用低，去除效率高，在几分钟内，可以使重金属浓度从 100 mg/L 降至 0.1 mg/L。直接阴极还原处理也可使多种含氯有机物转化成低毒性物质，同时提高产物的可生化性。

3.7.8 电渗析法

电渗析法(Electrodialysis remediation)是膜分离技术的一种，主要用于水体污染修复。电渗析法是在直流电场的作用下，以电位差为动力，利用离子交换膜的选择透过性，把污染水体中的电解质类污染物从溶液中分离出来，实现去除污染物质的目的。与其他膜分离技术相比，电渗析法的优点是：①能量消耗低；②药剂耗量少，环境污染小；③对原水含盐量变化适应性强；④操作简单，易于实现机械化、自动化；⑤设备紧凑耐用，预处理简单；⑥水的利用率高。此外，电渗析法也有缺点，如在运行过程中易发生浓差极化而产生结垢，脱盐率较低。目前，电渗析法已广泛应用于各种废水的处理过程，并已经发展成为一种新型的单元操作。

3.8 光化学修复技术

环境光化学是环境化学的分支学科，研究环境中化学物质在光作用下的化学特性、化学行为和化学效应，以及利用光化学的原理和方法控制环境污染。光化学修复（Photochemical remediation），是指通过环境光化学反应或环境光化学催化过程，使环境污染物受到光辐射而发生光化学降解和转化的修复技术。

3.8.1 土壤光化学修复

污染物在土壤表面的光降解可分为直接光降解和间接光降解。污染物的直接光降解速率取决于目标污染物对太阳光的吸收率及化合物反应的量子产率。土壤表面的吸附作用引起污染物吸收光谱红移，增加其与太阳光直接光降解的相关性，产生不同的光降解产物。污染物分子在颗粒表面以吸附态存在时，比在有机溶剂中的吸收光谱能发生更显著的波谱移动和吸收谱带的扩大。吸附态的污染物分子吸收光谱发生红移，使污染物在土壤表面光降解的可能性大大增加。

污染物间接光降解需要光敏物质的存在才能进行。在光照条件下，土壤表面有大量单重态氧[①]生成，特别是对于有机磷杀虫剂，单重态氧参与的光降解是其间接光降解的主要途径。在光照条件下，土壤表面还可形成其他促进有机物发生间接光降解的自由基，单重态氧参与的光降解也是土壤中其他有机污染物光降解的主要途径。

一些有机物（包括农药）不吸收可见光，需要光敏物质存在才可能发生光化学反应。光敏剂和光猝灭剂分别作为光的载体和受体，可改变有机污染物的光稳定性，加速或延缓污染物的光解反应，腐殖质和 TiO_2 等就是最常见的光敏剂。光敏剂的存在，对于农药的药效有效期、残留和光解期、环境行为及环境安全评价都具有重要意义。

3.8.2 水体光化学修复

水体污染修复中常用的光化学修复技术属于紫外线或可见光催化氧化技术，研究发现

[①] 单重态氧(Singlet state oxygen)，又称受激单线态氧原子(Excited singlet state oxygen atom)，是指氧分子吸收光子(hv)后，使处于基态分子中的一个电子跃迁到较高能量状态的空轨道上去，而形成的电子激发态的氧原子，该电子的自旋方向与处于另一能量较低轨道上的另一电子自旋方向相反。这种激发态的氧原子比基态的氧原子有更高的活性，在大气光化学反应中起重要作用。

一些半导体材料有一定的光催化降解有机物的功能，并且稳定无毒。光催化的基本原理：半导体材料导带(Cb)和价带(Vb)之间的宽度称为禁带宽度(Eg)，当半导体材料吸收了大于禁带宽度的光子能量后，其价带上的电子(e^+)就会激发跃迁至导带上而在价带上形成孔穴(h^+)，即光生 e^-—h^+ 对。一部分光生 e^-—h^+ 对因迁移发生复合而消失，而有一部分光生 e^-—h^+ 对迁移到表面未被复合，这部分 e^- 与材料表面吸附的 O_2 作用，形成有强氧化性的超氧自由基($\cdot O_2^-$)和超氧化氢(HO_2^-)等活性基团，未被复合的—h^+ 则与表面的 H_2O^- 或 OH^- 形成羟基自由基($\cdot OH$)，同时水体中的部分污染物吸收光子后也可以由基态上升到激发态，具有很高活性的·OH 自由基或 O·与激发态污染物发生作用，即可达到降解污染物的目的，最终产物为 CO_2 和 H_2O。

◆作业◆

概念理解

可渗透反应墙；化学淋洗修复；化学氧化还原修复；电化学修复。

问题简述

(1)环境污染修复中常见的化学修复有哪些技术措施？

(2)简述污染土壤改良修复中常用的几种改良剂的特点与适用范围。

(3)请画图说明可渗透反应墙修复的一般工作原理。

(4)说明化学固化与物理固化在原理和处理对象上有何不同？

(5)根据电化学修复的原理，说明这种方法有哪几种类型？各有何利弊？

系统阐述

(1)系统分析对比重金属污染土壤的物理和化学修复的经济技术可行性。

(2)系统论述可渗透反应墙技术在环境污染修复中的应用领域与模式。

◆进一步阅读文献◆

Dermont G,Bergeron M,Mercier G,et al.Soil washing for metal removal:A review of physical/chemical technologies and field applications[J].Journal of Hazardous Materials,2008,152(1):1-31.

Fu F,Dionysiou D D,Liu H.The use of zero-valent iron for groundwater remediation and wastewater treatment:A review[J].Journal of Hazardous Materials,2014,267:194-205.

Gupta A,Joia J,Sood A,et al.Microbes as potential tool for remediation of heavy metals:A review[J].Journal of Microbial and Biochemical Technology,2016,8(4):364-372.

Gomes H I, Dias-Ferreira C, Ribeiro A B. Overview of *in situ* and *ex situ* remediation technologies for PCB-contaminated soils and sediments and obstacles for full-scale application[J]. Science of the Total Environment, 2013, 445-446: 237-260.

Iqbal M, Bermond A, Lamy I. Impact of miscanthus cultivation on trace metal availability in contaminated agricultural soils: Complementary insights from kinetic extraction and physical fractionation[J]. Chemosphere, 2013, 91(3): 287-294.

Kuppusamy S, Palanisami T, Megharaj M, et al. In-situ remediation approaches for the management of contaminated sites: A comprehensive overview[J]. Reviews of Environmental Contamination and Toxicology, 2016, 236(18): 1-115.

Komárek M, Vaněk A, Ettler V. Chemical stabilization of metals and arsenic in contaminated soils using oxides: A review[J]. Environmental Pollution, 2013, 172: 9-22.

Yuan L, Cao X, Zhao L, et al. Biochar and phosphate induced immobilization of heavy metals in contaminated soil and water: Implication on simultaneous remediation of contaminated soil and groundwater[J]. Environmental Science and Pollution Research, 2014, 21(6): 4665-4674.

Mulligan C N, Yong R N, Gibbs B F. Remediation technologies for metal-contaminated soils and groundwater: an evaluation[J]. Engineering Geology, 2001, 60(1): 193-207.

Rodrigo M A, Oturan N, Oturan M A. Electrochemically assisted remediation of pesticides in soils and water: A review[J]. Chemical Reviews, 2014, 114(17): 8720-8745.

Shakoor M B, Ali S, Farid M, et al. Heavy metal pollution, a global problem and its remediation by chemically enhanced phytoremediation: A review[J]. Journal of Biodiversity and Environmental Sciences, 2013, 3(3): 12-20.

Su C, Jiang L, Zhang W. A review on heavy metal contamination in the soil worldwide: Situation, impact and remediation techniques[J]. Environmental Skeptics and Critics, 2014, 3(2): 24-38.

Sirés I, Brillas E, Oturan M A, et al. Electrochemical advanced oxidation processes: Today and tomorrow. A review[J]. Environmental Science and Pollution Research, 2014, 21(14): 8336-8367.

Volchko Y, Norrman J, Rosén L, et al. Using soil function evaluation in multi-criteria decision analysis for sustainability appraisal of remediation alternatives[J]. Science of the Total Environment, 2014, 485(1): 785-791.

Wang J, Feng X, Anderson C W N, et al. Remediation of mercury contaminated sites—A review[J]. Journal of Hazardous Materials, 2012, 221-222: 1-18.

Wuana R A, Okieimen F E. Heavy metals in contaminated soils: a review of sources, chemistry, risks and best available strategies for remediation[J]. Isrn Ecology, 2011, 2011: 1-20.

Yang J S, Kwon M J, Choi J, et al. The transport behavior of As, Cu, Pb, and Zn during electrokinetic remediation of a contaminated soil using electrolyte conditioning[J]. Chemosphere, 2014, 117: 79-86.

Yao Z, Li J, Xie H, et al. Review on remediation technologies of soil contaminated by heavy metals[J]. Procedia Environmental Sciences,2012,16:722-729.

Zhang X,Wang H,He L,et al.Using biochar for remediation of soils contaminated with heavy metals and organic pollutants[J].Environmental Science and Pollution Research,2013,20(12),8472-8483.

第4章 微生物修复

微生物在有机污染物转化、降解方面至关重要，在无机污染物转化、吸附、降低移动性或生物活性等方面也发挥着重要作用。微生物与污染物相互作用的机理比较复杂，包括直接转化、分解、化学固定、共代谢等生理代谢过程。微生物修复技术与方法在环境修复中具有低成本、高效率以及适应性广等特点，但修复效果和应用范围受多种因素的制约。由于微生物反应的温和性和多样性，利用微生物环境污染修复的基础研究和技术开发正受到环境领域的普遍重视。

4.1 概述

4.1.1 微生物修复及发展

生物修复(Bioremediation)，广义上是指一切以利用生物为主体的环境污染修复技术，是利用植物、动物和微生物吸收、降解、转化土壤和水体中的污染物，将有毒有害的污染物转化为无害物质或将污染物稳定化以避免其向周边环境扩散，使污染物浓度最终降低到可接受水平。狭义的生物修复就是指微生物修复(Microbial remediation)，即利用天然存在的或筛选培养的功能微生物群(土著微生物、外源微生物和基因工程菌)，并在人为优化的适宜环境条件下，促进或强化微生物代谢功能，从而修复被污染环境或消除环境中的污染物，是一个受控或自发进行的过程。

人类利用微生物已经有几千年的历史。早期的生物修复主要是利用微生物降解和转化环境中的有机污染物，侧重于微生物的分解作用及其应用。例如，研究者在1989年的"阿拉斯加研究计划"(超级油轮"Exxon Valdez 号"原油泄漏到美国阿拉斯加海岸，原油遍及1450 km 海岸。常规的净化方法已不起作用，Exxon 公司和环保局使用了两种亲油性微生物肥料)中就发现，随着海滩沉积物表面和次表面的异养菌及石油降解菌数量的增加，石油污染物的降解速率显著提高。

近年来，随着微生物修复的发展，人们更加重视功能微生物的育种筛选和利用。目前已分离出多种可降解石油污染物的微生物，包括细菌、真菌、酵母和菌团；降解有机卤化

物的细菌 *Pseudomonas sp*. Y1 和 *Pseudomonas sp*. 113；以及降解塑料制品丁二酸四亚甲基酯的高温菌等。同时，微生物修复开始向治理无机污染物扩展，包括重金属污染土壤，富营养化水体氮磷去除等。

作为可以大面积应用，且经济和社会可接受度较高的修复技术，微生物修复备受国际社会重视。欧洲如德国、丹麦、荷兰等从事该项技术的研究机构和商业公司就有近百个。不同国家对微生物修复方面的研究开发有 3 个特点：

(1)欧洲国家通过对传统废弃物处理系统的微生物强化和改进，从而处理特定化学污染物并提高降解能力。

(2)美国侧重于不同污染类型土壤和水体的整治和修复，尤其是外源持久性有机污染物的治理。

(3)日本将重点放在解决环境共性问题方面，如以废弃生物质微生物制氢的研究和利用，以及微生物对大气中二氧化碳的固定等。

我国的研究主要集中在农药残留的微生物修复、多环芳烃的微生物修复等方面。随着研究不断深入，微生物修复在地下水、土壤等环境污染方面的应用已经日趋成熟，已由应用细菌修复拓展到真菌修复、植物—菌根修复、微生物—土壤动物联合修复等，由有机污染物的微生物修复拓展到重金属固定等无机污染物修复。

由于微生物反应的温和性和功能多样性，通过筛选特异性功能类群和强化微生物的代谢分解作用进行微生物修复，是解决难降解化合物污染的关键技术，已经得到各国重视，具有广阔的产业化前景。

4.1.2　微生物修复机理

代谢是生命活动的基本特征之一，生命活动的任何过程都离不开代谢，代谢一旦停止，生命随之结束。在微生物的生命活动过程中，微生物不断地从环境中吸收营养物质，同时又不断地向环境中排泄代谢废物，以维持其生长、繁殖、运动等，实现生命的新陈代谢。代谢被分为两大类，即分解代谢(Catabolism)和合成代谢(Anabolism)。分解代谢也称异化作用，是指微生物将自身或外来的各种物质分解以获取能量，产生的能量用以维持各项生命活动需要的过程。合成代谢是指微生物不断由外界取得营养物质合成为自身细胞物并贮存能量的过程，是微生物机体自身物质制造的过程。分解和合成是代谢过程两个不可分割的部分。合成代谢所需的物质和能量由分解代谢提供，分解代谢的物质基础又由合成代谢提供，从而维持生物体内物质与能量的动态平衡。

微生物降解(Microbial degradation)，是指微生物把有机物转化为简单无机物的现象和过程。自然界中，生物的排泄物、凋落物及尸体等有机物质，经微生物分解作用转化为简单无机物。微生物还可降解人工合成的有机化合物。根据微生物对有机物代谢方式的不同，可将污染物的微生物降解分为好氧降解和厌氧降解两个不同的过程。微生物好氧降解，是利用好氧微生物将复杂的有机物分解成 CO_2 和 H_2O，这一过程需保证充足的氧气供应。微生物厌氧降解，是利用厌氧微生物在无氧或缺氧条件下将复杂的有机物降解成游离糖、乙醇、H_2、CO_2、脂肪酸等，乙醇和脂肪酸被氧化成乙酸和 H_2O，最后乙酸和 H_2 被转化成 CH_4。微生物厌氧降解可以分为水解、酸化和产甲烷三个阶段，其主要降解产物是甲烷、CO_2 和 N、P 及无机化合物等。

微生物降解和转化有机污染物，通常是依靠以下基本反应模式来实现的。

(1)氧化反应。指进入微生物细胞内的污染物发生的氧化反应，包括羟化作用（芳香族羟化、脂肪族羟化、N－羟化），环氧化作用，N－氧化作用，P－氧化作用，S－氧化作用，氧化性脱烷基、脱卤基、脱氨基作用等。

①甲基氧化：如铜绿假单胞菌将甲苯氧化为苯甲酸，表面活性剂的甲基氧化主要是亲油基末端的甲基氧化为羧基的过程。

②醇氧化：如醋化醋杆菌（*Acetobacter aceti*）可将乙醇氧化为乙酸；氧化节杆菌（*Arthrobacter oxydans*）可将丙二醇氧化为乳酸，以及在尼古丁等污染物的降解中具有重要作用。

③醛氧化：如假单胞菌属绿脓杆菌（*Pseudomonas aeruginosa*）可将乙醛氧化为乙酸，该属的一些种也可直接降解烷烃类污染物。

④氧化脱烷基：如有机磷杀虫剂可发生此反应。

⑤硫醚氧化：如三硫磷、扑草净等的氧化降解。

⑥过氧化：艾氏剂和七氯可被微生物过氧化降解。

⑦环氧化：环氧化作用是生物降解的主要机制，如环戊二烯类杀虫剂的脱卤、水解、还原及羟基化作用。

⑧苯环羟基化：例如 2，4－D 和苯甲酸等化合物，可通过微生物的氧化作用使苯环羟基化。

⑨芳香环裂解：例如苯酚系列的化合物，可在微生物作用下使环裂解。

⑩杂环裂解：指五元环（杂环农药）和六元环（吡啶类）化合物的裂解。

(2)还原反应。进入微生物细胞内的污染物发生的还原反应，包括硝基还原（如二硝基苯胺类除草剂）、还原性脱卤、醌类还原等。

①乙烯基还原：如大肠杆菌（*Escherichia coliform*）可将延胡索酸还原为琥珀酸。

②醇的还原：如丙酸梭菌（*Clostridium propionicum*）可将乳酸还原为丙酸。

③芳环羟基化：如甲苯酸盐在厌氧条件下可以羟基化，以及醌类的双键、三键还原作用等。

(3)水解反应。主要包括有酯类、胺类、磷酸酯以及卤代烃等的水解。一些酯、酰胺和硫酸酯类农药都有可以被微生物水解的酯键，如对硫磷、苯胺类除草剂等。

(4)基团转移。

①脱烷基作用，常见于某些有烷基连接在氮、氧或硫原子上的农药和除草剂降解反应，还存在脱氢卤以及脱水反应等。

②脱羧基作用，如戊糖丙酸杆菌(*Propionibacterium pentosaceum*)可使琥珀酸等羧酸脱羧为丙酸。

③脱卤基作用，其是氯代芳烃、农药、五氯酚等的生物降解途径。

此外，有机污染物的微生物降解还有其他一些反应类型，如酯化、缩合、氨化、乙酰化、双键断裂等。应该指出，在微生物降解农药时，其体内并不只是进行单一的反应，多数情况下是多个反应协同作用来完成对农药的降解过程，如好氧条件下卤代芳烃的生物降解，其卤素取代基的去除主要通过两个途径发生：在降解初期通过还原、水解或氧化去除卤素；生产芳香结构产物后通过自发水解脱卤或 β—消去卤代烃。

4.1.3 微生物修复优缺点

微生物修复作为一项高效、费用低廉、非破坏性的环境净化方法，有许多优点：

(1)高效性。高速有效降解和矿化目标污染物，具有专一性，速度快。

(2)安全性。可将有机污染物彻底分解为二氧化碳、水和其他小分子无毒无害物质，避免环境次生污染。

(3)适用范围广。适用于大范围、大面积、高强度污染场地的修复，适于土壤(非饱和带)和地下水(饱水带)复杂场景的同时修复。

(4)适于原位修复。可现场原位进行修复，避免开挖和运输，降低运输费用，同时减少与污染物直接接触的机会。

(5)修复费用低。费用一般为传统物理、化学修复的 30%～50%。

(6)环境友好。对环境扰动小；二次污染较少，修复绿色环保，具有生态协调性，易于被公众接受。

但微生物修复也存在局限性，主要表现在以下几个方面：

(1)受污染物种类和浓度限制。不是所有的污染物都适用于微生物修复，有些污染物不易或根本不能被微生物降解，如一些卤代化合物和重金属。

(2)生物活化。有些污染物在微生物转化过程中，次生代谢产物的毒性和移动性反而增加。例如在厌氧条件下，三氯乙烯(TCE)可进行一系列还原脱卤作用，产物之一的氯乙烯(VC)是致癌物。另外，在修复过程中，某些污染物的溶解度可能会提高，使得污染物更易于迁移。

(3)受环境因素影响大，控制难度高。微生物修复受环境因素影响大，修复条件不易人

为控制；或者环境条件易受外界影响难以维持高效运行。

4.2 有机污染微生物修复

微生物可以通过新陈代谢直接分解或通过共代谢作用将土壤、地下水和海洋中的有毒有害污染物分解为低毒或无毒的代谢产物，也可以通过分泌酶系(胞内酶和胞外酶)对有机物进行转化分解。微生物转化降解，既是自然环境中有机污染物转化的重要途径之一，也是有机污染物控制和修复的有效技术方法。

4.2.1 有机污染物进入微生物的方式

微生物能够通过细胞表面进行物质交换。微生物的细胞表面为细胞壁和细胞膜，细胞壁只对大颗粒的物体起阻挡作用，在物质进出细胞中作用不大，而细胞膜由于具有高度选择性，在物质进入微生物细胞与微生物的相关代谢产物排出的过程中，起着极其重要的作用。微生物从细胞外环境中吸收摄取物质的方式主要有主动运输、被动扩散和胞饮作用等。

4.2.1.1 主动运输

主动运输是指通过细胞膜上特异性载体蛋白的构型变化，使膜外低浓度物质进入膜内，且被运输的物质在运输前后并不发生化学变化的一种物质运送方式。这一过程需要消耗能量，可以逆浓度梯度进行，同时也需要载体蛋白的参与，对被运输的物质有高度的结构专一性。被运输的物质与载体蛋白在胞外能形成载体复合物，在进入膜内侧时，载体构型发生变化，亲和力降低，营养物质便被释放出来。主动运输所消耗的能量因微生物的不同而来源不同：好氧微生物的能量来自呼吸作用，厌氧微生物的能量来自化学能 ATP，而光合微生物的能量来自光能。

4.2.1.2 被动扩散

物质沿着浓度梯度以扩散方式进入细胞的过程，称为被动扩散。被动扩散主要包括单纯扩散和促进扩散，细胞膜是物质扩散的前提。这两者的显著差异在于前者不借助载体，后者需要借助载体进行。

(1)单纯扩散。单纯扩散是指在无载体蛋白参与下，物质顺浓度梯度以扩散方式进入细胞，这是物质进出细胞最简单的一种方式。该过程是一个物理过程，运输的分子不发生化学反应，其推动力是物质在细胞膜两侧的浓度差，不需要外界提供任何形式的能量。扩散速度取决于细胞膜两侧该物质的浓度差，浓度差大则速度快，浓度差小则速度慢。当细胞膜内外两侧的物质浓度相同时，达到动态平衡。因为单纯扩散不消耗能量，所以通过被动扩散运输的物质不能进行逆浓度梯度的运输。扩散不是微生物吸收物质的主要方式，水、某些气体、甘油、某些离子等少数物质是以这种方式被吸收的。

(2)促进扩散。促进扩散是指物质利用存在于细胞膜上的特异性载体蛋白顺浓度梯度进入细胞的一种物质运送方式。在运输过程中不需要消耗能量，也不能逆浓度梯度运输，物质本身在分子结构上也不会发生变化，运输速度取决于细胞膜两侧物质的浓度差。促进扩散过程对被运输的物质有高度的立体专一性。载体蛋白能够加快物质的运输，其本身在此过程中不发生变化，因此类似于透过酶的作用特性：微生物细胞膜上通常存在各种不同的透过酶，这些酶大多是一些诱导酶，只有在环境中存在需要运输的物质时，运输这些物质的透过酶才合成。促进扩散多见于真核微生物中。大多数载体蛋白只转运一类分子，如转运芳香族氨基酸的载体蛋白不转运其他氨基酸。

4.2.1.3　胞饮作用

胞饮作用就是疏水表面突出物把有机污染物吸附到细胞表面，再通过膜的内折而转移到细胞内的摄取物质的过程。细胞吞入的物质通常是液体或溶解物。通常是从质膜上特殊区域开始，形成一个小窝，最后形成一个很薄且没有外被包裹的小囊泡。污染物通过胞饮作用形成囊泡，再转移到细胞内的氧化部位，如内质网、微体和线粒体。

4.2.2　微生物共代谢

有机污染物的降解可分为单一微生物降解与混合微生物的共代谢(Co-metabolism)降解。微生物共代谢最早是由 Leadbetter 和 Foster 发现的，产甲烷菌(*Pseudomonas methanica*)能够将乙烷氧化成乙醇、乙醛，而该微生物并不能利用乙烷作为生长基质。当培养基中存在一种或多种用于微生物生长的烃类时，微生物对作为辅助物质、而非用于微生物生长的烃类具有氧化作用，这种微生物不能利用基质作为能源和组分的有机物转化方式，称为共代谢，又称为共氧化。在自然环境下，很多类型的难降解有机污染物以共代谢方式，经过一系列微生物的协同作用而得到彻底分解。微生物这种共代谢降解方式，在一些难降解的有机污染物降解中起着至关重要的作用，尤其是在烃类和农药的生物降解中。

4.2.2.1　共代谢原理

我们把用于微生物生长的物质称为一级基质(生长基质)，不用于生长的物质称为二级基质(非生长基质)。有生长基质存在时，微生物活性增强，其对非生长基质的降解无论是氧化作用还是还原作用都是共代谢的作用，共代谢不仅指生长基质存在时微生物对非生长基质的作用，而且包括生长基质被完全消耗时处于内源呼吸状态的微生物对非生长基质的转化。事实上，共代谢微生物不能从非生长基质(例如某些污染物)中获得能量、碳源或其他任何营养。微生物在利用生长基质 A 后，同时非生长基质 B 也伴随发生氧化或其他反应。这是由于 B 与 A 具有类似的化学结构，而微生物降解生长基质 A 的初始酶 E_1 专一性不高，在将 A 降解为 C 的同时也将 B 转化为 D，但是降解产物的酶 E_2 则可能具有较高的专一性，一般不会把 D 当作 C 继续转化。因此，在纯培养情况下，共代谢只是一种截止式转化，与生长代谢无关的转化产物会聚集起来。在混合培养和自然环境条件下，这种与生长或正常代谢无关的转化可为其他微生物提供共代谢，或使其他微生物可利用某种物质的降解产物作为原料，使其代谢产物可继续降解。

微生物在共代谢反应中，产生的既能够代谢转化生长基质（一级基质），又能够代谢转化目标污染物（二级基质）的非专一性酶，是微生物共代谢反应发生的关键，这种非专一性的酶被称为关键酶。共代谢作用的核心是非专一性关键酶的产生和发生作用，关键酶的一个重要特点是具有共诱导性。根据酶诱导理论，酶的诱导性生成是在调节基因的产物蛋白的作用下，通过操纵基因来控制结构基因的转录而完成的。加入目标污染物的类似物，是针对酶的可诱导性设计的，通常只有在一定诱导基质存在时，微生物才能合成并释放关键酶。近年来研究发现，某些微生物通过共代谢降解氯代芳香类化合物，且在氯代芳香类化合物的共代谢氧化中，开环和脱氯往往同时进行。

4.2.2.2 共代谢微生物及污染物

共代谢作用广泛存在于有机污染物的微生物降解过程中，参与的微生物包括好氧微生物、厌氧微生物和兼性微生物。表 4-1 列出了参与共代谢的部分微生物种类。

表 4-1 具有共代谢功能的一些微生物

微生物名称	拉丁名	微生物名称	拉丁名
无色杆菌	*Achromobacter sp.*	微杆菌	*Microbacterium sp.*
节杆菌	*Arthrobacter sp.*	红色诺卡氏菌	*Nocardia erythropolis*
黑曲霉	*Aspergillus niger*	诺卡氏菌	*Nocardia sp.*
固氮菌	*Azotobacter chroococcum*	荧光假单胞菌	*Pseudomonas fluorescens*
巨大芽孢杆菌	*Bacillus megaterium*	青霉	*P. Methanica*
芽孢杆菌	*Bacillus sp.*	恶臭假单胞菌	*P. Putida*
短杆菌	*Brevibacterium sp.*	假单胞杆菌	*Pseudomonas sp.*
黄色杆菌	*Flavobacterium sp.*	绿色木霉	*Trichoderma virida*
氢假单胞菌	*Hydrogenomonas sp.*	弧菌	*Vibrio sp.*
红色微球菌	*Micrococcus cerificans*	黄色假单胞菌	*Xanthomonas sp.*
微球菌	*Micriciccus*		

参与共代谢的化合物很多，第一基质包括多种化合物，如简单的脂肪烃类、芳香烃类、

多糖、蛋白质以及无机物等；第二基质也是多种多样的，在环境科学领域更受关注的是难降解的物质，如多环芳烃、杂环化合物、染料中间体及农药等。在对苯并芘的共代谢降解中发现，镰刀菌降解苯并芘的能力弱，但当土壤中存在菲或芘时，菲和芘为镰刀菌提供了碳源和能源，促进了镰刀菌降解芘酶的活性，使苯并芘降解率有较大提高。

表4-2　可被共代谢的一些有机物及其转化产物

二级基质	产物	二级基质	产物
乙烷	己酸	4-氯儿茶酚	3-羟基-4-氟己二烯半醛
丁烷	丁酸、甲基乙基酮	3,5-二氯儿茶酚	2-羟基-3,5-二氯己二烯半醛
间氯苯甲酸（盐）	4-氯儿茶酚、3-氯儿茶酚	3-甲基儿茶酚	2-羟基-3-甲基己二烯半醛
邻氯苯甲酸（盐）	3-氯儿茶酚、氟乙酸	邻二甲苯	邻甲苯酸
吡咯烷	谷氨酸	对二甲苯	对甲苯酸、2,3-二羟基对甲苯酸
正丁苯	苯乙酸	2,3,6-三氯苯甲酸	3,5-二氯儿茶酚
乙基苯	苯乙酸	2,3,5-三氯酚氧乙酸	3,5-二氯儿茶酚
对异丙基甲苯	对异丙基苯甲酸	1,1-二苯基-2,2,2-三氯乙烷	2-苯基-3,3,3-三氯丙酸
正丁基环己烷	环己烷乙酸	—	—

4.2.2.3　共代谢类型

共代谢一般有以下几种类型。

（1）微生物在正常生长代谢过程中对二级基质的共同氧化。这种共代谢是指当一级基质存在时，一级基质的代谢能够提供足够的碳源和能源供微生物生长，并诱导产生相应的降解酶来降解二级基质。例如，杂环化合物及多环芳烃的生物降解需要一个完整的厌氧微生物食物链系统，葡萄糖的存在可为相关的微生物提供碳源和能源，葡萄糖经相关微生物的代谢还可为受试有机物的开环提供必需的还原力和各种辅酶。

（2）微生物间的协同作用。这种共代谢是指有些污染物的降解并不导致微生物的生长和能量的产生，它们只是在微生物利用一级基质时被微生物产生的酶降解或转化为不完全氧化产物，这种不完全氧化产物进而被另一种微生物利用并彻底降解。例如，对普通的脱硫弧菌属和铜绿假单胞菌属在用苯甲酸单独培养时，均不能利用苯甲酸，但当两者在含有苯甲酸和SO_4^{2-}的基质中共同培养时，苯甲酸即可彻底被生物降解，同时SO_4^{2-}被还原为H_2S。生物膜或颗粒污泥的形成能有效地发挥微生物间的协同作用，提高难降解物质的生物降解率。

（3）二级基质的存在诱导相关降解酶的生成。共代谢是由微生物细胞分泌关键酶决定

的，为了提高基质的降解性能，添加基质类似物，利用基质类似物诱导细胞酶的产生，提高酶活性，促进基质降解。纯培养 *Pseuelomonas putida* 系中的 KBM－1 在厌氧和硝酸还原条件下，对多环芳烃①混合物(PAHs)的生物降解由于萘(2 环)的存在而被促进，主要原因是萘与菲、芘等结构相似，诱导了降解菲、芘的酶大量产生，使菲(3 环)的生物降解率提高 4 倍，使芘的生物降解率提高 2 倍。

4.2.2.4 共代谢特点

共代谢具有以下特点：

(1)微生物首先利用易于降解的生长基质作为一级基质，以维持细胞自身生长；

(2)一级基质和二级基质之间对发挥降解作用的关键酶存在着竞争现象；

(3)二级基质的代谢产物不能用于微生物的生长，有些代谢产物甚至对微生物有毒害作用；

(4)共代谢是需能反应，能量主要来自一级基质的产能代谢，当一级基质被完全消耗时，能量来源于细胞自身储存的能量物质。

4.2.2.5 影响共代谢的因素

微生物的共代谢是一个多方面的综合过程，多种因素可以影响共代谢的效果。

(1)一级基质的选择。对于难降解物质的共代谢过程，一级基质的选择是非常重要的。一般来讲，选择易降解的物质(如葡萄糖、蔗糖、蛋白质等)作为一级基质，一般可获得较高的共代谢率。例如作为一级基质的葡萄糖、乳糖、蔗糖、可溶淀粉等物质中，蔗糖是嗜碱性木质素降解菌最理想的一级基质。对各种生物难降解物质，应根据这些物质的特点分别选择合适的一级基质。另外，根据代谢酶的可诱导性，在某些情况下也可选择二级基质的类似物或中间代谢产物作为一级基质，提高诱导酶的活性。

(2)一级基质与二级基质的浓度比。由于维持共代谢的微生物酶来自微生物对一级基质的利用，二级基质的利用也只能在一级基质消耗的基础上发生，因此一级基质和二级基质之间存在竞争性抑制。在共代谢过程中，一级基质与二级基质要保持适当的浓度比。

(3)能量物质。除一级基质的产能代谢为微生物提供能量外，适量外加能量物质可以提高难降解物质的代谢速率。研究发现，加入适量甲酸能大幅度提高甲烷细菌共代谢的速率，

---

① 多环芳烃：指分子中含有两个或两个以上苯环的碳氢化合物，包括萘、蒽、菲、芘等 150 余种化合物。其英文全称为 Polycyclic Aromatic Hydrocarbon，简称 PAHs。有些多环芳烃还含有氮、硫和环戊烷，具有致癌作用的常见多环芳烃多为四到六环的稠环化合物。国际癌研究中心(IARC)(1976 年)列出的 94 种对实验动物致癌的化合物，其中 15 种属于多环芳烃。由于苯并(a)芘是第一个被发现的环境化学致癌物，且致癌性强，故常以苯并(a)芘作为多环芳烃的代表。

但长期投加甲酸会抑制甲烷细菌的活性，因为长期投加甲酸会导致微生物细胞的逐渐衰竭。

（4）营养物质。共代谢不仅需要加入合适的一级基质提供碳源，而且需要足够的氮、磷、硫等营养物质，碳—氮比对菌株产酶的能力有很大影响，微量元素对微生物的生长也是必需的。

4.3　重金属污染微生物修复

土壤微生物种类繁多、数量庞大，是土壤的活性有机胶体，它们比表面积大、带电荷且代谢活动旺盛，在重金属污染物的土壤生物地球化学循环过程中起到了积极作用。微生物可以对土壤中的重金属进行固定、移动或转化，改变其在土壤中的环境化学行为，促进有毒、有害物质解毒或降低毒性，从而达到生物修复的目的。该技术主要通过两种途径来达到净化目的：①通过微生物作用改变重金属在土壤或底泥中的化学形态，使重金属固定或解毒，降低其在土壤环境中的移动性和生物可利用性；②通过微生物吸收、代谢达到对重金属的削减、净化与固定作用。重金属污染土壤的微生物修复原理主要包括微生物富集（如微生物累积、微生物吸附）和微生物转化（如微生物氧化还原、甲基化与去甲基化以及重金属的溶解和有机络合配位降解）等作用方式。

4.3.1　微生物富集

微生物富集主要包括微生物的吸附作用和积累作用。微生物吸附主要是利用生物体细胞壁表面的一些具有金属络合配位能力的基团（如羟基、羧基等）与吸附的重金属离子形成离子键或共价键来达到吸附重金属离子的目的。与此同时，重金属有可能通过沉淀或晶体化作用沉淀于细胞表面，某些难溶性重金属也可能被胞外分泌物或细胞壁的腔洞捕获而沉积。微生物累积主要是利用生物新陈代谢作用产生能量，通过单价或二价离子的转移系统把重金属离子输送到细胞内部。由于有细胞内的累积，微生物累积的去除效果可能比单纯的微生物吸附好。但是由于环境中要去除的重金属离子大多有毒有害，会抑制生物活性，甚至使其中毒死亡，并且微生物的新陈代谢作用受温度、pH 值、能源等诸多因素的影响，因此微生物累积在实际应用中受到很大的限制。

4.3.1.1　微生物富集重金属机理

（1）细胞壁结构特性。细菌、真菌和藻类微生物细胞与动物细胞的最大区别，在于细胞原生质膜外有明显的细胞壁。细胞壁既可避免微生物体受到外界环境的伤害，又能控制原生质和周围环境之间的物质交换。当微生物体暴露在金属溶液中时，首先与金属离子接触的是细胞壁，细胞壁的化学组成和结构决定着与重金属离子的相互作用特性。一方面，细胞壁的多孔结构使其活性化学配位体在细胞表面合理排列，易于和重金属离子结合。另一方面，细胞壁的主要成分是肽聚糖、蛋白质和脂类等，含大量 N、S、O 的官能团（如羧基、磷酰基、羟基、硫酸脂基、氨基和酰胺基等），其中 N、O、P、S 作为配位原子可与金属离子配位络合。

微生物种类不同，其细胞壁组成就不同。如革兰氏阳性细菌的细胞壁中含有较多的磷壁酸，其带有较强负电荷，能吸附阳离子。革兰氏阴性细菌细胞壁的肽聚糖含量占细胞壁的 10%，一般由 1～2 层网状分子构成，厚度仅为 2～3 nm。在肽聚糖层外有 8～10 nm 厚的脂多糖，约占细胞壁物质的 20%，因其带有较强的负电荷，故能吸附较多的重金属阳离子。真菌的细胞壁由甘露聚糖、葡聚糖、几丁质、纤维素和蛋白质等成分组成，这些物质带有较强的负电荷，能吸附金属阳离子。

(2)重金属富集机理。微生物吸附重金属的方式，主要有静电吸附、共价吸附、络合螯合、离子交换和无机微沉淀等。一般来说，重金属的微生物吸附是以许多金属结合机理为基础的，这些机理可单独作用，也可与其他机理共同作用，主要取决于微生物与重金属作用过程的条件和环境。

离子交换，是指细胞物质结合的重金属离子被另外一些结合能力更强的金属离子代替的过程，有毒的重金属离子与细胞物质具有很强的结合能力。络合作用，是指金属离子与几个配基以配位键结合形成复杂离子或分子的过程。螯合作用，是指一个配基上同时有两个以上的配位原子与金属结合而形成环状结构配合物的过程。络合作用和螯合作用都是金属离子和微生物吸附剂之间的主要作用方式。在原核生物和真核生物的外表面，含有能和金属离子发生反应的各种活性基团，这些活性基团一般来自磷酸盐、胺、蛋白质和碳水化合物，分子内含有 N、P、S、O 等电负性较大的原子或基团能，与金属离子发生络合和螯合作用。重金属还能以磷酸盐、硫酸盐、碳酸盐和氢氧化物等形式，通过晶核作用在细胞壁上或细胞内部沉积下来。

4.3.1.2　微生物富集重金属的形式

微生物对重金属的生物吸附方式，主要表现在胞外络合、胞外沉淀以及胞内积累 3 种作用方式。

(1)胞外络合。胞外络合作用形成胞外聚合物。胞外聚合物主要来源于细菌分泌、细菌表面物质脱落、细菌溶解以及细菌对周围物质的吸附。胞外聚合物具有比细菌更大的表面积，表面通常带有负电荷，具有很强的吸附能力，污泥通过胞外聚合物中带负电荷的配合基(如多聚糖、蛋白质等的羧基官能团)与重金属相互作用，吸附重金属离子。近年来，利用胞外聚合物吸附作用去除废水中的重金属离子的报道很多。一些微生物如动胶菌、蓝细菌、硫酸还原菌以及某些藻类，能够产生具有大量阴离子基团的胞外聚合物(如多糖、糖蛋白等），更容易与重金属离子结合。不同微生物产生的胞外多糖组成不一样，从而不同微生物络合重金属的特征也不一样。例如，多形态真菌—出芽短梗霉中，能分泌一种黑色素 melanin，它是含有酚基、多肽、脂肪烃及脂肪酸的聚合物，能够大量吸附重金属离子如 Cu^{2+}、Fe^{3+} 等。活性污泥和细菌产生的胞外多糖聚合物，尽管主要是中性多糖，但同样也含有糖醛酸、磷酸盐等，可吸附重金属离子。一些细菌在生长过程中释放出蛋白质类聚合物，使溶液中的可溶性 Cd^{2+}、Hg^{2+}、Cu^{2+}、Zn^{2+} 等大量吸附，并形成不溶性的沉淀而被除去。

(2)胞外沉淀。某些细菌向胞外分泌硫和磷酸等物质，使环境中的重金属离子沉淀，或在细菌成矿过程中伴随有重金属共沉淀。氧化硫杆菌、氧化亚铁杆菌等，通过提高氧化还原电位、降低酸度等来滤除污泥、土壤和沉积物中的重金属。硫酸盐还原菌及其他微生物在厌氧条件下产生的 H_2S 与金属离子作用，形成不溶性硫化物沉淀。从某电镀厂废水中分离的脱硫弧菌(Desulfovibrio desulfuricans)，在最适条件下生长 36 h，对浓度为 4 mM 的 Cr^{3+} 去除率达 99%；分离的一种柠檬酸细菌，可产生一种酸性磷酸酪酶，分解 2-磷酸甘油，产生 HPO_4^{2-} 与 Cd^{2+} 形成 $CdHPO_4$ 沉淀；柠檬酸细菌能分解某些微生物产生的有机质，若产生代谢产物草酸则与金属形成不溶性草酸盐沉淀；小球藻 Chlorella vulgaris 对 Au(Ⅲ)离子具有很强的吸附能力，实验证实在吸附金的细胞上有单质金存在，经过适当的洗脱液解吸后只有 Au(Ⅰ)离子从细胞上脱附，这表明在吸附过程中 Au(Ⅲ)首先被还原为 Au(Ⅰ)，然后又被还原为单质金而沉淀在细胞表面。通过这些方式，许多微生物能够将 Mn、Fe、Au、Ag 等重金属离子转化为胞外沉淀物。

(3)胞内积累。除了吸附在微生物表面，重金属也可以被富集在细菌、真菌、海藻细胞内，如铜绿假单孢菌在细胞内富集 UO_2^{2+}，活发面酵母在细胞内富集 Cd^{2+}，链霉菌在细胞内富集 UO_2^{2+}。金属进入细胞后，通过"区域化作用"分布在细胞内的不同部位，可将有毒金属离子封闭或转化为低毒的形式。例如，在细菌、藻类和真菌中，吸收的金属形成一些成分尚未明确的电子稠密颗粒。在某些真菌中，金属以离子状态或者以无毒的氧化态形式存在，还有些与聚磷酸盐结合积累于空泡中或线粒体内，随后经代谢作用排到细胞外。

4.3.1.3　微生物富集重金属的影响因素

通过胞外络合、胞外沉淀以及胞内积累作用，使微生物对重金属具有很强的亲和吸附性能，重金属离子可以沉积在细胞的不同部位或结合到胞外基质上，或被轻度螯合在可溶性或不溶性生物多聚物上。不同的微生物因胞外聚合物、细胞壁的组成和结构不同、胞内解毒机制的差异等，对重金属的吸附能力也不同。如大肠杆菌(Escherichia coli)K_{12}细胞外膜能吸附除 Li、V 以外的其他 30 多种金属离子。同时，真菌菌丝体对重金属的吸附能力与菌丝体和重金属离子的种类有关。根霉对几种重金属的最大吸附量顺序为 $Uo^{2+}>Pb^{2+}>$

$Zn^{2+}>Cd^{2+}>Cu^{2+}$，Poligistatum 吸附顺序为 $Zn^{2+}>Cu^{2+}>Cd^{2+}>Pb^{2+}>Uo^{2+}$，这说明不同类型的真菌对重金属的吸附表现出一定的差异。pH 值也会影响真菌菌丝体对重金属的吸附，但不同真菌菌丝体对重金属的吸附受 pH 值的影响不同。

4.3.2 微生物转化

一些特殊微生物类群对有毒重金属离子不仅具有抗性，而且可使重金属进行生物转化。利用微生物的这一特点，可以实现微生物对重金属污染环境的转化修复。例如，汞、铅、锡、砷等金属离子或类金属离子，能在微生物的氧化或还原作用下降低毒性。微生物转化的主要作用机理包括微生物对重金属的生物氧化和还原、甲基化与去甲基化、重金属溶解和有机络合配位转化等，从而改变重金属价态，降低毒性。表 4−2 是微生物对某些重金属或类重金属离子的转化作用。

表 4−2　微生物对某些重金属或类重金属离子的转化作用

类型	金属或类金属	微生物类群
氧化作用	As(Ⅲ)	假单胞菌属、放线菌属、产气杆菌属
	Sb(Ⅱ)	锑细菌属
	Cu(Ⅰ)	氧化亚铁硫杆菌
还原作用	As(Ⅴ)	小球藻属
	Hg(Ⅱ)	假单胞菌属、埃希菌属、曲霉菌、葡萄球菌属
	Se(Ⅳ)	棒杆菌属、链球菌属
	Te(Ⅳ)	沙门菌属、志贺菌属、假单胞菌属
甲基化作用	As(Ⅴ)	曲霉属、毛器属、链孢霉属、产甲烷拟青霉
	Cd(Ⅱ)	假单胞菌属
	Te(Ⅳ)	假单胞菌属
	Se(Ⅳ)	假单胞菌属、曲霉菌、青霉属、假丝酵母属
	Sn(Ⅱ)	假单胞菌属
	Hg(Ⅱ)	芽孢杆菌属、产甲烷梭菌、曲霉属、脉胞霉属
	Pb(Ⅳ)	假单胞菌属、气单胞菌属

4.3.2.1 微生物对重金属的氧化还原

微生物可通过直接氧化或还原改变重金属的价态，进而改变重金属的溶解性、移动性以及生物毒性。同时，一些重金属价态改变后，络合能力也发生变化。微生物的分泌物与重金属离子发生络合作用是微生物降低重金属毒性的机理之一。

土壤中的一些重金属元素以多种价态存在，呈高价时溶解度通常较小，不易迁移，而以低价离子形态存在时溶解度较大，易迁移。微生物能氧化土壤中的多种重金属元素，某些自养细菌如硫—铁杆菌类（*Thiobacillus ferrobacillus*）能氧化 As^{3+}、Cu^+ 和 Fe^{2+} 等，假单胞杆菌（*Pseudomonas*）能使 As^{3+}、Fe^{2+} 和 Mn^{2+} 等发生氧化，微生物的氧化作用能使这些重金属元素的活性降低。微生物还可通过氧化作用分解含砷矿物，研究发现 3 株高温硫杆菌(*Thiobacillus caldus*)协同热氧化硫化杆菌(*Sulfobacillus thermosulfidooxidans*)加速了砷硫铁矿的氧化分解，可能是高温硫杆菌去除矿物分解过程中产生硫保护层，同时分泌配体溶解活化硫，以及分泌有机代谢物促进热氧化硫化杆菌的生长，从而促进了砷硫铁矿氧化分解。

细菌产生的一些特殊酶能还原重金属高钾离子，并且这些酶对 Cd、Co、Ni、Mn、Zn、Pb 和 Cu 等离子具有亲和力。如 *Citrobacter sp.* 产生的酶能使 Cd^{2+} 形成难溶性磷酸盐；从浓度为 10 mmol/L 的 Cr^{6+}、Zn^{2+}、Pb^{+} 环境中筛选分离出来的菌种，能够将硒酸盐和亚硒酸盐还原为胶态 Se，将 Pb^{2+} 转化为胶态 Pb，使胶态 Se 与胶态 Pb 不具毒性且结构稳定。硫还原细菌可通过两种途径将硫酸盐还原成硫化物：一种是在呼吸过程中硫酸盐作为电子受体被还原；另一种是在同化过程中利用硫酸盐合成氨基酸，如胱氨酸和蛋氨酸，再通过脱硫作用使 S^{2-} 分泌于体外。S^{2-} 可以和重金属 Cd^{2+} 形成沉淀，这一过程在重金属污染治理方面有重要的意义。可溶性汞(Hg^{2+})可被好氧细菌在还原酶的作用下还原为可挥发的 HgO 并释放到空气中，汞还原菌就可以促使汞(Hg)还原和挥发，以达到对汞污染土壤生物修复的目的。在土壤中分布有多种可以使铬酸盐和重铬酸盐还原的细菌，如产碱菌属(*Azcaligenes*)、芽孢杆菌属(*Bacillus*)、棒杆菌属(*Corynebacteriizm*)、肠杆菌属(*Enterobacter*)、假单胞菌属(*Pseudomonas*)和微球菌属(*Micrococus*)等，这些细菌能将高毒性的 Cr^{6+} 还原为低毒性的 Cr^{3+}。土壤中的砷还可能成为气态使污染土壤得以修复。土壤中砷的气化与微生物活动有关，"砷素真菌"具有把砷化合物气化的作用，这类真菌有许多种，其中土壤中的一种腐生细菌 *Saprophytic species* 气化砷的能力特别强。

4.3.2.2　微生物对重金属的甲基化及去甲基化

甲基化(Methylation)是指金属和类金属生成甲基化合物的过程。在微生物作用下，无机砷可以通过甲基化生成可挥发性有机砷并排出体外。一般认为 As 的毒性顺序为砷化氢及其衍生物＞无机亚砷酸盐［As(Ⅲ)］＞无机砷酸盐［As(Ⅴ)］＞有机 3 价 As 化合物＞有机 5 价 As 化合物＞As 元素，甲基砷酸的毒性比砷酸盐或三氧化二砷低得多。在微生物作用下，无机 As 可转化为毒性较低的一甲基砷酸(Monomethylarsonic acid，MMAA)、二甲基砷酸(Dimethylarsinic acid，DMAA)和三甲基砷氧(Trimethylarsine oxide，TMAO)，微生物、动植物乃至人体内普遍存在着将无机 As 转化为甲基砷的过程，不同的是哺乳动物甲基化 As 的终产物是 DMAA，而微生物甲基化 As 的终产物以三甲基砷为主。长期以来，人们一直认为细菌无法实现 As 的甲基化，直到发现甲烷杆菌(*Methanobacterium sp.*)才认识到微生物可在厌氧条件下将 As 转化为 DMAA。随后，又陆续发现很多细菌都可以使 As 挥发，包括假单胞菌(*Pseudomonas sp.*)、黄杆菌(*Flavobacterium sp.*)、变形杆菌(*Proteus* sp.）、大肠杆菌（*E. Coli*）、无色菌（*Achromobacter sp.*）和气单胞菌（*Aeromonas sp.*）等。这些菌种可以在好氧条件下将无机 As 或有机 As 转化为 DMAA 和 TMAO 挥发到大气中。细菌甲基化 As 的能力不如真菌强，但很多种细菌可以将三甲基砷氧（TMAO）还原为 TMA。土壤环境中不仅存在着能使 As 甲基化的微生物，还存在着能使甲基化 As 去甲基化的微生物，因此土壤生物的挥发作用不仅与 As 化合物甲基化速率有关，还与去甲基化速率有关。在厌氧条件下，微生物去甲基速率较慢，As 甲基化速率较快，导致 As 更容易从土壤中挥发出来；好氧条件下则反之。

除此之外，汞及其他重金属如铅、硒、碲、砷、锡、锑等都能被一些微生物类群甲基化。硒的甲基化产物毒性减低，但汞的甲基化产物则是剧毒的。常利用微生物和植物的作用将环境中的 Se 转化为生物毒性较低的气态形式（如二甲基硒和二甲基二硒），直接或通过植物的组织挥发到大气中修复环境。土壤中的无机汞以 $HgSO_4$、$Hg(OH)_2$、$HgCl_2$ 和 HgO 等形式存在，因溶解度相对较低其在土壤中的迁移能力很弱，但在土壤微生物的作用下向甲基化方向转化。在有厌氧菌存在时，甲基钴胺素与沉积物中的无机汞作用产生 CH_3Hg、$(CH_3)_2Hg$，升高了环境中 Hg 的毒性效应。厌氧菌在酸性环境条件下产生甲烷，而在中性或微碱性条件下形成甲基汞。相关细菌参与 Hg 的转化，涉及两种诱导酶，分别是一种还原酶和一种有机裂解酶，通过汞—还原酶体系将有机化合物转化为低毒性的汞化合物，有些微生物能把剧毒的甲基汞在有机裂解酶的作用下通过去甲基化转化为毒性较低的无机汞。从土壤中得到的假单胞杆菌等细菌，能够分解无机汞和有机汞，形成元素汞从而实现环境修复的目的。

4.3.2.3 微生物对重金属的溶解

微生物通过分泌有机酸（如甲酸、乙酸、丙酸、丁酸、柠檬酸、苹果酸、延胡索酸、琥珀酸和乳酸等）以及其他代谢产物，能够溶解重金属，同时可与植物根系相互作用形成菌根，或刺激根系分泌重金属络合剂、螯合剂，抑制重金属的毒性，或促进植物对重金属的吸收富集，降低土壤中重金属的含量。在营养充分的条件下，微生物分泌的低分子量有机酸可促进环境中 Cd 的溶解，重金属溶解后迁移性和生物活性增强，有利于植物富集修复。

菌根（Mycorrhiza）是真菌菌丝与高等植物营养根系形成的联合体，具有很强的酸溶和酶解能力，菌根根际分泌物及根际提供的微生态环境，使菌根根际维持较高的微生物种群密度和生理活性，从而促进植物生长。同时，菌根真菌的活动可改善根际微生态环境，增强植物抗病能力，极大地提高植物在逆境（高温干旱和污染物胁迫等）条件下的生存能力。利用真菌与根系形成的菌根吸收和固定重金属也取得了良好的效果。此外，菌根还能增加植物对微量元素的吸收。在施用污泥的土壤中，接种菌根能明显促进植物的生长，增加根瘤数量，促进根对重金属的吸收积累，降低土壤中的重金属含量。如种植在污泥土中的紫花苜蓿和燕麦，接种球囊霉(*Glomus sp.*)菌根真菌形成菌根后，植物对重金属的耐受性明显提高，根中 Zn，Cd，Ni 含量增加而地上部分 Zn 含量减少。在重金属污水灌溉土壤种植的荞麦，接种假芽孢杆菌(*Pseudomona sp.*)、土壤杆菌(*Agrobacterium sp.*)和根瘤菌(*Rhizobiu sp.*)可明显促进荞麦生长。

4.4　微生物修复影响因素

4.4.1　营养物质

环境中的氮、磷等营养物质是限制微生物活性的重要因素。为了使污染物达到完全降解，适当添加营养物质可能比接种特殊的微生物更为重要。为达到良好的效果，必须在添加营养物质前确定营养物质形态、适宜浓度以及适当比例。目前已经使用的营养物质类型很多，如铵盐、正磷酸盐或聚磷酸盐、酿造废液和尿素等，效果因地而异。

另外，不同微生物和污染物降解受营养物质的影响程度不一样。例如，正烷烃的微生物降解更易受到氮、磷元素添加的促进，而类异戊二烯化合物在添加营养物质后仅以较低的速率被微生物降解；添加酵母膏或酵母废液后，可以明显地促进环境中石油烃类污染物的微生物降解。

对于微生物修复，虽可在理论上估计氮、磷需要量及比例，但一些污染物降解速率太慢，且不同现场环境中氮、磷背景含量、比例及有效性等因素差异很大，外源添加量和比例只能大致估算，因此与微生物发挥最佳功能的实际营养需求会有较大偏差。例如，同样是石油类污染物的生物修复，不同研究者得到的 C∶N∶P 的比值从 800∶60∶1 到 70∶50∶1，相差一个数量级。鉴于上述原因，在实际环境修复操作中，在选择营养物质的浓度和比例时，通常要进行小试，在小试基础上进行优化。

4.4.2　电子受体

微生物活性除受到营养物质限制外，污染物氧化分解的最终电子受体的种类和浓度也极大地影响着污染物生物降解的速度和程度。微生物氧化还原反应的最终电子受体主要分为三类，即溶解氧、有机物分解中间产物和无机酸根(如硝酸根和硫酸根)。

溶解氧是现场处理中的关键因素。土壤中的溶解氧情况不仅会影响污染物的降解速率，也能决定一些污染物降解的最终产物形态。土壤中溶解氧浓度有明显的垂直剖面分布，从上到下依次分布着好氧带、缺氧带和厌氧带。某些氯代脂肪族化合物在厌氧降解时产生有毒分解产物，但在好氧条件下这种情况比较少见。

微生物代谢所需氧依赖于大气氧的扩散传递，土壤中氧浓度低，二氧化碳浓度高。当土壤含水量高时，氧传递会受到阻碍，微生物呼吸消耗的氧超过传递来的氧量，微环境就会变成厌氧。有机物质会增加微生物的活性，也会通过消耗氧气造成缺氧。缺氧或厌氧时，厌氧微生物就成为土壤中的优势菌。

在厌氧环境中，硝酸根、硫酸根和铁离子等，都可为有机物降解提供电子受体。厌氧过程进行的速率太慢，除甲苯外，其他一些芳香族污染物（包括苯、乙基苯、二甲苯）的生物降解需要很长的启动时间，而且厌氧工艺难以控制，因此一般不采用。但也有一些研究表明，许多在好氧条件下难以生物降解的重要污染物，包括苯、甲苯和二甲苯以及多氯代芳香烃等，在还原性条件下会被降解成二氧化碳和水。用硝酸盐作为厌氧生物修复的电子受体时，应特别注意地下水中硝酸盐的浓度。

4.4.3 共代谢基质

微生物共代谢对一些难降解污染物的降解起着重要作用。例如洋葱假单胞菌（*Pseudomonas cepacia G*4）以甲苯作为生长基质时，可对三氧乙烯进行共代谢降解。某些分解代谢酚或者甲苯的细菌，也具有共代谢降解三聚乙烯、1,1－二乙氧基乙烯、顺－1,2－二氯乙烯的能力。

4.4.4 污染物性质

污染物性质主要涉及淋失与吸附、挥发、生物降解和化学反应这四个方面。需要具体了解的有关内容如下：

(1)化学品的类型，即属于酸性或碱性、极性或非极性、有机物或无机物。

(2)化学品的性质，如分子量、熔点、结构和水溶性等。

(3)化学反应性，如氧化、还原、水解、沉淀和聚合等。

(4)土壤吸附参数，如弗兰德里齐（Freundlich）吸附常数、辛醇—水分配系数（K_{ow}）、有机碳吸附系数（K_{oc}）等。

(5)降解性，包括半衰期、一级速度常数和相对可生物降解性等。

(6)土壤挥发参数，如蒸气压、亨利（Henry）常数和水溶性等。

(7)土壤污染数据，包括污染物浓度、污染深度和污染时间以及污染物剖面分布特征等。

4.4.5 污染现场特性

土壤、污泥等多孔介质为多相介质，包括气体、液相（水分）、固相（无机固体和有机固体）。影响生物修复效果的场地特征包括下列一些方面：

(1)场地介质特征，包括土壤、地下水、污泥等类型，以及场地污染面积、坡度和地形。

（2）气象数据，包括风速、气温、剖面温度分布特征、降水、剖面水分特征等。

（3）场地表面特征，如边界特征、深度、结构，大碎块的类型和数量、颜色、亮度、总密度、黏土含量、黏土类型、离子交换量、有机质含量、pH、通气状态等。

（4）水力学性质和状态，如土壤水特征曲线、持水能力、渗透性、渗透速度、不渗水层深度、地下水埋深（季节性变化）、洪水频度和径流等。

（5）环境地质特征，包括地质特征与地下水流场等。

值得注意的是，土壤 pH 值对大多数微生物都是适合的，只在特定地区才需要对土壤 pH 值进行调节。通常随着温度的下降，微生物的活性也降低，在低于 0℃ 时微生物的活动基本停止。环境温度决定着微生物修复进程。

4.5　微生物修复分类

微生物修复种类很多，根据不同的标准可以进行不同的分类。根据修复对象，可以分为土壤生物修复、地下水生物修复、沉积物生物修复以及海洋生物修复等。根据利用的生物主体，可以分为植物修复、微生物修复、动物修复、植物—微生物联合修复等。在生物修复过程中，根据人工干预的情况，可以分为自然生物修复和人工生物修复。就利用的微生物主体而言，又可以分为土著微生物修复、外源微生物修复和微生物强化修复。

土著微生物修复利用的是污染环境中自然存在的降解微生物，不需加入外源微生物。目前该法已成功应用于石油烃类的生物修复，如地下贮油罐的汽油泄漏。天然存在的有机化合物都可以用土著微生物来进行修复。但对于新近产生的污染物质，很少会有土著微生物能够降解它们，所以需要加入有降解能力的外源微生物。修复工程一般采用工程化手段来加速生物修复的进程，这种在受控条件下进行的生物修复又称强化生物修复（Enhanced Bioremediation）。实际操作中需要不断地向污染环境中投入外源微生物、酶、其他生长基质或氮、磷无机盐。这是因为有些微生物可以降解特定污染物，但它们却不能利用该污染物作为碳源合成自身有机物（共代谢），因此需要另外的生长基质维持它们的生长。例如，处理五氯酚时需加入其他基质以维持微生物的生长。

按照修复场址的不同，可以将生物修复分为原位生物修复（In-situ bioremediation）和异位生物修复（Ex-situ bioremediation）。前者在污染的原地点进行，不挖出或抽取需要修复的土壤及地下水，利用生物通气、生物冲淋等一些方式进行。异位生物修复需要挖掘土壤或抽取地下水，将污染物移动到邻近地点或反应器内进行。

4.5.1　微生物原位修复技术

（1）耕作修复（Land farming）。耕作修复是对污染土壤进行翻耕处理，在处理过程中施

入养料，调节水分，调节酸碱度和微生物的最适宜降解条件，保证在土壤剖面能发生污染物降解。该方法结合农业措施，经济易行，在土壤通透性较差、土壤污染较轻、污染物较易降解时可选用。

（2）生物强化（Bioangmentation）。生物强化是直接向受污染介质中投入外源污染物的高效降解菌，并提供细菌生长所需的营养物质和环境条件，如调节 pH、氮、磷、硫、钾、钙、镁、铁、锰等。

（3）生物培养（Bioculture）。生物培养是就地定期向土壤中添加过氧化氢和营养物质，提高土著微生物的活性，将污染物完全矿化为二氧化碳和水。有关研究认为，提高污染土壤中土著微生物的活性比添加外源微生物更可取。

（4）生物通气（Biovention）。生物通气是一种强迫氧化的生物降解方法。在污染土壤中至少打两口井，安装上鼓风机和抽真空机，将空气强排入土壤再抽出，土壤中有毒物质也随之去除。在通入空气时需加入一定量的氨气，为微生物提供氮源增强其活性。生物通气法的制约因素是土壤结构，不合适的土壤结构会使氧气和营养元素在到达污染区域之前就被消耗。该方法常用于多孔结构的土壤。

（5）生物注气（Biosparging）。生物注气是一种类似于生物通气的系统处理方法，即将空气加压后注射到污染地下水的底部，气流加速地下水和土壤中有机物的挥发和降解。这种补给氧气的方法扩大了生物降解的面积，使土著微生物能够发挥作用。

（6）微生物—植物联合修复（Plant-microbial joint remediation）。微生物—植物联合修复是植物修复的强化修复方式。在污染土壤中栽种对污染物吸收能力高、耐受性强的植物，利用植物的生长吸收以及根区微生物的修复作用去除土壤污染物。联合修复的关键是根据土壤污染的实际情况寻找合适的微生物—植物的匹配组合。

4.5.2　微生物异位修复技术

4.5.2.1　堆肥（Composting）

这里的堆肥是传统堆肥技术与微生物修复功能的结合。在利用微生物发酵使有机物腐殖化的过程中，促进有机污染物转化与矿化，是一种有机物高温降解过程。一般是将土壤和一些易降解的有机污染物，如畜禽粪便与稻草、泥炭等混合堆制，接种高效微生物菌种进行营养物质含量及比例的调节，同时加石灰等调节 pH 值，经发酵处理后可降解大部分污染物，同时堆肥发酵高温可以杀灭寄生虫卵，清除生物污染源。

4.5.2.2　预制床（Prepared bed）

在硬化平台上铺碎石和沙，将受污染物质（如污染土壤）以 15～30 cm 的厚度在平台上平铺，加营养液和水(必要时加表面活性剂)，定期翻动土壤补充氧气，以满足介质中微生物生长和代谢污染物的需要，将处理过程中渗透的水回灌于预制床上，以完全清除污染物。预制床法对处理三环和三环以上的多环芳烃，降解率明显高于原位修复。

4.5.2.3 生物反应器(Bioreactor)

生物反应器是将污染土壤移到生物反应器中，加水使之成泥浆状，同时加必要的营养物质和表面活性剂，泵入空气充氧，剧烈搅拌使微生物与污染物充分混合，降解完成后，快速过滤脱水。

4.5.2.4 厌氧处理(Anaerobic reactor)

对一些污染物(如三硝基甲苯、多氯联苯)采用好氧处理效果不理想，用厌氧处理效果会比较好。但由于厌氧处理条件难以控制，并且易产生中间代谢污染物等，因此其应用范围不如好氧处理广泛。

◆作业◆

概念理解

微生物修复；共代谢。

问题简述

(1)微生物修复的优、缺点分别是什么？

(2)微生物从环境摄取有机污染物的方式有哪些？

(3)微生物共代谢的影响因素有哪些？

(4)系统阐述微生物降解有机污染物存在的利弊。

(5)系统阐述微生物吸附重金属的机理。

◆进一步阅读文献◆

Bhatnagar S,Kumari R.Bioremediation: A sustainable tool for environmental management—A review[J]. Annual Review and Research in Biology,2013,3(4):974-993.

Banat I M.Biosurfactants production and possible uses in microbial enhanced oil recovery and oil pollution remediation: A review[J].Bioresource Technology,1995,51(1):1-12.

Chekroun K B,Sánchez E,Baghour M.The role of algae in bioremediation of organic pollutants[J].International Research Journal of Public and Environmental Health,2014,1(2):19-32.

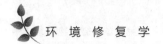
Chen M, Xu P, Zeng G, et al. Bioremediation of soils contaminated with polycyclic aromatic hydrocarbons, petroleum, pesticides, chlorophenols and heavy metals by composting: Applications, microbes and future research needs[J]. Biotechnology Advances, 2015, 33(6):745-755.

Dhal B, Thatoi H N, Das N N, et al. Chemical and microbial remediation of hexavalent chromium from contaminated soil and mining/metallurgical solid waste: A review[J]. Journal of Hazardous Materials, 2013, 250-251(30):272-291.

de la Cueva S C, Rodríguez C H, Cruz N O S, et al. Changes in bacterial populations during bioremediation of soil contaminated with petroleum hydrocarbons[J]. Water, Air & Soil Pollution, 2016, 227(3):1-12.

Gavrilescu M, Demnerová K, Aamand J, et al. Emerging pollutants in the environment: Present and future challenges in biomonitoring, ecological risks and bioremediation[J]. New Biotechnology, 2015, 32(1):147-156.

Garcia-Rodríguez A, Matamoros V, Fontàs C, et al. The ability of biologically based wastewater treatment systems to remove emerging organic contaminants—a review[J]. Environmental Science and Pollution Research, 2014, 21(20):11708-11728.

Gupta A, Joia J, Sood A, et al. Microbes as potential tool for remediation of heavy metals: A review[J]. Journal of Microbial and Biochemical Technology, 2016, 8(4):364-372.

Kang J W. Removing environmental organic pollutants with bioremediation and phytoremediation[J]. Biotechnology Letters, 2014, 36(6):1129-1139.

Kuppusamy S, Thavamani P, Megharaj M, et al. Bioremediation potential of natural polyphenol rich green wastes: A review of current research and recommendations for future directions[J]. Environmental Technology & Innovation, 2015, 4:17-28.

Ortega-Calvo J J, Tejeda-Agredano M C, Jimenez-Sanchez C, et al. Is it possible to increase bioavailability but not environmental risk of PAHs in bioremediation? [J]. Journal of Hazardous Materials, 2013, 261:733-745.

Macaulay B M, Rees D. Bioremediation of oil spills: A review of challenges for research advancement[J]. Annals of Environmental Science, 2014, 8:9-37.

Mani D, Kumar C. Biotechnological advances in bioremediation of heavy metals contaminated ecosystems: An overview with special reference to phytoremediation[J]. International Journal of Environmental Science and Technology, 2014, 11(3):843-872.

Masciandaro G, Macci C, Peruzzi E, et al. Organic matter-microorganism-plant in soil bioremediation: A synergic approach[J]. Reviews in Environmental Science and Bio/Technology, 2013, 12(4):399-419.

Macaskie L E, Dean A C R, Cheetham A K, et al. Cadmium accumulation by a *Citrobacter sp.*: The chemical nature of the accumulated metal precipitate and its location on the bacterial cells[J]. Journal of General Microbiology, 1987, 133(3):539-544.

Odukkathil G, Vasudevan N. Toxicity and bioremediation of pesticides in agricultural soil[J]. Reviews in Environmental Science and Bio/Technology, 2013, 12(4):421-444.

Shakoor M B,Ali S,Farid M,et al.Heavy metal pollution,a global problem and its remediation by chemically enhanced phytoremediation:A review[J].Journal of Biodiversity and Environmental Sciences,2013,3(3): 12-20.

Wasi S, Tabrez S, Ahmad M. Use of *Pseudomonas spp.* for the bioremediation of environmental pollutants:A review[J].Environmental Monitoring and Assessment,2013,185(10):8147-8155.

Wang H,Ren Z J.A comprehensive review of microbial electrochemical systems as a platform technology [J].Biotechnology Advances,2013,31(8):1796-1807.

White D C,Flemming C A,Leung K T,et al.In situ microbial ecology for quantitative appraisal,monitoring,and risk assessment of pollution remediation in soils,the subsurface,the rhizosphere and in biofilms[J]. Journal of Microbiological Methods,1998,32(2):93-105.

Zeraatkar A K,Ahmadzadeh H,Talebi A F,et al.Potential use of algae for heavy metal bioremediation—a critical review[J].Journal of Environmental Management,2016,181:817-831.

第5章　植物修复

　　植物修复是利用筛选出的植物通过在污染环境中生长和进行新陈代谢活动,来固定、降解、提取和挥发污染环境中的污染物质,将污染物移出环境介质,或转变成生物毒性较低或无毒的物质,或降解为可直接去除的物质形态,从而实现对污染环境的修复。植物修复技术的效率较工程措施低,但具有次生污染低、美化环境、生态友好和可持续利用的特点。

5.1　概述

5.1.1　植物修复及其类型

　　植物修复(Phytoremediation),是利用植物忍耐和超量积累某种或某些化学元素的功能,或利用植物及其根际微生物体系将污染物降解转化为无毒物质的特性,通过植物在生长过程中对环境中的金属元素、有机污染物以及放射性物质等的吸收、降解、过滤和固定等功能来净化环境污染的修复技术。广义的植物修复技术包括利用植物修复重金属污染的土壤,利用植物净化空气,利用植物清除放射性核素和利用植物及其根系微生物共存体系净化环境中的有机污染物等;狭义的植物修复技术是指利用植物及其根际微生物体系,去除污染环境中的重金属、放射性核素和有机污染物。

　　植物主要是通过对污染物的去除或稳定等途径来修复环境。根据作用方式的不同,可以将植物修复技术分为5种类型:①植物固定;②植物挥发;③植物提取;④植物过滤或根际过滤;⑤植物降解(图5—1)。目前,在植物修复的工程实践中,主要还是应用植物提取(植物富集污染物)和植物降解(植物生理过程转化污染物)这两种方式。

表5—1　几种主要植物修复技术及其特点

技　术	处理基质	目标污染物	过　程
植物固定	土壤、沉积物	金属、类金属、有机物	稳定介质,防止侵蚀,如径流,风;通过根系活动和植物的干物质生产提高土壤结构和肥力;通过根系或微生物吸收原位稳定污染物

技　术	处理基质	目标污染物	过　　程
植物挥发	土壤、沉积物	金属、类金属、有机物	特异性植物酶转化和挥发污染物
植物提取	土壤、沉积物	有机物、金属、放射性元素	植物根系吸收、运输，生物浓缩到茎和叶片；质流/扩散到根表和根系吸收；根系分泌物螯合或溶解，或根际微生物促进吸收；根系吸收和植物代谢分解
根际过滤	污水、污染河流	有机物、金属、放射性元素	植物根系吸收或固定污染物
植物降解	土壤、沉积物	有机物	根际微生物转化和（或）分解，通过根系分泌物及改善土壤环境，提高根际微生物活性

5.1.1.1　植物固定（Phytostabilization）

植物固定是利用耐污染物植物来降低土壤中有毒有害物质的移动性，从而减少污染物被淋滤到地下水或通过空气扩散进一步污染环境的可能性的一种方法，包括分解、沉淀、螯合、氧化还原等多种过程。但植物固定只是一种原位降低污染元素生物有效性的途径，而非一种永久性去除土壤中污染元素的方法，且污染物的生物有效性会随着环境条件的变化而发生变化，因此该法在应用中有一定的限制性。

5.1.1.2　植物挥发（Phytovolatilization）

植物挥发是利用植物的吸收、积累和挥发来减少土壤中某些挥发性污染物的一种方法，即植物将污染物吸收到体内后将其转化为气态物质释放到大气中。植物挥发在修复有机污染物质方面具有较好的应用前景。目前这方面研究最多的是类金属元素汞和非金属元素硒，但该法会将污染物转移到大气中，对人类和环境生态具有一定的风险。

5.1.1.3　植物提取（Phytoextraction）

植物提取这一概念是由 Chaney（1983）最早提出的，即利用重金属超积累植物从土壤中吸取一种或多种重金属，并将其转移、贮存到地上部，随后收获植物地上部并集中处理。连续种植这种植物，即可使土壤中重金属含量降低到可接受水平。后期研究发现，植物提取修复同样也适用于修复有机污染的土壤。

5.1.1.4　根际过滤（Phytofiltration or Rhizofiltration）

根际过滤是利用植物根系的吸收和吸附作用从含有重金属的土壤水溶液等流动介质中去除重金属等污染物的修复方法。根际过滤修复主要用来处理石油天然气生产过程中产生

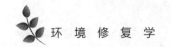

的含有重金属和放射性物质的废水及其他被重金属污染的土壤和地下水。

5.1.1.5 植物降解(Phytodegradation)

植物降解是利用植物根系分泌物和特有酶系的转化及降解作用去除环境介质中的有机污染物，或者利用植物与根际圈内微生物的相互作用来转化和降解有机污染物的修复方式，目前主要用于有机污染土壤的修复。有机污染物能否被植物吸收并转移到植物体内取决于其亲水性、可溶性、极性和分子量大小。一般情况下，对于易溶于水的有机物，植物有较好的吸收能力，但对于憎水性较强的有机物，植物吸收的程度相对较差。植物将有机污染物吸入体内后，可以通过木质化作用将污染物及其残片贮存在新的组织结构中，也可以代谢或矿化为 CO_2 和 H_2O，还可以将其挥发掉。植物的吸收率取决于污染物的种类、理化性质及植物本身特性。对于那些不溶于水的有机污染物，植物通过根系分泌有机酸、酶等物质将其转化、降解，或通过根际圈微生物体系进行降解修复。

5.1.2 植物修复的优、缺点

植物修复技术与传统的物理化学修复技术相比，其优势主要体现在以下几个方面：

(1)植物修复适用范围广，植物修复技术不仅可以应用于污染严重的重金属污染土壤，也可以应用于中轻度污染土壤；既可以用于土壤重金属的污染修复，也可以清除污染土壤周围的大气、水体中的污染物。

(2)植物修复成本相对较低。如采用植物修复技术，每立方米的费用为 75~200 美元，而采用传统的处理技术如焚烧和土壤填埋，每立方米的费用为 200~800 美元。

(3)植物本身对环境有净化和美化作用，更易被社会所接受。

(4)植物修复技术使污染物在原地去除，同时可通过传统农业措施种植植物，从而使成本大大减少，而且可以从产生的富含金属的植物残体中回收贵重金属，取得直接经济效益。

(5)植物修复过程也是土壤有机质含量和土壤肥力增加的过程，被修复过的土壤适合多种农作物的生长。

(6)植物修复可以永久地去除土壤中的污染物，避免二次污染。传统的物理化学方法只是将重金属从一个地方转移到另一个地方，或使其停留在原处，并没有从土壤中彻底清除，给农产品安全和人类健康埋下隐患。而植物修复能够彻底地、永久地清除土壤中的污染物，并加以利用和回收。

(7)植物修复有利于土壤生态环境的改善和土壤生物的生长，提高生物多样性，保持土壤生态系统的稳定。

但植物修复也存在一定的局限性，主要体现在以下几个方面：

(1)修复周期长，效率低。目前发现的超积累植物植株矮小、生物量低、生长缓慢、生活周期长,因此修复效益低,不易于机械化操作。

(2)通常一种植物只吸收一种或两种重金属,对土壤中共存的其他金属忍耐力差,从而限制了植物修复技术在复合污染土壤治理方面的应用。

(3)修复植物的生长发育受到土壤肥力、气候、水分、盐分、pH 值等的影响,很难找到适合各种生境条件的修复植物材料。目前发现的修复植物多为野生植物,对其生活习性和耕种方法仍在探索阶段。

(4)修复植物的资源化利用需要进一步研究。

(5)污染土壤修复受到植物材料、环境因子等的影响。在实际修复过程中,需要栽培措施、品种搭配、水肥管理等各环节的配合,目前有关这些方面的研究还在探索阶段。

5.2 有机污染植物修复

5.2.1 修复机理

植物主要通过三种途径去除环境中的有机污染物:直接吸收作用、根系分泌物及酶的降解作用;以及植物与根际微生物的联合降解作用。

5.2.1.1 直接吸收作用

植物可直接吸取环境中的有机污染物,进入植物体内的有机污染物会在植物根部富集或迁移到植物组织的其他部分,而植物本身形态、性质未发生变化。环境中大多数苯系化合物(BTEX)、有机氯化剂和短链脂肪族化合物等污染物都是通过植物直接吸收途径去除的。有机化合物被植物吸收后,植物可将其分解,并通过木质化作用使其成为植物体的组成部分,也可将其转化为无毒性的中间代谢物储存在植物体内,或完全降解并最终矿化为二氧化碳和水。此外,进入植物体的有机污染物除在植物细胞作用下发生化学转化外,还会发生羟基化,即进行植物脱毒。如植物吸收多环芳烃(PAHs)后会发生氧化降解,芳环上的大部分碳原子被结合到脂肪族化合物中,变成了低分子量物质,一部分进一步氧化降解,另一部分被植物吸收利用。除羟基化反应外,还有脱硫反应、脱氨反应、N—氧化反应、S—氧化反应、无环烃和环烃氧化反应等。植物体内的脱毒过程大部分属于酶氧化降解过程,一般由多步反应完成,每一步氧化降解反应由一种多功能酶——细胞色素酶 P450 起作用。这种酶由构建膜和可溶态物质组成,能催化氧化反应和过氧化反应,且该酶位于细胞质和分离的细胞器上,这种分布大大增加了植物的脱毒能力。植物体内还有一种微粒体单氧化酶,能使单环和多环芳烃转化为羟基化合物而被植物体吸收利用。以 PCBs 为例,其被植物吸收后植物细胞代谢 PCBs 至少可以通过 5 种途径进行:①矿化为 CO_2 和 H_2O;②部

分被代谢，代谢物能作为植物细胞的组成成分；③不完全的代谢产物可以被其他植物利用；④羧基化合物被储存在液泡中；⑤被植物细胞色素酶(P450)羟基化后，产物被排到细胞外。

有机污染物能否被植物吸收的主要限制因素是有机物的亲脂性大小，因为它决定着有机物能否通过植物的细胞膜以及有机物在水相中的溶解度。一般认为，辛醇/水分配系数(K_{ow})是衡量植物吸收根际圈有机污染物能力的重要参数。亲水性有机污染物($\lg K_{ow} < 0.5$)较易溶于水且不易被吸附，容易被运输到植物体内；中等亲水性有机污染物($\lg K_{ow} = 0.5 \sim 3.0$)最易被植物根系吸收而进入植物体内；疏水有机污染物($\lg K_{ow} > 3.0$)易被根表强烈吸附，难以运输到植物体内。有机污染物被吸收后可以通过木质化作用在新的植物结构中储藏，也可以代谢、矿化或者挥发。

此外，不同植物类型对有机污染物的吸收能力也不同。植物对有机污染物的吸收分为主动吸收与被动吸收，被动吸收的动力主要来自蒸腾拉力，不同植物的蒸腾作用强度不同，对污染物的吸收转运能力不同。同时，由于组织成分不同，不同植物积累、代谢污染物的能力也不同。一般情况下，脂质含量高的植物对亲脂性有机污染物的吸收能力强，如作物对艾氏剂和七氯吸收能力的大小顺序为花生＞大豆＞燕麦＞玉米；蔬菜对农药吸收能力的大小顺序为根菜类＞叶菜类＞果菜类。对同一植物而言，不同部位累积污染物的能力也不同。根系累积污染物的能力大于茎叶和籽实，如农药被植物通过根系吸收后在植物体内的含量分布大小顺序为根＞茎＞叶＞果实。

土壤理化性质也会显著影响植物吸收污染物的能力。土壤颗粒组成直接关系到土壤颗粒比表面积的大小，影响其对有机污染物的吸附能力，从而影响污染物的生物可给性。土壤酸碱性不同，其吸附有机物的能力也不同，碱性条件下土壤中部分腐殖质提供了更丰富的结合位点，降低了有机污染物的生物可给性；相反在酸性条件下，土壤颗粒吸附的有机污染物可重新回到土壤水中，随着植物根系吸收进入植物体。有机质含量高的土壤会吸附或固定大量的疏水性有机物，降低其生物可给性。植物主要从土壤水溶液中吸收污染物，土壤水分能抑制土壤颗粒对污染物的表面吸附能力，促进其生物可给性，但土壤水分过多，处于淹水状态时，会使植物因根际氧分不足而减弱对污染物的降解能力。另外，土壤性质的变化直接影响着植物的生长状况，从而影响其对有机污染物的吸收。

5.2.1.2 根系分泌物及酶的降解作用

根系分泌物是指植物根系通过各种方式向根际环境释放的各种有机物和无机物。根系分泌物在污染土壤根际修复中发挥着重要作用。实现污染土壤根际修复的途径主要包括：酶系统直接降解，通过增加微生物数量提高其活性的间接降解，以及根系分泌物诱导的共代谢或协同代谢降解。

某些能降解有机污染物的酶类不是来源于微生物，而是来源于植物，包括脱卤酶、硝基还原酶、过氧化物酶、漆酶和腈水解酶等。植物产生的这些胞外酶对有机污染物起着直接降解作用。如植物产生的硝基还原酶和漆酶对军火废弃污染物，如 TNT(2,4,6－三硝基甲苯)和三氨基甲苯，分别具有显著的降解作用；腈水解酶能够降解氯化氰苯；脱氯酶可降解含氯溶剂，如将其降解成 Cl^-、H_2O 和 CO_2；酸性磷酸酶可降解有机磷农药等。

根系分泌物对土壤有机污染物的间接降解作用主要是通过改变土壤环境和微生物来实现。根分泌物使得根际区微生物数量比非根际区高几十倍乃至几百倍，微生物的代谢活性也比非根际区土壤高，因此，根际微生物对环境中有机污染物的降解效率显著提高。

有些根系分泌物在微生物降解有机污染物时起共代谢或协同作用，促进有机污染物最终分解为 CO_2、H_2O、N_2、Cl_2 等简单无机物。如桑树(Morusrubra)分泌的酚类物质就能刺激 PCBs 降解菌的协同代谢作用；苹果属植物(Malus fusca)和桑橙(Maclura pomifera)根系也能产生含磷分泌液，促进 PCBs 降解菌的生长；薄荷类植物根际分泌物中含有芳香族化合物及其有效降解菌而对多环芳烃(PAHs)、多聚体染料等具有较高耐性；一些植物的根分泌物促进了环境中高分子量 PAHs 污染物通过共代谢作用而进行微生物降解，并被用于环境污染修复。

有机污染物在植物体内的脱毒过程基本上是在酶的作用下进行的，大部分属于酶的氧化降解过程。这些氧化酶可分成两类：①催化酶、过氧酶；②NADH 和 NADPH(还原型辅酶Ⅰ和还原型辅酶Ⅱ)依赖型单氧酶、抗坏血酸氧化酶、酚氧化酶。例如 P450 是一种多功能酶，由构建膜和可溶态物质组成，能催化氧化反应和过氧化反应，一般位于细胞质和分离的细胞器上，这种分布大大增加了植物的脱毒能力。植物脱毒氧化降解过程一般由多步反应完成，细胞色素 P450 对每一步氧化降解反应都起作用，但总体上后续的氧化降解作用对细胞色素 P450 的依赖性会越来越弱。

5.2.1.3　植物与根际微生物的联合降解作用

根际(Rhizosphere)，是受植物根系生命活动(如养分吸收、呼吸作用、根系分泌等作用过程)影响的根土界面的一个微区，根际环境的物理、化学和生物以及生物化学特征都不同于土壤背景环境。根际是植物—土壤—微生物与其环境条件相互作用的场所，根系释放的胞外酶和根际微生物的降解作用，是植物修复土壤有机物污染的主要途径。在植物修复中，根际微生物与植物可以形成联合(共)修复体系。植物每年可向土壤环境释放其年光合作用有机物产量的 10%～20%，大量的根际分泌物和脱落的死亡细胞构成了一个特异的根际系统。根际分泌物增加土壤有机质含量，为根际微生物生长提供有机碳源，使根际土壤微生物的数量和活性比非根际土壤高 2～4 个数量级，并且这些微生物对污染物具有较高的同化能力，提高了根际有机污染物的生物降解效率。

根际分泌物不仅能够提高根际已存在微生物的数量和活性，而且能选择性地影响微生

物生长，使根际不同微生物的相对丰度发生改变，从而有利于根际周围的持久性有机污染物被降解。根际微生物对有机污染物的降解主要通过两种方式：一种是以污染物作为唯一碳源和能源来降解有机物；另一种是共代谢降解。以共代谢降解为例，丝状真菌和酵母菌能够以芘为唯一碳源对其进行代谢，就是由于根际分泌物参与共代谢，因为大多数细菌对四环以上高分子 PAHs 的降解是以共代谢方式进行的，故真菌对三环以上 PAHs 的代谢也属于共代谢。

研究发现，在某些植物根际环境中，杀虫剂的降解受到强化，用杀虫剂二嗪磷(Diapa-drin)处理过的小麦、玉米、豌豆等植物根际土壤微生物数量要比非根际土壤中高 100 倍以上，从小麦根际土壤中分离到了细菌、真菌和放线菌，经无土培养试验证明这些微生物可降解二嗪磷。其主要原因是不同植物种类的根系分泌物客观上选择了微生物群落。根际微生物对多环芳烃的降解有重要作用，如种植黑麦草能够较好地修复多环芳烃污染，但是通过植株直接吸收对多环芳烃菲和芘去除的贡献分别不足 0.01％和 0.4％，根际微生物的降解作用是多环芳烃被降解的主要原因。

总的来说，根际环境中植物与微生物的联合作用明显促进了有机农药的降解，其主要原因有 3 点：①根际环境中微生物的多样性；②根际环境对微生物生长的促进作用；③根际分泌物与微生物协同作用。具有多样性的微生物群落比单一微生物种群对化合物的降解具有更广泛的适应范围。

菌根是土壤中的真菌菌丝与植物营养根系形成的一种联合体，目前对菌根真菌降解有机污染物的研究较为系统。外生菌根真菌对不同类型有机污染物的降解程度和降解速率取决于真菌种类、有机污染物状态、土壤理化条件、植物根际环境、土壤环境等因素。目前，利用植物—菌根—菌根根际微生物这一复合系统的特异效应降解污染物，是环境修复技术的一个新的发展方向。在 PAHs 污染土壤上种植三叶草和黑麦草一段时间后，菌根的存在促进了植物的生长和 PAHs 的降解，并且菌根根际 PAHs 的降解率高于非菌根根际。菌根可以提高植物对污染物的耐受能力，接种菌根真菌(Glomus mosseae)能提高黑麦草在 PAHs 污染土壤中的存活率并促进植物的生长，在 5 g/kg PAHs 浓度时只有菌根化植株能生存；在蒽重度污染土壤中，菌根化黑麦草明显比非菌根化黑麦草存活率高，菌根化植物根际蒽的降解也明显高于对照。此外，菌根化植物对农药和除草剂的耐受性也有提高，并能把一些有机成分转化为菌根真菌和植株养分，修复农药污染土壤。

菌根真菌降解有机污染物的机制同样有直接分解作用和共代谢作用。一方面，菌根真菌可能通过特殊途径分解有机污染物来获得能量，并把有机污染物分解为简单的有机物或碳水化合物、水和盐等，起到将有毒污染物直接分解为低毒或无毒物质的作用。菌根真菌接触污染物一定时间后产生诱导酶进而形成降解功能，同时将该污染物作为碳源和能源。另一方面，菌根真菌与植物互为共生关系，这种共生关系可能导致菌根真菌通过植物获得基本能量和底物,再通过共代谢的方式加速降解土壤中的有机污染物。有机污染物的植物修复主要包括植物对有机污染物的吸收及代谢转化两大过程,是利用植物在生长过程中,通过吸收、降解、钝化等方式去除有机污染物的一种原位处理技术。

5.2.2　修复技术

目前人们关注较多的有机污染物主要有多氯联苯(PCBs)、多环芳烃(PAHs)、石油烃类、杀虫剂和除草剂、硝基芳香化合物等,这些污染物都能被特定植物不同程度地吸收、转运和分解。按照作用于不同的有机污染物,植物修复技术可分为以下几类。

5.2.2.1　多环芳烃(PAHs)植物修复

环境中的 PAHs 主要来源于石油化工产品以及化石燃料的不完全燃烧,已被许多国家列为优先考虑的环境持久性有机污染物。虽然它们在环境中含量很低,但即使是低浓度的 PAHs 也能对人类和动物产生致癌、致突变作用。目前已有的生物修复(一般指微生物修复)研究表明,种类繁多的细菌、真菌和藻类以及它们的纯化酶可以代谢 PAHs,但事实上由于吸附动力学、可降解 PAHs 的微生物群落、电子受体竞争能力等方面的限制,土壤中 PAHs 的自然降解非常缓慢。如果在污染土壤中种植植物,植物根系以及植物自身可以对 PAHs 的吸附、降解起到复杂的促进作用。如 Liste 和 Alexander(2000)选用 9 种不同的植物,研究其对 PAHs 污染土壤的修复效果。结果表明,它们均可促进芘的降解,且种植植物 8 周后的土壤中芘消失了 74%,而未种植植物的土壤中芘最多消失了 40%。目前关于植物修复 PAHs 的机理还需要进一步研究。

5.2.2.2　多氯联苯(PCBs)植物修复

PCBs 是一类性质稳定,具有急性和慢性毒性的典型持久性有机污染物。土壤环境中的 PCBs 主要源自颗粒沉降,少量来自作肥料用的污泥、填埋场渗滤液以及农药配方中使用的 PCBs 等。不同植物对 PCBs 的去除效果不同,这在很大程度上取决于植物本身的吸收能力,此外还受到其他许多因素的影响,如植物组织培养的类型、生物量、PCBs 初始浓度及其理化性质等。Aslund 和 Zeeb(2007)利用南瓜、莎草、高牛毛草修复受 PCBs 污染的土壤,发现 3 种植物都表现出对 PCBs 的直接吸收作用,莎草的修复效果较南瓜更好。

5.2.2.3　农药污染植物修复

一般情况下,有机污染物难溶于水,不易被植物根系吸收。但许多农药是水溶性的,很容易被植物吸收。萝卜、烟草、莴苣和菠菜等对土壤中的农药都有较强的吸收能力。对于大部分不溶于水的农药,植物的修复机理主要是通过根际微生物的作用进行的。如安凤

春等(2002)研究发现，受 DDT 污染的土壤在植草后，DDT 浓度明显降低。除土壤微生物外，酶系统以及土壤的理化性质等均会影响农药在根际区的降解。

5.2.2.4 硝基芳香化合物

环境中的硝基芳香化合物污染主要来源于炸药工业。现代炸药多为多硝基芳香化合物，包括以下几种：2,4,6－三硝基甲苯(2,4,6－trinitrotoluene，TNT)、1,3,5－三硝基苯(1,3,5－trinitrobenzene，TNB)、二硝基甲苯(Dinitrotoluene、2,4－DNT、2,6－DNT)、二硝基苯(Dinitrobenzene，DNB)、2,4,6－三硝基苯甲硝胺以及 2,4,6－三硝基苯酚。美国国防部在 1993 年就已经确定了一千多个炸药污染区域，其中 95％以上为 TNT 污染，且 87％超过地下水污染阈值。硝基芳香化合物的 $\log K_{ow}$ 均处于 0.5～3.0 之间，如 TNT 为 2.37，2,4－DNT 为 1.98，理论上来说，这有利于植物修复。但由于硝基的吸电作用，硝基芳香化合物不易水解，不易发生化学或生物氧化，导致废水和污染地下水中的硝基芳香化合物难以修复。TNT 一旦吸附至土壤中，其移动性就非常低，同样限制了污染土壤的修复。植物可以通过直接吸收作用和根分泌物以及酶降解作用，将环境介质中的 TNT 降解转化。如 Bhadra 等人利用水生植物系统 *Myriophyllum aquaticum* 修复 TNT 污染的水体，修复结果表明，TNT 降解产物主要有以下 6 种：2－ADNT(4.4％)，2－氨基－4,6－二硝基苯甲酸(8.1％)，2－N－乙酰氨－4,6 二氯苯甲醛(7.8％)，2,4－二氯－6－羟基甲苯(15.6％)，以及两种双核代谢物(5.6％)。

5.3 重金属污染植物修复

5.3.1 修复机理

土壤重金属污染植物修复的主要机制有 3 个方面：一是利用植物根际特殊的生态条件改变土壤中重金属存在的形态，使其固定；二是通过氧化还原或沉淀等生态化学过程，降低重金属在土壤中的迁移性及重金属的生物可吸收利用率；三是利用植物(通常主要指超富集植物或超积累植物)本身特有的能力，利用、转化及积累重金属。目前，研究集中在植物富集转化重金属方面。重金属化合物进入植物根部后，与植物体内的一些金属结合蛋白络合形成复合物，然后在体内转运。最引人注目的是两类富含半胱氨酸的多肽：金属硫蛋白(Metallothionein，MT)和植物络合素(Phytochelatin，PC)。与硫共价结合的金属离子如 Ag^+、Hg^{2+}、Cd^{2+}、Ni^{2+}、Cu^{2+} 等能够与多肽分子中半胱氨酸残基上的硫基共价结合而成络合物。通常，毒性重金属在植物体内与金属硫蛋白、植物络合素等金属结合蛋白络合为复合物后，随着这些蛋白一起被转运，最终在植物体的某些器官(如叶)中沉积，并通过这些组织细胞内的液泡膜上的转运蛋白的跨液泡膜转运作用而进一步在液泡中富集。但对于像汞这样可挥发性的金属或不同化合态毒性差异较大的金属(如铁),植物体内还有一种重要的作用方式——植物转化作用,即在某些酶的特异性催化作用下,使其由毒性极强的有机化合态($CH_3—Hg^+$)或离子态(Hg^{2+})还原为毒性较低的基态(Hg^0),最后通过植物表皮细胞挥发至体外;或者由毒性较强的价态(Fe^{3+})转化为毒性较弱的价态(Fe^{2+})。

此外,土壤中的重金属进入植物体后,可经生物转化为代谢产物排出体外,但大部分污染物质与蛋白质或多肽等物质具有较高的亲和性而长期存留在植物的组织或器官中,在一定的时期内不断积累增多,形成富集甚至超富集现象。一般情况下,重金属含量过高会抑制植物的正常生长和发育,但仍有许多种植物能在高含量重金属的土壤环境中生长,表明植物对重金属具有某种抗性机制。植物对重金属的抗性机制主要有以下几种。

5.3.1.1　阻止重金属进入体内

一些植物通过根部的某种机制将大量重金属离子阻止在根部,限制重金属向根内及地上部位运输,从而使植物免受伤害或减轻伤害。现已证实植物可通过根分泌的有机酸等物质来改变根际 pH 值及氧化还原电位梯度,并通过分泌物中的螯合剂抑制重金属的跨膜运输。

5.3.1.2　将重金属排出体外

植物将重金属吸收到体内后,再通过某些机理排出体外以达到解毒的目的:如以排泄的形式将毒物排出体外,或通过衰老的方式如分泌一些脱落酸促进老叶或受毒害叶片脱落把重金属排出体外。

5.3.1.3　对重金属的活性钝化

已有研究发现,有些植物将重金属如 Pb、Cu、Zn、Cd 等大量沉积在细胞壁上,以此来阻止重金属对细胞内溶物的伤害。同时,植物可利用液泡的区域化作用将重金属与细胞内的其他物质隔离开来,且液泡里含有的各种有机酸、蛋白质、有机碱等都能与重金属结合而使其生物活性钝化。此外,细胞质中的谷胱甘肽(GSH)、草酸、组氨酸和柠檬酸盐等小分子物质与金属发生螯合作用也能降低重金属的毒性。关于金属螯合蛋白解毒机制的研究已取得较大进展,主要集中在金属硫蛋白和植物络合素两个方面。

5.3.1.4　抗氧化防卫系统

重金属污染能导致植物体内产生大量的 O_2^-、OH^-、NO_3^-、HOO、RO、ROO^-、O_2、H_2O_2、$ROOH$ 等活性氧,使蛋白质和核酸等生物大分子变性、膜脂过氧化,从而伤

害植物。植物在生物系统进化过程中，细胞也形成了清除这些活性氧的保卫体系，酶性清除剂主要有超氧化物歧化酶(SOD)、脱氢氧化物酶(POD)、过氧化氢酶(CAT)、抗坏血酸过氧化物酶(AsAPOD)、脱氢酸抗坏血酸还原酶(DHAR)、谷胱甘肽还原酶(GR)、谷胱甘肽过氧化物酶(GP)、单脱氢抗坏血酸还原酶(MDAR)等。非酶性抗氧化剂主要有还原性谷胱甘肽(GSH)、抗坏血酸(AsA)、类胡萝卜素(CAR)、半胱氨酸(CYS)等。这些抗氧化剂多数是在重金属胁迫下诱导产生的，在活性氧大量产生时活性较高，并随着活性氧的消除活性逐渐减弱，最终达到平衡状态。其中，SOD、POD和GSH的防卫功能非常显著。

5.3.1.5　生态型的改变

植物在重金属污染土壤上也常采取改变生态型的方式而生存下来，常表现为生态型肥大或矮小。如灌木硬叶海桐花(*Pittosporum rigidium*)在正常条件下可生长到近5 m高，而在含镍、铬高的蛇纹岩地区株高只有几十厘米，呈垫状植物。在土壤中硼含量中等时，莱克蒿(*Artemissia lerbaceana*)、伏地肤(*Kochia prostrata*)和海蓬子(*Salicornia hetbacea*)等植物比生长在正常硼含量的土壤上肥大，在硼含量较高的土壤上则更肥大；而植物优若藜(*Eurotia ceratoides*)则植株变矮、分枝增多，平卧态变得显著。由此可见，植物通过生态型的改变以适应重金属胁迫，增强对重金属的抗性，进而得以在重金属污染土壤上生存下来，形成了重金属污染土壤(或金属矿区)特有的植物区系，甚至演化成变种或新种。

5.3.2　修复技术

根据植物修复的作用过程和机理，重金属污染土壤的植物修复机理包括植物稳定、植物吸收和植物挥发三种类型。植物稳定是一种原位降低重金属生物有效性的途径，但不是一种永久的去除土壤中重金属的方法。植物挥发仅是去除土壤中一些可挥发的污染物，并且应以向大气挥发的速度不构成生态危险为限。相对而言，植物吸取是一种集永久性和广域性于一体的植物修复途径，已被认为是去除土壤内重金属的重要方法。

5.3.2.1　植物稳定

植物稳定(Phytostabilzation)是利用植物吸收和沉淀作用，来固定土壤中的大量有毒金属，以降低其生物有效性和防止其进入地下水和食物链，从而减少对环境和人类健康的污染。植物在稳定重金属中有两种主要功能：一方面是保护污染土壤不受侵蚀，减少土壤渗漏来防止金属污染物的淋移；另一方面是通过在根部累积和沉淀或通过根表吸收重金属来加强对污染物的固定。此外，植物还可以通过改变根际环境(pH、Eh)来改变污染物的化学形态。在这个过程中，根际微生物(细菌和真菌)也可能发挥重要作用。已有研究表明，植物的根可有效地固定土壤中的铅，从而减少其对环境的污染。

植物稳定有一定的局限性，它只是一种原位降低污染元素生物有效性的途径，而不是一种永久性去除土壤中污染元素的方法。如果环境条件发生变化，金属的生物有效性可能随之发生改变。因此，植物固定不是一种很理想的去除环境中重金属的方法，将其与原位化学钝化(无效化)技术相结合将会显示出更大的应用潜力。用植物稳定(不管是否与原位钝化相结合)来改变土壤环境中的有害重金属污染物的化学和物理形态，进而降低其化学和生物毒性的能力，可以有效替代那些昂贵而复杂的工程技术。植物稳定的研究方向应该是促进植物发育，使其根系发达，键合和持留有毒重金属于根—土中，将转移到地上部分的重金属控制在最小范围内。

5.3.2.2 植物吸收

植物吸收(Phytoextraction)是一种集永久性和广域性于一体的植物修复途径，即利用专性植物根系吸收一种或几种有毒金属，并将其转移、储存到植物茎叶，然后收割茎叶进行异地处理。植物吸收目前已成为一种较为流行的以植物去除环境污染物(特别是重金属)的方法。

超积累植物是能超量积累一种或几种重金属元素的植物。在重金属污染土壤上，连续种植几次超积累植物，就有可能去除有毒金属，修复被有毒金属污染的土壤。超积累植物具有超强忍耐性，能生长在重金属污染程度较高的土壤上，但植物地上部生物量相较于普通植物并没有显著减少。同时，超积累植物地上部富集系数应大于1，即植物地上部某种重金属含量大于所生长土壤中该种重金属的浓度。由于土壤 pH 值等因素对污染土壤中重金属可吸收态的影响，在土壤中重金属浓度较高的情况下，普通植物也可能正常生长，表现出较强耐性的假象。因此，植物地上部生物量没有明显减少，且地上部富集系数大于1是超积累植物区别于普通植物必不可少的特征。其中，植物地上部富集系数至少应当在土壤中重金属浓度与超积累植物应达到的临界含量标准相当时大于1。

植物体对重金属的绝对积累量，即一株植物累积重金属元素的总量也是一个很重要的指标。因为即使植物体内重金属含量没有达到上述临界含量标准，但因该植物的生物量远远大于上述超积累植物的生物量，此时所积累的绝对量反而比超积量植物积累的绝对量大，在这种情况下其对污染土壤中重金属的提取作用更大。

据报道，现已发现对 Cd、Co、Cu、Pb、Ni、Se、Mn、Zn 的超积累植物 400 余种，这些植物涵盖了 20 多个科，其中 73% 为 Ni 超积累植物。由于这些超积累植物多数是在矿山区、成矿作用带或由富含某种或某些化学元素的岩石风化而成的地表土壤上发现的，因而常表现出较窄的生态适应性和特有的生态型。根据美国能源部的标准，筛选的超积累植物用于植物修复应具有以下几个特性：①即使在污染物浓度较低时也有较高的积累速度；②能在体内积累高浓度的污染物；③能同时积累几种金属；④生长快，生物量大；⑤具有

抗虫抗病能力。

目前，植物提取修复的应用受到以下几个方面的制约：①超积累植物经常只能积累某些元素，还没有发现能积累所有关注元素的植物；②许多超积累植物生长极慢而且生物量低；③对于超积累植物的农艺性状、病虫害防治、育种潜力以及生理学了解很少。这类植物通常数量稀少，甚至受到采矿和其他活动的威胁。

在实际应用中，一些植物对重金属的富集系数并未达到超级累植物的标准，但是具有重金属吸收量较高，同时植物的生物量大、适应性广、容易产业化种植、容易繁殖、种植成本低等优点，这些植物比较适合用来作为植物修复材料。至于植物生物质的处置和利用，目前已经发展了很多新的途径和方法，例如做生物能源，制作绝热隔音建筑材料，或者结合有关功能制作高分子材料等。

5.3.2.3　植物挥发

植物挥发(Phytovolatilization)是利用植物去除环境中的某些挥发性污染物的方法，即植物将污染物吸收到体内后又将其转化为气态物质，释放到大气中。目前在这方面研究最多的是金属元素汞和非金属元素硒。在土壤或沉积物中，离子态汞(Hg^{2+})在厌氧细菌的作用下可以转化为毒性很强的甲基汞。先让抗汞细菌在污染点存活繁殖，然后通过酶的作用，将甲基汞和离子态汞转化成毒性较小的可挥发元素 Hg。该方法已被作为一种生物降低汞毒性的有效途径。利用转基因植物转化汞是将细菌体内对汞的抗性基因(汞还原酶基因)转导到拟南芥属(*Arabidopsis sp.*)等植物中，转基因植物可以在通常会使生物中毒的汞浓度条件下生长，并能将土壤中的离子汞还原成挥发性的元素汞气体而挥发。

许多植物可以从污染土壤中吸收硒并将其转化成可挥发态(二甲基硒和二甲基二硒)，从而降低硒对土壤生态系统的毒性。但植物挥发方法只适用于挥发性污染物，应用范围很小，且将污染物转移到大气中对人类和其他生物有一定的风险。

◆作业◆

概念理解

植物修复；植物提取；超积累植物。

问题简述

(1)污染环境的植物修复途径有哪些?

(2)植物修复主要用于哪些类型的环境污染?

(3)与物理修复和化学修复相比，植物修复有哪些优点和缺点?

（4）超积累植物应具备哪些基本特征？

（5）系统阐述有机物污染土壤的植物修复原理。

（6）系统阐述重金属污染土壤的植物修复原理。

◆进一步阅读文献◆

Ali H,Khan E,Sajad M A.Phytoremediation of heavy metals:Concepts and applications［J］. Chemosphere,2013,91(7):869-881.

Bhatia M,Goyal D.Analyzing remediation potential of wastewater through wetland plants:A review［J］. Environmental Progress & Sustainable Energy,2014,33(1):9-27.

Bhatnagar S,Kumari R.Bioremediation:A sustainable tool for environmental management—A review［J］. Annual Review and Research in Biology,2013,3(4):974-993.

Chekroun K B,Sánchez E,Baghour M.The role of algae in bioremediation of organic pollutants［J］.International Research Journal of Public and Environmental Health,2014,1(2):19-32.

Chen M,Xu P,Zeng G,et al.Bioremediation of soils contaminated with polycyclic aromatic hydrocarbons, petroleum,pesticides,chlorophenols and heavy metals by composting:Applications,microbes and future research needs［J］.Biotechnology Advances,2015,33(6):745-755.

Chibuike G U,Obiora S C.Heavy metal polluted soils:Effect on plants and bioremediation methods［J］. Applied and Environmental Soil Science,2014,2014(2014):1-12.

Dhal B,Thatoi H N,Das N N,et al.Chemical and microbial remediation of hexavalent chromium from contaminated soil and mining/metallurgical solid waste:A review［J］.Journal of Hazardous Materials,2013, 250-251(30):272-291.

de la Cueva S C,Rodríguez C H,Cruz N O S,et al.Changes in bacterial populations during bioremediation of soil contaminated with petroleum hydrocarbons［J］.Water,Air,& Soil Pollution,2016,227(3):1-12.

Gavrilescu M,Demnerová K,Aamand J,et al.Emerging pollutants in the environment:Present and future challenges in biomonitoring,ecological risks and bioremediation［J］.New Biotechnology,2015,32(1):147-156.

Gill R T,Harbottle M J,Smith J W N,et al.Electrokinetic-enhanced bioremediation of organic contaminants:A review of processes and environmental applications［J］.Chemosphere,2014,107:31-42.

Garcia-Rodríguez A,Matamoros V,Fontàs C,et al.The ability of biologically based wastewater treatment systems to remove emerging organic contaminants—a review［J］.Environmental Science and Pollution Research,2014,21(20):11708-11728.

Garbisu C,Alkorta I.Phytoextraction:A cost-effective plant-based technology for the removal of metals from the environment［J］.Bioresource Technology,2001,77(3):229-236.

Gerhardt K E,Huang X D,Glick B R,et al.Phytoremediation and rhizoremediation of organic soil contaminants:Potential and challenges［J］.Plant Science,2009,176(1):20-30.

Gupta A, Joia J, Sood A, et al. Microbes as potential tool for remediation of heavy metals: A review[J]. Journal of Microbial and Biochemical Technology, 2016, 8(4): 364-372.

Joner E, Leyval C. Phytoremediation of organic pollutants using mycorrhizal plants: A new aspect of rhizosphere interactions[J]. Agronomie, 2003, 23(5-6): 495-502.

Kang J W. Removing environmental organic pollutants with bioremediation and phytoremediation[J]. Biotechnology Letters, 2014, 36(6): 1129-1139.

Kuppusamy S, Thavamani P, Megharaj M, et al. Bioremediation potential of natural polyphenol rich green wastes: A review of current research and recommendations for future directions[J]. Environmental Technology & Innovation, 2015, 4: 17-28.

Lasat M M. Phytoextraction of toxic metals[J]. Journal of Environmental Quality, 2002, 31(1): 109-120.

Macaulay B M, Rees D. Bioremediation of oil spills: A review of challenges for research advancement[J]. Annals of Environmental Science, 2014, 8: 9-37.

Mani D, Kumar C. Biotechnological advances in bioremediation of heavy metals contaminated ecosystems: An overview with special reference to phytoremediation[J]. International Journal of Environmental Science and Technology, 2014, 11(3): 843-872.

Masciandaro G, Macci C, Peruzzi E, et al. Organic matter-microorganism-plant in soil bioremediation: A synergic approach[J]. Reviews in Environmental Science and Bio/Technology, 2013, 12(4): 399-419.

Mattina M J I, Lannucci-Berger W, Musante C, et al. Concurrent plant uptake of heavy metals and persistent organic pollutants from soil[J]. Environmental Pollution, 2003, 124(3): 375-378.

Meagher R B. Phytoremediation of toxic elemental and organic pollutants[J]. Current Opinion in Plant Biology, 2000, 3(2): 153-162.

Megharaj M, Ramakrishnan B, Venkateswarlu K, et al. Bioremediation approaches for organic pollutants: A critical perspective[J]. Environment International, 2011, 37(8): 1362-1375.

Odukkathil G, Vasudevan N. Toxicity and bioremediation of pesticides in agricultural soil[J]. Reviews in Environmental Science and Bio/Technology, 2013, 12(4): 421-444.

Ortega-Calvo J J, Tejeda-Agredano M C, Jimenez-Sanchez C, et al. Is it possible to increase bioavailability but not environmental risk of PAHs in bioremediation? [J]. Journal of Hazardous Materials, 2013, 261: 733-745.

Perelo L W. Review: In situ and bioremediation of organic pollutants in aquatic sediments[J]. Journal of Hazardous Materials, 2010, 177(1-3): 81-89.

Shakoor M B, Ali S, Farid M, et al. Heavy metal pollution, a global problem and its remediation by chemically enhanced phytoremediation: A review[J]. Journal of Biodiversity and Environmental Sciences, 2013, 3(3): 12-20.

Salt D E, Blaylock M, Kumar N P B A, et al. Phytoremediation: A novel strategy for the removal of toxic metals from the environment using plants[J]. Nature Biotechnology, 1995, 13(5): 468.

Wasi S, Tabrez S, Ahmad M. Use of *Pseudomonas spp.* for the bioremediation of environmental pollutants: A review[J]. Environmental Monitoring and Assessment, 2013, 185(10): 8147-8155.

Wang H, Ren Z J. A comprehensive review of microbial electrochemical systems as a platform technology [J]. Biotechnology Advances, 2013, 31(8): 1796-1807.

Zeraatkar A K, Ahmadzadeh H, Talebi A F, et al. Potential use of algae for heavy metal bioremediation: A critical review[J]. Journal of Environmental Management, 2016, 181: 817-831.

Schwitzguebel J P. Phytoremediation of soils contaminated by organic compounds: Hype, hope and facts [J]. Journal of Soils and Sediments, 2017, 17(5): 1492-1502.

Lenoir I, Sahraoui A L H, Fontaine J. Arbuscular mycorrhizal fungal-assisted phytoremediation of soil contaminated with persistent organic pollutants: A review[J]. European Journal of Soil Science, 2016, 67(5): 624-640.

第6章　生态工程修复

　　生态工程修复是根据生态系统的基本理论，结合污染环境修复的实际情况，建立用于修复污染环境的自维持或低成本维持的人工生态系统。生态工程修复具有持续、高效、景观建设和环境友好等特点。随着更多学科之间的相互渗透和融合，生态工程类型与技术模式也更加多样化，生态工程在污染环境修复中的理论与应用技术必将更加完善，生态工程修复已经成为污染环境修复的有效手段之一。目前，人工湿地工程、河流生态修复工程、矿山迹地和填埋场迹地修复工程等生态修复工程体系已经日趋完善并得到日益广泛的应用。

6.1　概述

6.1.1　受损生态系统

　　自然生态系统最重要的特点是在无强干扰条件下能不断自我完善，即进展演替，也称正向演替，如物种的增加、生产力的提高、系统稳定性的增强等。正常生态系统是生物群落与自然环境实现动态平衡的自我维持系统，即物种组分按照一定规律发展变化，在某一平衡点表现一定范围的波动，呈现出一种动态平衡。受损生态系统是指生态系统的结构和功能在自然干扰、人为干扰（或两者的共同作用）下发生了位移（即改变），打破生态系统原有的平衡状态，使系统的结构和功能发生变化和阻碍，并发生生态系统的逆向演替。生态系统的受损常由于干扰体的不同，使其在受损程度、退化速度及其受损变化过程上有明显差异。如泥石流导致的植被受损、火山爆发导致的植被退化等造成的突发性受损；空气污染胁迫下的森林生态系统，酸性降水胁迫下的湖泊水生生态系统，持续超载放牧干扰下的草地生态系统等早期受损不明显，而积累到一定程度后发生剧烈变化的跃变式受损；陡坡开垦后连续种植作物造成的水土流失，使用化肥引起的土壤退化等渐变式受损。

　　生态系统受损后，原有的平衡状态被打破，系统的结构、组分和功能都会发生变化，随之而来的是系统稳定性减弱、生产能力降低、服务功能弱化等。从生态学角度分析，受损生态系统的共同变化特征表现在以下几个方面：

(1)物种多样性的变化。当一个稳定的生态系统受损后，系统中的关键种类首先消失，从而引起与之共生种类和从属性物种的相继消失，物种多样性明显减少。同时，系统中适应生境变化的某些种类会迅速发展，数量增加，使物种多样性的性质发生改变，系统服务功能衰退。

(2)系统结构简单化。系统受损后，在生物群落中的种群特征上，常表现为种类组成发生变化，优势种群结构异常；在群落层次上，受损后则是群落结构的矮化、整体景观的破坏。

(3)食物网破裂。受损的生态系统在食物网的表现上，主要是食物链的缩短或营养链的断裂，单链营养关系增多，种间共生、附生关系减弱。食物网的破裂会使生态系统各物种之间的自我调节能力下降，极易受到外来物种的影响。

(4)能量流动效率降低。由于受损生态系统食物关系的破坏，能量的转化及传递效率会随之降低，主要表现为对光能固定作用的减弱、能量流规模缩小或过程发生变化，系统中的捕食过程和腐化过程弱化，因而能流损失增多，能流效率降低。

(5)物质循环不畅或受阻。由于生态系统结构受到损害，层次结构简单化以及食物网的破裂，营养物质和元素在生态系统中的周转时间变短，周转率降低，生物的生态学功能减弱。生物多样性及其组成结构的变化，使生态系统中物质循环的途径不畅或受阻，生态系统中的水循环、氮循环和磷循环均会发生改变。

综上所述，受损生态系统首先是其组成和结构发生退化，导致生态功能受损和生态学过程的弱化，引起系统自我维持能力减弱且不稳定。但系统成分与其结构的改变，是系统受损的外在表现，功能衰退才是受损的本质。因此，受损生态系统功能的变化是判断生态系统损伤程度的重要标志。另外，植物及其种群居于生态系统的第一性生产者，是生态系统有机物质的最初来源和能量流动的基础。因此，植物群落的外貌形态和结构状况又通过对系统中次级消费者、分解者的影响而决定着系统的动态，制约着系统的整体功能。在受损生态系统中，结构与功能是统一的，通过结构的变化，可以推测出功能的改变。

6.1.2 生态工程和生态工程修复

6.1.2.1 生态工程

生态工程起源于生态学的发展与应用，已有 50 多年的历史。20 世纪 60 年代以来，全球生态与环境危机(表现在人口激增、资源破坏、能源短缺、环境污染和食物供应不足等方面)爆发。在西方的一些发达国家，这种资源与能源的危机表现得更加明显与突出。现代农业一方面提高了农业生产率与产品供应量，另一方面又造成了各种各样的污染，对土壤、水体、人体健康带来了严重的危害。而在发展中国家，面临的不仅是环境资源问题，还有

人口增长及资源不足与遭受破坏的综合作用问题，所有这些问题都进一步孕育、催生了生态工程与技术对解决实际社会与生产中所面临的各种各样的生态危机的作用。

1962 年，美国的 H. T. Odum 首先使用了生态工程(Ecological engineering)这一概念，提出了生态学应用的新领域——生态工程学。并把它定义为"为了控制生态系统，人类应用来自自然的能源作为辅助能对环境的控制"，管理自然就是生态工程，它是对传统工程的补充，是自然生态系统的一个侧面。20 世纪 80 年代以后，生态工程在欧洲及美国逐渐发展起来，并出现了多种认识与解释，相应地提出了生态工程技术，即"在环境管理方面，根据对生态学的深入了解，花最小代价的措施，对环境的损害又是最小的一些技术"。我国生态工程的定义是由著名生态学家马世骏教授于 1984 年所提出，他指出生态工程是指应用生态系统中物质循环原理结合系统工程最优化方法，设计的分层多级利用物质的生产工艺系统。生态工程的目的是将生物群落内不同物种共生、物质与能量多级利用、环境自净和物质循环再生等原理与系统工程的优化方法相结合，达到资源多层次和循环利用的目的。它可以是纵向的层次结构，也可以发展为几个纵向工艺链横向联系而成的网状工程系统。

作为一个独特的研究领域，生态工程的产生有其科学理论基础和方法基础。首先，20 世纪 30 年代以来，生态学研究的各领域都已取得重大进展，生态学的许多重要理论在这一时期得以形成，特别是生态系统概念的提出和生态系统生态学的建立，使生态学的研究提高到了一个崭新的水平，而且这一时期，整个科学技术与生产力进入了一个突飞猛进的新时代。生态学的重要概念、理论、方法，已经并正在被系统论、控制论、信息论、协调论、耗散结构论、突变论、混沌现象、自组织论等渗透和结合，为生态工程理论和技术提供更为广泛的理论基础和坚实的应用基础。其次，系统科学在工程领域中的发展和广泛应用，为生态工程的研究提供了理论和方法论的基础，为其发展发挥了重要的作用。生态学正从过去传统的以分析为主，对自然界分门别类的研究且越分越细的倾向，向以整体观、系统观为指导，在分析的基础上进行综合的方向发展，正将物理学、化学、生理学、毒理学、数学等自然科学的不同分支学科的基础理论、方法、成就以及将农学、土壤学、水产学、畜牧学、林学、环境工程学、运筹学、计算科学等多种技术科学的成就，还有社会学、经济学等人文科学的成就吸收糅合进去，为生态工程的精细化、定量化、现代化和可持续提供了强有力的理论和方法支撑。

6.1.2.2　生态工程修复

生态工程修复(Ecological engineering demediation)，是指在特定区域范围内依靠生态系统本身的自我调控能力作用与人工调控能力的共同作用，使部分或完全受损的生态系统恢复到相对健康的状态。其基本原理是通过生物、生态、工程技术和方法，人为地改变和切断生态系统退化的主导因子或过程，调整、配置优化系统内部及外界的物质、能量和信息流动的过程和时空次序，使生态系统的结构、功能和生态潜力尽快成功地恢复到一定或原有的乃至更高的水平。

一般可从四个层面来理解生态工程修复：第一个层面是污染环境的修复，即传统的环境生态修复工程，通过生态系统的自组织和自我调节能力来修复污染环境，并通过特殊植物和微生物，人工辅助建造生态系统来降解污染物。第二个层面是大规模人为扰动和破坏生态系统(非污染生态系统)修复。第三个层面是大规模农林牧业生产活动破坏的森林和草地生态系统的修复，即人口密集农林牧区的生态修复，相当于生态建设工程。第四个层面是小规模的人类活动或完全由于自然原因如森林火灾等造成的退化生态系统的修复，即人口分布稀少地区的生态自我修复，如建立保护区、水土保持工程。

生态工程修复的内容主要包括生物子系统和环境子系统的调控与构建两个部分。生物子系统的调控和构建包括生物种群的选择、生物群落结构的配置、食物链的调整、生物与环境的节律匹配等；环境子系统包括水环境、土壤环境、光热环境、大气与微气候环境等。

(1)生物子系统的构建与调控设计。

生物种群是构成生态系统的重要组成部分，是生态系统生物群落结构再建的基础，也是建设、调控、改造、修复生态系统的关键。不同的生态系统具有不同生物种群组成的生物群落和特定的生态环境。生物物种的选择一般可以依据当地生态系统修复的目标、修复生境条件和社会需求情况来选择。其选择一般包括调查、收集、引进，适应性培植试验和比较选择三部分。

生物群落的结构是决定生态工程修复的关键。一个生态系统的生物群落越复杂，它的生物生产能力就越高，稳定性也越强。生物群落结构配置的依据是"结构决定功能"原理、生物共生互生原理、生物生态位原理、景观布局原理等，对种群组成的数量、水平结构布局、垂直结构进行设计，从而建立良好的生物群体，形成互惠共生的群落。

食物链原理是生态系统中物质循环与能量转换的一个重要过程，也是生物之间相互制约的调控机制。生态工程修复的食物链调整包括食物链"加环"和食物链的解链范畴。食物链"加环"是根据营养级原理，利用资源类型和数量来选择加环食物链的种群类型和数量，通过加入一个新的种群进行物质、能量的再转化过程，达到废物资源化与产品再转化的目的，从而提高整个生态系统的综合效益。食物链解链是针对有害物质通过食物链不断积累最终危害人类本身这一问题提出来的，通过解链调整，使有害物质在达到一定程度之前就被降解或脱离与人类联系的食物链，及时断绝其进入人体的通道。

(2)环境子系统的构建与调控设计。

环境调控是通过人工措施改变对生物生长发育不利的水、土、光、热、气等环境因子，从而使生物群落顺利生长。其主要是减弱对生物生长发育具有限制作用的环境因子和增加生物生长发育需要的环境因子，保证生态工程修复的成功。环境调控主要包括水分与土壤

环境调控、光热资源环境调控、营养成分和数量的调控以及小气候调控。

环境因子与生物的机能具有明显的变化规律。自然环境因子中光照、温度、湿度、降水等不断发生年、月、日的周期性时间变化,对生物而言,其机能也随环境因子的时间节律而发生着周期性的节律变化,在生态工程修复中必须考虑这种周期性的节律变化。节律匹配是在生物机能节律的基础上,组成生物群落的生物种群机能节律配合,形成生物群落机能节律,然后与工程所在区域的环境时间节律进行匹配,构成生态系统机能节律与环境时间节律的最佳配置。

6.1.3 生态工程发展历程

6.1.3.1 国外农业生态工程的研究

从 20 世纪 30 年代起,农业、化学工业飞速发展,新的生物品种不断涌现,西方发达国家的农业劳动生产率大大提高,农畜产品产量也大幅度增长。这种以开发廉价化石能源及工业技术装备为特征的集约化农业被称为常规农业,在 60 年代达到鼎盛时期。但进入 70 年代以后,其自身的问题逐渐暴露,主要包括:

(1)常规农业能量消耗过高,能量投入的边际效益过低。在石油价格上涨时期,这一问题直接表现为农田能量产(出)投(入)比值下降,农业成本过高而经济效益下降。

(2)常规农业导致或加剧了土地资源的衰竭(特别是水土流失、风蚀和地下水过量开采等)。

(3)由于常规农业在动、植物品种上的单一和结构上的单调,加重了病虫害和杂草的发生与蔓延。

(4)大量化学物质的投入,造成土壤、水体和农产品污染严重。

这些问题不但影响到农业生产条件的维持能力,还威胁到农产品持续供应的可能性。为了解决这些问题,自 20 世纪 70 年代初期开始,西方发达国家开发了多种形式的替代农业,主要包括综合农业、再生农业、有机农业、持久农业、生物农业、生物动力农业和自然农业等。虽然各种替代农业模式各异,各有侧重,但其出发点都是为了保护生态环境,合理利用自然资源,实现农业生态系统生产力的持续发展。

西方替代农业的研究主要由科学家和农场主结合进行,政府在一定程度上给予支持。20 世纪 70 年代以来,一些研究机构和组织纷纷成立。荷兰成立了"生物农业方法研究委员会"(1970);法国成立了"国际有机农业运动同盟"(1972);美国则有著名的"Ro-dale 有机农业研究中心"(1974)和"替代农业学会"(1980)。后两者的成员已被吸收到美国农业部的"低投入农业研究委员会"中。而西欧和亚洲各国的替代农业研究则着重于生物农业、生物动力农业和自然农业。

6.1.3.2 环境修复生态工程

环境修复在生态工程中的研究和应用占较大比重，特别是在地表水污染处理与地表水富营养化防治等方面更为突出。传统的环境保护工程虽然可以防治局部环境污染，但其往往是将污染物质从一种介质转入另一种介质，或从一处搬至另一处，如一些污水处理厂或车间，处理污水需动力能源和化学药品，而生产这些动力能源和化学药品又会造成或增加新的污染，往往使接纳其转移的地区或环境受到污染。环境修复生态工程的能源主要来自太阳能，多利用生态系统中某些自然的或人工的生物种群、群落等，投资少、运行费用低，不仅有环境保护效益，而且可生产一些生态商品和服务，兼具经济效益。

在美国，污水处理的生态工程已有多处。北卡罗来纳州的摩格赫德市于 1968—1971 年就已研究并用河口区池塘的污水处理工程来处理城市污水与海水的混合水；1970 年开始佛罗里达州研究人员利用湿地来处理污水中的营养盐，去除污水中 50% 以上的有机质、营养盐和金属元素；另外，俄亥俄州应用湿地生态系统处理煤矿所排含有硫化铁酸性废水。自 1982 年起，对密西西比河以西大平原上伊利诺伊州湖县及芝加哥以北地区的河流及湿地的保护及恢复，进行了湿地对生态环境、经济及社会综合效益的探索，建立了相关技术和管理生态数学模型。1980 年初，在伊利湖北部的河湖接合部、老妇河河口地区，建立了湿地生态工程防治湖泊等水体富营养化试验基地，探索如何最有效地设计沿湖湿地，并应用湿地水文、水化学及水生态过程等建立数学模型。在马萨诸塞州沼泽及盐滩上建立湿地生态工程，以过滤和处理陆源废水防止海洋的富营养化，减少入海污染物质。美国已成立了生态工程协会，将生态工程的设计施工工艺作为技术产品来承担环境修复任务。

在北欧，丹麦于 1972—1976 年开始研究与试用 Clums 湖富营养化防治的环境修复生态工程，去除了进入湖中污水内 90%～98% 的磷，并建立了生态模型，1976—1981 年又对该模型进行改进。瑞典也对污水处理相关生态工程极其重视，为防治湖泊和沿海水体富营养化问题，为此类生态工程投资了 35 亿克朗（约 5 亿美元），包括若干污水处理生态工程，通过这些生态工程，水环境得到了显著改善，波罗的海内海水华已大为减少，甚至在其首都斯德哥尔摩的海湾内都能游泳。挪威试验推广生态厕所结合户用小型湿地等生态系统工程，氮去除率达 90%，磷及有机质去除率达 50% 以上，并针对存在的问题，如有限的容量、复杂的操作、制成的肥料太湿与质量不稳定等进行改进。荷兰自 1970 年起即开始对一些小型湖泊生态系统进行生态工程改造，以优化食物链和营养级的物种构成及种群规模，防治水体富营养化，一些居民区中建立了若干生活污水处理方面的小型生态工程。德国也于 1970 年起建立了以利用芦苇占优势的湿地来处理污水的生态工程。立陶宛在一些小河中大量保护或种植水生植物，促进营养盐在河流与其汇水区内循环，以恢复与保护这些小河。在爱沙尼亚，也有一些在人工湿地上建立了以种植水生维管束植物来净化污水的生态工程。匈

牙利自 1972 年起开始应用中国传统的综合养鱼经验，用污水养鱼生态工程来处理污水。奥地利则用种植植物来代替沉淀法以处理山区生活污水。国际上利用生态工程开展区域环境保护、污染物处理、区域环境修复方面的研究和应用较早，发展也较快。

综上所述，国际生态工程的研究在环境保护和污染物处理与利用上发展较快，而在农业生态工程研究方面则较为薄弱，因此出现了国外专家对我国这方面成就的肯定与效仿。

6.1.3.3　我国环境修复生态工程

我国已有很多自发的废物利用、再生、循环的传统经验，如将生活污水及粪便用作农田肥料或用来养殖食用菌、蚯蚓等，皆是祖先创造并留给我们的宝贵财富，也是发展生态工程的重要基础之一。马世骏等在 20 世纪 50 年代通过调控湿地生态系统的结构与功能，来防治蝗虫灾害，是以生态学原理为指导的环境生态工程的开始。中科院应用生态研究所等单位，从 50 年代起持续几十年进行了污水灌溉生态工程的研究，并不断研究与解决污灌中存在的问题。南京大学自 50 年代末起研究采用大米草为主的调控海岸滩涂生态系统结构与功能的生态系统，保护沿岸带以防治海岸（堤）的浪击破坏及海水的有机污染等。70 年代，中科院水生生物研究所等单位对有机磷和有机氮严重污染的鸭儿湖进行了生态防治工程。

20 世纪 80 年代初，中科院南京地理研究所等单位从生态系统水平研究并建立了以凤眼莲为主的污水处理与利用生态工程，修复了江苏、山东、安徽等地一些河道及湖泊和沟渠地表水体污染，还生产大量青绿饲料，推动了养殖业的发展；上海交通大学等单位在崇明岛东风农场建立了以奶牛场为主的农业废物分层多级利用的生态工程。我国农业除一般种植业、畜牧业外，还包括水产养殖、有机废弃物资源化养殖（包括食用菌类在内）、果林与作物的间作和某些手工业和加工业等。例如，我国南方的多数生态工程试点都是以农户或农村为单位进行农田与庭院相结合的生态农业建设，包括稻麦轮作、稻田养鱼、水产品立体养殖、畜禽养殖、食用菌养殖、再生饲料工程、再生能源工程等方面，从而构成一个结构多层次、食物链网络状的复合生态系统。由于充分利用了生态学上的"整体效应""边缘效应""各组分协调""循环再生"等原理，在人均不足 0.067 公顷土地的情况下，创造了每公顷均产粮 15000 千克，人均收入 1000 元的奇迹。

6.2　生态工程修复理论基础

生态工程可以是人工设计的群落、生态系统，或是一个更为宏观的地域性生态空间。由于生态工程主要是以生物种群、生物群落、生态系统为构成组分，因此生物种群、生物群落及生态系统的主要特性及其理论是生态工程遵循的依据。

6.2.1　整体性原理

生态工程研究和处理的对象不单是系统中的某一成分，如某种污染物或生物，而主要是按生态系统内部以及外部相关性，来研究作为一个有机整体的生态系统或社会—经济—自然复合生态系统的区域环境。

6.2.1.1　内部相关性

任何一个生态系统都是由生物系统和环境系统共同组成的。生物系统包括生产者、消费者和分解者，环境系统包括太阳辐射以及各种有机及无机的成分。各成分依附于系统而存在，系统各成分之间或子系统之间，通过能流、物质流、信息流而有机地联系起来，相互制约和相互作用，形成一个具有特定功能的统一的、有机的整体。例如，一辆汽车就是一个系统，它由许多零部件组成，通过各零部件的相互作用，再加上能源，就能开动起来，执行某些特定的功能。同样，一个生物有机体、一所学校或一个社会，都可以把它们看作是一个个系统来进行研究。只要我们从统一的目的和功能出发，深入地揭示构成该事物的各要素之间的相互联系和相互作用，把它看作一个整体，它就是一个系统。

6.2.1.2　外部相关性

生态系统属于开放型或半开放型系统，其与系统外的环境进行物质、能量、信息的交换。我国生态学家马世骏教授认为，以人的活动为主体的系统，如农村、城市及区域，实质上是一个由人的活动的社会属性、经济属性以及自然过程的相互关系构成的社会—经济—自然复合生态系统。组成此复合系统的三个系统均有各自的特性。社会系统受人口、政策及社会结构的制约；价值高低通常是衡量经济系统结构和功能适宜与否的指标；自然界为人类生产提供的资源，随着科学技术的进步，在质与量方面，将不断有所扩大，但是有一个限度。矿产资源属于非再生资源，生物资源是再生资源，但亦受到时空因素及开放方式的限制。在复合生态系统中，社会、经济、自然三部分不是简单的加和，而是融合与综合，是自然科学与社会科学的交叉，时间(历史)和空间(地理)的交叉。

6.2.2　协同性原理

由生态工程构成的生态系统的结构与功能具有协同性，同时该生态系统的结构和功能也具有时空协同性。生态工程实际上是构建一个人工生态系统，实现对生态系统结构和功能的调控，达到环境修复的目的。生态工程以生态系统自我组织和自我调控为基础，人为调控仅作为提供生态系统中某些成分(如生物或环境因子)匹配的选择机会，其余的则由生态系统本身的自我组织和自我调节来完成。自我组织是一个生态系统在无外因控制下，其本身由无序转变为有序，维持相对动态稳定的能力。自我调节是自我组织的一种机制，当强制函数(如污染或其他物质和能量的输入量或输出量)发生变化，或生态系统受到干扰时，生态系统本身主要通过反馈机制，来抵抗干扰和维持其相对稳定的生态系统结构和综合功能，而不是某一分量的增减。任何一个系统对外界干扰的抵抗都有一定的限度——阈值，也就是说，生态系统存在着一个稳定性阈值，其大小取决于生态系统的成熟程度。通常，生态系统的抵抗力越强，其稳定性阈值越高；反之，抵抗力越弱，其稳定性阈值越低。

在人类改造自然界能力不断提高的当今时代，人为因素对生态平衡的破坏而导致生态平衡失调是最常见、最主要的因素。这些影响并非人类对生态系统的故意"虐待"，通常是伴随着人类生产和社会活动同时产生的。如农业生产上为防治害虫施用了大量的农药；工厂在生产产品的同时排放了大量的各种污染物；森林大面积砍伐、畜牧业发展带来的过度放牧而导致的植被退化；大型水利工程兴建在获得经济效益的同时可能产生的生态影响等。可见，无论是生态系统结构的破坏还是功能受阻都能引起生态平衡的失调。结构破坏可导致功能的降低，功能的降低亦能使系统的结构解体。

6.2.3　物质循环利用原理

对生态系统而言，物质循环可分为生态系统内部的物质流动(指物质沿着食物链的流动)和生态系统外部(指生态系统之间)的物质流动，但两者是紧密相关的。几乎所有的有机体，它们代谢活动的产物终将进入系统之间的生物地球化学循环。在生态系统营养物质的整个循环过程中，生产者、分解者、水分和大气起着重要的作用。生产者使无机物转变为有机物，分解者则把复杂的有机物分解为生产者可重新利用的简单无机物，水和空气起着介质的作用，固体物只有溶解于水中才能被生产者吸收利用，一些气态物和水分则需借助空气而由气孔等处进入生物体。

生态系统中营养物质循环的几条途径如下：

(1)物质由动物排泄返回环境，包括海洋等以浮游生物为优势种的水域生态系统都可能以这种途径为主。研究表明，浮游动物在其生存期间所排出的无机和有机可溶性营养物质的数量，比它们死亡后经微生物分解所放出的数量要多好几倍，而且排泄的可溶性营养物质能直接被生产者利用。

(2)物质由微生物分解成碎屑这一过程返回环境。在草原、温带森林及其他以碎屑食物链为主的生态系统，主要是利用这种途径。

(3)通过真菌，直接从植物残体(枯枝落叶)中吸取营养物质而重新返回植物体，在热带，尤其是在热带雨林中，存在着这种途径，食用菌栽培亦是这方面的例子。

(4)风化和侵蚀过程伴随水循环携带着沉积元素，由非生物床进入生物床。

(5)动、植物尸体或粪便不经任何微生物的分解作用也能释放营养物质，如水中浮游生物的自溶等。

(6)人类利用化石燃料生产化肥，用海水制造淡水以及对金属的利用等。

目前，人们还没有进行全球性的有计划地利用物质循环的能力，但科学信息的普及促进了人们在某些领域(如农业生态系统)广泛采用高效率的生态工程措施。某些地区已实行有计划的物质迁移、转化工作，并研究其自净能力及环境容量，通过充分发挥各种物质的生产潜力来增产节约，以促进物质的良性循环与再生利用。

6.2.4　生态位互补原理

生态位(Niche)概念比较复杂，涉及物种存续生态位和资源利用生态位。此处所指生态位，是指一个物种(种群)对特定环境和资源的匹配度和利用度，是一个种群在特定环境的多维空间中占据的位置及适合程度。对于生态位，可以是一维的，也可以是二维的，如果构成生态位的资源要素和环境因子是多维的，那么生态位就是多维的。物种间生态位在特定群落中是不能完全重叠的，生态位的分化是群落中所有物种间长期博弈(协同进化)的结果(图6—1)。

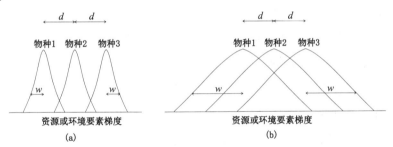

注：(a)物种生态位狭窄，生态位重叠少　(b)物种生态位宽，生态位重叠多

d：物种间生态位峰值距离；w：物种生态位宽度标准差(仿 Began，1986)

图6—1　物种间生态位的重叠、分化与竞争

Hutchinson 认为，在生物群落中能为某一物种所栖息的理论上的最大环境与资源空间，称为基础生态位(Fundamental niche)[图6—2(a)]。实际上，很少有一个物种能全部占据基础生态位。当有竞争者时，必然使该物种只占据基础生态位上的一部分。这一部分实际上占有的生态位空间，就称为实际生态位(Realized niche)，竞争种类越多，使某物种占有的实际生态位可能就越小[图6—2(b)]，即在同一环境中能够共存的物种不可能是与生态要求完全相似的，它们的相似性必定是有极限的。

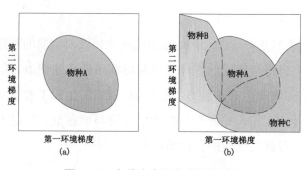

图 6-2 多维生态位物种间的分化

这一观点在生产实践中也是很有用的，例如在引种工作中，引入的物种与原有的物种如果在生态位上完全相似，必然发生激烈的竞争，通常所引入物种的数量更可能处于劣势，往往被排挤掉。因此，为了移植成功，通常要求一次引入大量个体，或引入适合于当地"空余生态位"的种类。在重建环境和生态功能的过程中，如果要控制杂草和物种入侵，需要将所有生态位尽可能让引入物种占领，以免空出生态位，导致杂草扩散和物种入侵。

群落是一个相互起作用的、生态位分配的种群系统，这些种群在它们对群落空间、时间、资源的利用方面，以及相互作用的可能类型，都趋向于互相补充（或称协同进化）而不是直接竞争。因此，由多个种群组成的生物群落，要比单一种的生物群落能更加有效地利用环境资源，维持长期较高的生产力，并具有更大的稳定性。正因为如此，生态位理论已成为生态工程设计的基础理论之一。尽管生态系统的结构比较复杂，但就其结构和形式可言，可以划分为生态网络、生态场和生态位三个层次。其中的生态网络反映生态系统中的食物链和食物网；生态场是在生态网络中生物间相互作用形成的连续时空范围，揭示生态系统中生物之间的干涉、竞争、共存互利及其关联性，为深刻探究生态学的基础理论——种群调节、种间及种内竞争与共存机制开拓了广阔的空间。

6.2.5 生态界面与边缘效应

"界面"在物理学中指具有不同物理性质的物质相互接触的部位；在生物学中指不同大小的"活性"物质与外界进行生命物质交流与隔离的部位。在生态学中，普通物理学与生物学中界面的含义已被广延，生态界面（Ecological boundary layer）用以表达不同类型的生态系统之间或与其环境之间相互交接的部位，以及围绕该部位向外延伸的一定空间、范围，它是生态系统与外界环境进行频繁生态流交换，产生各种复杂的生态效应的交错带，即 Ecotone。Ecotone 指两种不同生物群落的交汇地带，但生态学家们发现，在生物与非生物环境之间、自然环境与人工环境之间、非生物环境之间也会通过各种直接或间接的影响而产生"边缘效应"。其主要特征为：

（1）具有"过滤膜"和通道作用，调控物质流、能量流等在生态系统的流动。

（2）由于它处于两类或两类以上性质不同的生态系统的过渡区或突发转换区，因此其多样性增大，种群密度加大，具有边缘效应。

（3）具有脆弱性，主要表现在生态环境改变速率、抵抗外界干扰的能力、系统稳定性、全球生态变化的敏感性，以及资源竞争等方面。

（4）具有广泛性，生态界面广泛存在于生物圈中，并伴随全球生态问题被人们日益关注。

自布达佩斯召开的第七届联合国"人与生物圈计划"SCOPE 大会开始，国际生态学界就着手开展各种类型的生态界面研究，辨识其景观类型，研究其形成机制，为创建合理的人工生态界面提供依据。环境修复相关的生态工程要充分利用和考虑交错区（或过渡区）的边缘效应。

6.2.6　种间相互作用原理

物种共同聚集在同一栖息地，必然会出现以食物、空间等资源为核心的种间关系，长期进化的结果又使各种各样的种间关系得以发展和固定。从理论上讲，任何物种对其他物种的影响只可能有三种形式，即有利、有害或无利无害的中间态，这可以用"＋""－""0"来表示，全部种间关系均是这三种作用形式的可能组合（表 6－1）。

表 6－1　两物种相互作用类型

相互作用类型	物种 1	物种 2	相互作用的一般特征
中性作用	0	0	两个种群彼此不受影响
竞争	－	－	两个种群共同竞争资源而带来负影响
偏害作用	－	0	种群 1 受抑制，种群 2 无影响
寄生作用	＋	－	种群 1 为寄生者，种群 2 为宿主
捕食作用	＋	－	种群 1 为捕食者，种群 2 为被捕食者
偏利作用	＋	0	种群 1 为偏利者，种群 2 无影响
原始作用	＋	＋	相互作用对两个种群都有利，但不是必然的
互利作用	＋	＋	相互作用对两个种群必然有利

在生态系统演化进程中，有害的负相互作用趋于减少，而有利的正相互作用趋于增加，一般新形成的或组合的相互作用类型，发生严酷的负相互作用的可能性比旧有的组合要大。

6.2.7　物种适应性原理

种群数量变动是由出生和死亡、迁入和迁出等相互作用决定的。因此，所有影响出生率、死亡率和迁移的物理和生物因子都对种群的数量起着调节作用。一个物种从其侵入新的栖息地，经过种群增长，到建立种群以后，一般有下述几种情况：①长期地维持在同一

水平上，称为平衡；②经受不规则的或有规律的波动；③种群衰落，直到最后消亡。

生物适应环境会朝着两种不同的进化方向演进，即 r 选择（在不利环境下，物种内禀增长率高时有利于生长）和 K 选择（在环境容量充足的情况下，物种竞争力强时有利于生长），在两者之间还存在着各种过渡类型，形成了一个 r—K 连续对策系统。K—对策者的栖息生境是稳定的，它们的进化方向是使种群保持在平衡密度上下和增加种间竞争的能力。这种生态对策的优点是，它能使种群比较稳定地保持在 K 值（环境容纳量）附近，但不超过 K 值，超过 K 值就会导致生境退化。出生率减少，必定要有相应的存活率增加，但是当 K—对策者种群在遭受过度死亡或激烈动乱以后，种群返回平衡的能力较低（因为 r 值较小），该种群有可能灭绝。因此，对于 K—对策者的资源保护工作，比对于 r—对策者更须关心和重视。相反，r—对策者所具有的栖息生境是多变的和不稳定的，它们的密度经常激烈变动，常常会突然爆发或急剧下降。因为它们占有的生境常常是生态真空的，所以竞争能力不强，对捕食者的防御能力较弱，死亡率较高。高 r 值必然导致种群的不稳定性，但是种群的不稳定性并不就是进化上的不利。当种群数量很低时，高 r 值是有效的，经过少数几个世代又会达到很高的密度。当种群数量很高时，由于过分拥挤和资源衰竭，生境迅速恶化。但 r—对策者通常具有较大的扩散和迁移能力，离开恶化的生境，并在别的地方建立新的种群。

种群增长与动态规律及种群调节理论是理论生态学中最关键的问题，也是解决生态工程设计中许多问题的核心，尤其是在生物资源持续利用和保护以及有害生物的防治等领域。

6.3 生态工程修复技术

6.3.1 废弃地生态工程修复

废弃地是指非经治理而无法使用的土地。造成废弃地的主要原因是工业、生活废弃物的堆积，开采和挖掘的废坑道，拆迁的工厂遗留下的杂乱无章的场地和破旧建筑，以及沙漠化土地和盐碱化土地等。我国废弃地主要为采矿用地、沙漠化土地、盐碱化土地、废弃物处置场以及水土流失和土壤侵蚀土地。由于废弃地的土壤遭受到了严重破坏，恢复工作主要集中在土壤改良上。

6.3.1.1 土壤基质重建

在很多新工程动工前，可先把表层土壤取走，工程结束后再把它们放回原地。西方大多数国家的政府要求凡涉及地表土开采的工程都采用这一技术。我国海南田独铁矿使用了这一技术，将采矿用的废弃地循等高线开垦，建立排水设施，表土、亚表土更换，并将这一地区辟为休养胜地。在填埋垃圾时，先把填埋场的表土移走（如杭州天子岭垃圾填埋场），进行填埋或覆盖，之后再将表土移回原地。在每项工程中，都要尽可能避免破坏土壤结构，也可从别处取来表土覆盖遭破坏的区域。这一简易的土壤快速转换技术，已在我国较小型的工程中广泛使用，不过代价昂贵，且获得合适的表土也较为困难。

6.3.1.2　环境基质重建

环境基质重建包括地表环境的稳定和废弃物的稳定。由露天开采和地下开采形成坑洼，由回填形成的平地和由废弃物堆放形成的坡面，在进行生态重建活动以后，必须采取有效措施以确保它们各自景观特征的稳定，即坑洼和回填的平地不会出现进一步的塌陷和大规模渗漏，坑边和废弃物堆置场的边坡不会出现滑坡。其中，废弃物堆置场的边坡稳定性尤为重要，因为它的破坏将不只是景观的破坏，更会导致环境质量和生物群落的破坏。

通常人们最关注的、技术难度最大的、在生态重建中最重要的基础工作是废弃物的稳定化。一个成功的废弃物稳定化过程往往包括三个步骤：①物理处理，即填埋＋覆盖，其覆盖材料的选择取决于废弃物的数量、毒性以及污染物迁移特征，它们可以是土壤、砂浆、水玻璃、沥青或其他专门配制的材料；②生物处理，即在废弃物堆置场的表层恢复植被，以保持堆置场的边坡稳定性和隔水性；③化学处理，即对废弃物堆置场上产生的含有污染物的渗漏液，在其进入周围环境前进行处理，以确保其无害。

6.3.1.3　群落结构与功能重建

植被恢复是任何生物群落重建的第一步，它是以人工手段促进植被在短时期内得以恢复的方法。只要不是在极端的自然条件（如干旱等）下，植被可以在一个较长的时期内自然发生。其过程通常是，适应性物种的进入，土壤肥力的缓慢积累，结构的缓慢改善，毒性的缓慢下降，新的适应性物种的进入，新的环境条件变化，群落的进入。因此，人们可以从这种自然恢复中得到启示。

Bradshaw 曾将植被恢复归结为解决 4 个问题：①物理条件；②营养条件；③土壤的毒性；④合适的物种。通常一个地方只要有植物扎根的土壤，有一定的水分供应，有适宜的营养成分，没有过量的毒性，总是能较容易地恢复植被的。目前，植被恢复的主要方法有以下两类。

（1）直接植被法。

直接植被法是在废弃地上直接种植植物的一种方法，其实质就是人为地加速废弃地植被自然演替的过程。比较而言，直接植被法最为经济，具有很好的生态效益和社会效益，但这种方法的难度较大。废弃地，特别是矿山废物堆置场，往往不具备植被恢复的某些必要条件，而需要以人工手段去创造，这种创造主要围绕土壤条件的改善和植物物种的选用

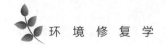

进行。植物物种的选用应强调对土壤的适应性和对土壤的良性改造，这种适应性是指对土壤毒性的耐性，作为植被恢复的先锋物种有必要考虑这一点。一些区域可能会出现重金属含量过高、pH值过低或盐碱化等问题。微量的铜、铅、锌就会完全阻止植物生长，因此长期以来，采矿地的土壤较为贫瘠，不仅肥力不足，而且由于风蚀、水蚀的作用，使这里成为严重的污染源。在此类废弃地中种植耐重金属污染的植物，须经多方寻找和试验比较后才能确定，并在种植前先对废弃地进行适当的养分调节。植物物种对土壤的良性改造，一是增加土壤的有机质等营养成分；二是解决废弃地土壤的形态。表土结构太坚实或过于疏松是废弃地的主要形态问题，植物根系可使物质逐步解体，使有机物混合，并可降低其密度和改善土壤保水能力。直接植被法选用的植物多为土著种，应具有生长迅速、繁殖能力强、落叶丰富及耐受极端环境能力较强等特征。

（2）覆土植被法。

覆土植被法指先平整废弃地，再根据需要铺上一定厚度的土壤进行植被重建的方法。有资料表明，对于草本植物的正常生长，需要铺60 cm厚的土壤，而对于木本植物，土层要厚达2 m以上，以防植被的退化。对正在生成或尚未开始生成的废弃地，表土的快速转换是一种很好的解决覆土的办法。除此之外，在创造土壤条件方面，在一定条件下可采用喷浆工艺；对于采石场、矸石场、垃圾场，可以采用土壤局域充填工艺；对于有严重毒性的矿山废弃物的堆置场，可以采用大面积的土壤覆盖工艺。许多废弃地中几乎没有植物可利用的养分，施肥仅为临时改良方法，并没有解决根本问题，这是由于废弃地含氮量较低，在自然生态系统中，植物吸收的氮素是由土壤中积累的巨大氮素有机库提供的，仅靠添加肥料无法达到这一水平。最经济和简便的方法是种植豆科植物以及其他固氮植物，这些植物每年可积累氮素150 kg/hm^2。废弃地中也可能缺乏其他养分，如废弃地中的磷结合在化合物中或被分解释放，使植物无法吸收，而沙土地中可能会缺乏钾。因此，在废弃地恢复之前应对土质进行适当分析，以便解决土壤养分状况。生活垃圾和无毒的工业废渣可引起另一类问题，由于这些废弃物中含有较高浓度的有机质，是提供土壤养分的源泉，但当有机质含量高于40%时，就会腐烂并释放大量的甲烷，使植物根部腐烂，导致植物死亡。因此，随着生活垃圾的增多，污染修复逐渐成为一个相当严峻的任务。

6.3.1.4 共生微生物的应用

共生微生物可以改变废弃地的营养状况。一些菌根真菌能有效地利用基质中的磷，这类真菌不仅能存在于贫瘠的、含金属成分较少的废弃地中（如煤矿废弃地），而且能存在于富含金属的尾矿中。一些真菌对植物的感染亦能调控植物对金属离子的吸收。

6.3.2 受损草地生态工程修复

我国是草地生态系统受损较严重的国家之一。人类干扰是草地生态系统受损最主要的原因之一，包括过度放牧、垦殖、割刈、搂草等。另外，我国草原区所处的自然条件都比较恶劣(春季干旱，夏季少雨，冬季严寒)，自然灾害频繁，这会损害草原生态系统。受损草地生态系统的主要特征包括植被退化和土壤退化，植被退化是指草地破坏后植被的密度和生物多样性的下降，这种结构的改变还导致了群落的矮化。土壤退化是由于风蚀、水蚀、土壤板结和盐碱化等造成的土壤物理和化学性质的变化，不能再支持生态系统的高生产力。目前我国受损草地生态系统的生态恢复技术主要有三种：一是围栏养护受损草地，使其自然恢复；二是重建新的草地；三是实施合理的牧畜育肥方式。

6.3.2.1　围栏养护、轮草轮牧

对受损严重的草地实行"围栏养护"是一种有效的修复措施。这一方法的实质是消除外来干扰，主要依靠生态系统具有的自我修复能力，适当辅之以人工措施来加快其恢复。实际上，在环境条件不变时，只要排除使其受损的干扰因素，给予足够的时间，受损生态系统都能通过这种方法得到恢复。对于破坏严重的草地生态系统，当自然修复比较困难时，可因地制宜地进行松土、浅耕翻或适时火烧等措施改善土壤结构。播种群落优势牧草草种，人工增施肥料和合理放牧等方法也可用于促进受损草地恢复。

6.3.2.2　重建人工草地

这是减缓天然草地的压力，改进畜牧生产方式而采用的修复方法，常用于已完全荒弃的退化草地。它是受损生态系统重建的典型模式，不需要过多地考虑原有生物群落的结构等。而且人工草地是由经过选择的优良牧草为优势种的单一物种所构成的群落，其最明显的特点是既能使荒废的草地很快产出大量牧草，获得经济效益，又能够使生态环境得到改善。

6.3.2.3　实施合理的牧畜育肥生产模式

这种修复方法实行的是季节畜牧业，它是合理利用多年生草地每年中的不同生长期进行幼畜放牧育肥的方式，即在青草期利用牧草加快幼畜的生长，冬季来临前便将家畜育肥出售。草地生态修复中还应考虑代表性的草种、外来草种、灌木的入侵、动物的出入、草地的长期动态变化等。

6.3.3　湿地生态工程修复

依据国际《湿地公约》的界定，湿地是指天然或人工、长久或暂时的沼泽地、湿原、泥炭地或水域地带，带有静止或流动，或为淡水、半咸水及咸水的水体，包括低潮时水深不超过 6m 的水域。湿地被誉为"地球之肾"，是地球上具有多种功能和效应的独特生态系统。但由于农业围垦、城市用地等造成湿地大面积削减；生物资源的过度开发，致使其生

物多样性迅速降低；超负荷的大量工农业废水、生活污水的排入使湿地污染严重，特别是大、中城市附近的湖泊、河流污染更严重。这些都造成湿地某些功能的改变或丧失，不仅危及生物多样性，也严重威胁人类自身的安全。因此，对退化的湿地进行恢复与重建是非常必要的。

湿地恢复是指通过生态技术或生态工程对退化湿地或消失的湿地进行恢复与重建，再现干扰前的结构和功能。如通过提高地下水位以养护沼泽，改善水禽栖息地；拓深湖泊的深度和广度以扩充湖容，增强其调蓄洪水、补充地下水和为鱼类提供适宜栖息地的功能；去除湖泊、河流中的富营养沉积物及有毒物质，净化水质；恢复泛滥平原以利蓄纳洪水等。目前的湿地恢复主要集中在沼泽、湖泊、河滩及河缘湿地。

湿地退化和受损的主要原因是人类活动的干扰，其实质是系统结构的紊乱和功能的减弱与破坏，而外在表现则是生物多样性的下降或丧失以及自然景观的衰退。湿地恢复和重建应按生态演替原理，缓解或消除自然或人为干扰造成的压力，适宜的管理方式才能使湿地得以恢复与重建。不同的湿地类型，其恢复与重建的指标体系及相应策略不同（表6-2）。

表6-2 湿地类型及恢复与重建策略

湿地类型	恢复与重建的指标体系	恢复与重建的策略
低位沼泽	水文(水深、水温、水周期) 营养物(N、P等) 植被(盖度、优势种) 动物(珍稀及濒危动物) 生物量	恢复高地下水位 减少营养物质输入 草皮迁移、人工辅助恢复 恢复栖息地生境 恢复对富含 Ca、Fe 地下水的排泄
湖泊	富营养化 溶解氧 水质恶化 沉积物毒性 水生动物多样性 外来物种	迁移富营养化沉积物 增加湖泊的深度，促进湖流完善 减少点源、非点源的污染 生物调控，促进湖水循环 人工辅助种群恢复 生态除防
河流与河缘湿地	河水水质 浑浊度 鱼类毒性 河漫滩及洪积平原 沉积物 河岸线	切断污染源 增加非点源污染净化带 疏浚河道 河漫滩湿地的自然化 防止侵蚀沉积
河流湿地	溶解氧 潮汐波 生物量 碎屑 营养物质循环	恢复自然育线和维护水陆交错带功能控源，增加水体流动 严禁滥伐 人工辅助恢复群落 减少废物堆积，增加消费者种群 消减蓄养物质输入，完善群落结构和功能

根据湿地的构成和生态系统特征，湿地生态恢复工程技术可以划分为湿地生境恢复技术、湿地生物恢复技术和湿地生态系统结构与功能恢复技术。

6.3.3.1　湿地生境恢复技术

湿地生境恢复技术包括湿地基质恢复、湿地水文状况恢复和湿地土壤恢复等。湿地基质恢复是通过工程措施，维护基质的稳定性，稳定湿地面积，并对湿地的地形地貌进行改造。基质恢复技术包括湿地基底改造技术、湿地及上游水土流失控制技术、清淤技术等。湿地水文状况恢复技术包括湿地水文条件的恢复和湿地水环境质量的改善。水文条件的改善是通过筑坝提高水位、修建引水渠等水利工程措施来实现。湿地水环境质量的改善技术包括污水处理技术、水体富营养化控制技术等。湿地土壤恢复技术包括土壤污染控制技术、土壤肥力恢复技术等。

6.3.3.2　湿地生物恢复技术

湿地生物恢复技术主要包括物种选育和培植技术、物种引入技术、物种保护技术、种群动态调控技术、种群行为调控技术、群落结构优化配置与组建技术、群落演替控制与恢复技术等。

6.3.3.3　湿地生态系统结构与功能恢复技术

湿地生态系统结构与功能恢复技术主要包括生态系统总体设计技术、生态系统构造与集成技术。

6.3.4　景观生态工程修复

近年来，我国城市的景观水体受到自身及周围环境的影响，水质富营养化、发黑、发臭等现象频繁发生，严重影响了城市生态环境和居民生活的环境质量。

景观水体污染不同于生活污水、工业废水等传统的污水类型，由于其生态功能、污染特征以及景观需求等特点，难以直接采用传统的集中处理技术来进行污染治理。目前，生态修复技术在修复污染景观水体方面的研究已取得明显效果，并逐渐成为当前景观水体治理和修复的重要手段。生态修复技术以生态系统原理为指导，添加人工种养的抗污染和强净化功能的水生动、植物以及微生物，在景观水体中建立生态系统，恢复生态功能，增强景观水体自身的净化能力，从而使水质得到净化。其优点是造价低、处理效果好、运行成本低、耗能低等，相比物理、化学等技术手段，修复效果更安全、更持久(表6-3)。

表 6-3　景观水体生态修复技术的基本特征

名　称	基本概念	作用机理	结构组成	应用形式
人工湿地修复	模拟自然湿地,设计和修建由基质、水生湿生植物、水生动物和水体组成的复合体	通过湿地生态系统中土壤、水体、生物的作用,以及过滤、沉淀、生物降解等方式来净化污水	填料、基质、水生植物等	表面流、水平潜流、垂直流、表面流—潜流复合式
生态浮岛修复	一种利用高分子材料作为漂浮载体和种植基质的水面种植技术	根系能吸收氮、磷等营养物质,向水中释放氧气,分泌特殊的化学物质以及促进根区微生物硝化、反硝化反应等	框架、载体、基质、水生植物等	干式浮岛、湿式浮岛
水生动物修复	根据食物链关系调节各种生物的数量和密度,利用水生动物消耗水中的有机物、无机物、藻类等	利用水生动物消耗水中的有机物、无机物、藻类等	浮游动物、底栖动物等	生物操纵
微生物修复	利用特定微生物菌剂投放水体,进行水体净化的生物技术	微生物分解水中有机污染物,除去含硫、氮等带恶臭的污染物,抑制有害微生物、藻类等滋生	特种微生物	CBS 技术、EM 技术
生物膜修复	水中微生物群附着在载体表面,逐渐形成膜状结构,利用内外层微生物净化水体的技术	利用外层好氧菌吸附水中有机物并将其分解,并在厌氧层进行厌氧分解,以达到去除水中有机污染物的目的	附着载体、悬挂结构、水体微生物等	天然材料载体、高分子合成材料载体
稳定塘修复	一种利用天然净化能力对污水进行处理的构筑物的总称	净化水体过程与自然水体中的过程相似,利用人为技术手段提高和加快水体的净化过程	池塘、防渗层、微生物、水生植物等	好氧性、厌氧性、兼性

6.3.5　国土空间生态工程修复

国土(Land),是指一个主权国家管辖下的地域空间,包括领土、领空、领海和根据《联合国海洋法公约》规定的专属经济区海域。国土是一个国家和人民生活的场所和生产基地,也是这个国家人民赖以生存与发展的物质基础。国土空间是"区域"在国家意义上的称谓,具有"区域"的基本内涵。它有着基本的自然地理规定性,是地域分异性规律作用的产物;它也具有一定的社会经济规定性,是社会经济客体和现象的空间聚集规模和聚集形态;它还具有一定的政治规定性,是国家权力对资源进行权威性配置的结果。在国土空间生态修复的实践中,国土空间主要由领土、领海和内水三部分组成,内水是领海基线向陆地一侧的水域。领海基线是沿海国家测算领海宽度的起算线。基线内向陆地一侧的水域称为内水,向海的一侧依次是领海、毗邻区、专属经济区、大陆架等管辖海域。

国土空间生态工程修复(Ecological restoration of national space),是为实现国土空间格

局优化、生态系统健康稳定和生态功能提升的目标，按照山水林田湖草是一个生命共同体的原理，对长期受到高强度开发建设、不合理利用和自然灾害等影响造成生态系统严重受损退化、生态功能失调和生态产品供给能力下降的区域，采取工程和非工程等综合措施，对国土空间生态系统进行生态恢复、生态整治、生态重建、生态康复的过程和有意识的活动。国土空间生态修复的对象是受损生态系统，目的是维护国土空间生态系统的整体平衡和可持续发展，采取的路径包括自然修复和社会修复的双重修复。例如陡坡地水土流失的生态修复，既包括退耕还林还草的"结构调整"和"生态移民"等社会修复，也包括生态恢复和环境整治等自然修复。再如采煤塌陷地和废弃矿区的生态修复，既包括对因采煤塌陷而受污染土地和水体环境的修复以及生态系统破坏的修复，也包括对由此引发的失业、经济转型、产业调整等的社会修复。国土空间生态修复具有修复规模大、区域性强、工程类型多、技术复杂、修复时间长、治理措施综合和综合效益显著等基本特点，是国家可持续发展的重要战略之一。

从总体上看，国土空间生态修复的目标是生态系统整体平衡，而不是针对环境要素进行的技术治理。因此，国土空间生态修复具有以下基本性质：

(1)系统性。国土空间生态修复包括生态、环境、经济、社会修复等多层含义，最终要求实现区域内生态、经济和社会的协调统一发展。

(2)整体性。改变传统的单一治理手段、单一修复模式、针对单一生态环境系统、在较小尺度修复等方面的局限，改变生态环境工程修复缺乏整体性和大空间尺度指导的局面。新时期国土空间生态修复将各个方面多尺度多维度的修复需求统一纳入国土空间生态修复的内涵，强调山水林田湖草的整体保护与系统修复。

(3)综合性。涵盖国土空间内的所有自然资源，将所有自然资源纳入修复范畴，调和趋于失调的人地关系、人与自然的关系，整合现有分散的自然资源治理手段，推进生命共同体综合治理修复。

(4)地域性。地域分异规律导致的地域间自然资源本底、社会经济差异、生态足迹和资源承载能力的不同，使得生态保护与修复侧重点各异，需要因地制宜，采取适地、适时、适宜的国土空间生态修复手段才能予以有效解决。

(5)尺度性。与一般的主要集中于地块层面的环境生态修复不同，国土空间生态修复具有显著的尺度性。不同尺度的国土空间具有不同的生态修复内容。例如在国家尺度，主要是对影响国家生态安全的国家级生态功能区、跨省区江河流域、重要和关键陆生生态系统等大尺度生态系统的受损问题进行修复，多年来国家实施的"三北"防护林工程、黄河上中游水土流失区重要防治工程、京津风沙源治理工程、三江源生态保护修复工程等，都是在国家尺度上的国土空间生态修复；在区域尺度，主要是针对小流域、功能区和社区等尺度的生态系统受损问题进行修复；在地块尺度，主要是以国土空间规划的单元为对象，进

行土地生态系统受损修复。

国土空间生态修复需要充分认识地球生态系统的基本属性，如生态系统的结构与功能、物理化学环境、生态系统中动植物群落的演替规律，以及生态系统的优势物种或旗舰物种，还需要认识生态稳定性、生态可塑性及生态系统的稳态转化等。它需要对较大尺度生态系统的结构、功能及影响生态系统结构功能的物理过程、化学过程和生物过程进行充分的分析研究后，才能制订出科学的生态工程修复方案。一般情况下，根据现状调查、生态问题识别与诊断结果、生态保护修复目标及标准等，各类型生态保护修复单元可分别采取以保护保育、自然恢复、辅助再生或生态重建为主的保护修复技术。

(1)保护保育(Ecological conservation)。对于代表性自然生态系统和珍稀濒危野生动植物物种及其栖息地，采取建立自然保护地、去除胁迫因素、建设生态廊道、就地和迁地保护及繁育珍稀濒危生物物种等途径，保护生态系统完整性，提高生态系统质量，保护生物多样性，维护原住民文化与传统生活习惯。

(2)自然恢复(Natural regeneration)。对于轻度受损、恢复力强的生态系统，主要采取切断污染源、禁止不当放牧和过度猎捕、封山育林、保证生态流量等消除胁迫因子的方式，加强保护措施，促进生态系统自然恢复。

(3)辅助再生(Assisted regeneration)。对于中度受损的生态系统，结合自然恢复，在消除胁迫因子的基础上，采取改善物理环境，参照本地生态系统引入适宜物种，移除导致生态系统退化的物种等中小强度的人工辅助措施，引导和促进生态系统逐步恢复。

(4)生态重建(Ecological reconstruction)。对于严重受损的生态系统，要在消除胁迫因子的基础上，围绕地貌重塑、生境重构、恢复植被和动物区系、生物多样性重组等方面开展生态重建。生态重建关键是要消除植被(动物)生长的限制性因子；植被重建要首先构建适宜的先锋植物群落，在此基础上不断优化群落结构，促进植物群落正向演替进程；生物多样性重组关键是引进关键动物及微生物，实现生态系统完整食物网构建。

◆作业◆

概念理解

生态工程修复；生态界面；生态位理论；受损生态系统。

问题简述

(1)试述生态工程的内涵。

(2)环境污染的生态工程修复的本质是什么？包括哪些方面的内容？

(3)说明生态工程修复技术在污染环境修复方面的应用。

(4)举例说明生态景观修复技术。

(5)举例说明国土空间生态修复技术。

◆进一步阅读文献◆

迟橙,龙岳林.水生植物修复城市富营养化污水的研究进展[J].湖南农业大学学报(自然科学版),2009,35(1):51-55.

程航,陈旭远,刘佳.城市景观水体污染分析及控制技术研究进展[J].安徽农业科学,2010,38(6):3102-3104.

崔丽娟,李伟,张曼胤,等.北京翠湖人工湿地污水净化的效果分析[J].中国农学通报,2012,28(5):278-282.

蔡佩英,马祥庆.人工湿地污水处理技术研究进展[J].亚热带水土保持,2008,20(1):8-11.

董哲仁.河流生态恢复的目标[C]//河流生态修复技术研讨会,2005.

黄央央,江敏,张饮江,等.人工浮岛在上海白莲泾河道水质治理中的作用[J].环境科学与技术,2010,33(8):114-119.

刘华波,杨海真.稳定塘污水处理技术的应用现状与发展[J].天津城建大学学报,2003,9(1):19-22.

刘春光,邱金泉,王雯,等.富营养化湖泊治理中的生物操纵理论[J].农业环境科学学报,2004,23(1):198-201.

梁威,吴振斌,周巧红,等.构建湿地基质微生物与净化效果及相关分析[J].中国环境科学,2002,22(3):282-285.

唐林森,陈进,黄茁.人工生物浮岛在富营养化水体治理中的应用[J].长江科学院院报,2008,25(1):21-25.

吴振斌,任明迅,付贵萍,等.垂直流人工湿地水力学特点对污水净化效果的影响[J].环境科学,2001,22(5):45-49.

郑洁敏,牛天新,陈煜初,等.三十九种观赏挺水植物应用于人工浮岛水质净化潜力的比较[J].北方园艺,2013(6):72-76.

Aronson J,Clewell A F,Blignaut J N,et al.Ecological restoration:A new frontier for nature conservation and economics[J].Journal for Nature Conservation,14(3-4):135-139.

Bouwer H,Rice R C,Lance J C,et al.Rapid-infiltration research at flushing meadous project,Arizona[J].Water Pollution Control Federation,1980,52(10):2457-2470.

Murphy S D.Ecological restoration:Principles,values,and structure of an emerging profession[J].Restoration Ecology,2013,21(5):658-658.

Steer D,Fraser L H,Boddy J,et al.Efficiency of small constructed wetlands for subsurface treatment of single-family domestic effluent[J].Ecological Engineering,2002,18(4):429-440.

Gavrilescu M,Demnerová K,Aamand J,et al.Emerging pollutants in the environment:Present and future

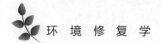

challenges in biomonitoring, ecological risks and bioremediation[J]. New Biotechnology, 2015, 32(1):147-156.

Gurkan Z, Zhang J, Jørgensen S E. Development of a structurally dynamic model for forecasting the effects of restoration of Lake Fure, Denmark[J]. Ecological Modelling, 2006, 197(1-2):89-102.

Cherry J A, Gough L. Temporary floating island formation maintains wetland plant species richness: The role of the seed bank[J]. Aquatic Botany, 2006, 85(1):29-36.

Kasprzak P, Koschel R, Krienitz L, et al. Reduction of nutrient loading, planktivore removal and piscivore stocking as tools in water quality management: The feldberger haussee biomanipulation project[J]. Limnologica—Ecology and Management of Inland Waters, 2003, 33(3):190-204.

Mitsch W J. What is ecological engineering? [J]. Ecological Engineering, 2012, 45:5-12.

Olin M, Rask M, Ruuhijarvi J, et al. Effects of biomanipulation on fish and plankton communities in ten eutrophic lakes of southern Finland[J]. Hydrobiologia, 2006, 553(1):67-88.

Palmer M A, Filoso S, Fanelli R M. From ecosystems to ecosystem services: Stream restoration as ecological engineering[J]. Ecological Engineering, 2014, 65:62-70.

Palmer M A, Hondula K L, Koch B J. Ecological restoration of streams and rivers: Shifting strategies and shifting goals[J]. Annual Review of Ecology, Evolution, and Systematics, 2014, 45:247-269.

Passeport E, Vidon P, Forshay K J, et al. Ecological engineering practices for the reduction of excess nitrogen in human-influenced landscapes: A guide for watershed managers[J]. Environmental Management, 2013, 51(2):392-413.

Sagehashi M, Sakoda A, Suzuki M. A predictive model of long-term stability after biomanipulation of shallow lakes[J]. Water Research, 2000, 34(16):4014-4028.

Sheng Y, Qu Y, Ding C, et al. A combined application of different engineering and biological techniques to remediate a heavily polluted river[J]. Ecological Engineering, 2013, 57:1-7.

Van Donk E, Gulati R D. Transition of a lake to turbid state six years after biomanipulation: Mechanisms and pathways[J]. Water Science and Technology, 1995, 32(4):197-206.

Wortley L, Hero J M, Howes M. Evaluating ecological restoration success: A review of the literature[J]. Restoration Ecology, 2013, 21(5):537-543.

第7章 土壤环境修复

土壤污染影响农产品质量和产量，影响人体健康、生物多样性乃至生态安全。土壤污染类型包括无机污染、有机污染和混合型污染。随着场地污染修复技术的进步，以及对农产品安全和环境安全的关注，土壤污染修复的重点转向农地土壤污染修复，特别是中低度污染土壤修复。污染土壤修复的目标集中在两个方面：一是降低土壤中污染物的生物有效性或移动性；二是降低土壤环境中污染物的总量。基于这两个目标，发展了一系列污染土壤修复技术，包括物理修复、化学修复、微生物修复、植物修复、植物—菌根联合修复等技术。

7.1 概述

7.1.1 土壤污染及其类型

土壤污染(Soil contamination)，是指由于人类活动所产生的污染物，通过多种途径进入土壤，其数量和速度超过了土壤的容纳能力和净化速度，使土壤的性质、组成及性状等发生变化，污染物的积累过程逐渐占优势，破坏了土壤的自然动态平衡，从而导致土壤自然功能失调、土壤质量恶化、影响作物的生长发育、产品的产量和质量下降，产生一定的环境效应(水体或大气发生次生污染)，并通过食物链对生物和人类构成危害。这只是一种定性的描述，由于土壤污染的复杂性，目前尚没有一个统一的量化标准。但一般认为，土壤中污染物累积总量达到土壤环境背景值的2倍或3倍标准差时，说明土壤中该污染元素或化合物含量异常，已属土壤轻度污染，它是土壤污染的起始值；而当土壤污染物含量达到或超过土壤环境基准或环境标准时，说明该污染物输入、富集的速度和强度已超过土壤环境的净化和缓冲能力(或消纳量)，应属重度土壤污染；中度土壤污染则参照上述量化指标，根据土壤中污染物含量水平和作物生态效应相关性再具体确定。判断土壤污染的指标应包括两个方面：一是土壤的自净能力；二是动植物直接或间接吸收污染物而受害的情况(以临界浓度表示)。

土壤污染有以下几个特点：①隐蔽性和潜伏性。土壤污染是污染物在土壤中的长期积

累过程，其后果往往通过长期摄食由污染土壤生产的植物产品的人体或动物的健康状况反映出来，不像水体和大气的污染那样直观，易于被人发现。②不可逆性和长期性。污染物进入土壤环境后，自身在土壤中迁移、转化，同时与复杂的土壤组成物质发生一系列吸附、置换、结合作用，其中许多为不可逆过程，污染物最终形成难溶化合物沉积在土壤中。另外，多数有机化学污染物质需要一个较长的降解时间，因此土壤一旦遭到污染就极难恢复。③后果严重性。由于上面两个特点，土壤污染往往会严重威胁粮食生产，甚至通过食物链危害动物和人体的健康。

根据土壤污染物不同，土壤污染可分为土壤无机污染、土壤有机污染和土壤混合型污染。其中，无机污染物主要包括酸、碱、重金属，盐类，放射性元素铯、锶的化合物，含砷、硒、氟的化合物等。有机污染物主要包括有机农药、酚类、氰化物、石油、合成洗涤剂、3，4—苯并芘以及由城市污水、污泥及厩肥带来的有害微生物等。土壤无机污染以重金属污染为典型，重金属不能为土壤微生物所分解而易于积累，转化为毒性更大的甲基化合物，甚至有的通过食物链以有害浓度在人体内蓄积，严重危害人体健康。土壤有机污染主要包括化学农药污染、焦化类有机污染物污染及石油类有机污染物污染等。近年来，长江三角洲地区的土壤有机污染除常见的杀虫剂、除草剂污染物外，最严重的是持久性有机污染物(Persistent organic pollutants，POPs)污染。POPs是一类具有环境持久性、生物累积性、长距离迁移能力和高生物毒性的特殊污染物。《斯德哥尔摩公约》明确了12类持久性有机污染物，其随后几次修正案附录中又增列了一系列污染物，包括硫丹、多溴联苯醚等。广义的持久性污染物，泛指具有环境持久性和生物毒性等POPs环境影响特征的有机污染物，如多环芳烃、溴代阻燃剂、氯代阻燃剂、多氯代苯系衍生物等。土壤混合型污染是两种或两种以上的污染物同时存在，并共同对土壤产生综合性的污染现象。《全国土壤污染调查公报》显示，全国土壤污染类型以无机型为主，有机型次之，复合型污染比重较小，无机污染物超标点位数占全部超标点位数的82.8%。

由于土壤是水圈、大气圈、岩石圈和生物圈界面所组成的一个独特的生态体系，是人类赖以生存的自然环境和农业生产的重要资源，同时也是环境中污染物的"蓄积池"，世界粮食安全、资源安全和环境安全问题都与土壤密切相关。因此，防治土壤污染和对污染土壤进行修复，也是国际社会共同关心的问题。土壤修复(Soil remediation)，就是采用物理、化学、生物、生态或综合技术手段，对土壤中的污染物进行固定、转移、吸收、降解或转化，使土壤中的污染物消除，或浓度降低到维持人体健康或环境功能的可接受水平的活动或过程。

7.1.2　土壤污染途径

7.1.2.1　农业投入品

农业投入品主要指化学肥料、污泥、矿渣、粉煤灰、农药、农膜等可以提高农业产量和质量的物质或物品。一般情况下，其在改进产品质量和数量上具有重要作用，但不合理使用也会造成土壤污染。例如，长期大量使用氮肥，会破坏土壤结构，造成土壤板结，生物学性质恶化，影响农作物的产量和质量。过量使用硝态氮肥，会使饲料作物含有过多的硝酸盐，妨碍牲畜体内氧的输送，使其患病，严重的可导致死亡。另外，各种农用塑料薄膜广泛使用，但管理、回收不善，大量残膜碎片散落田间，造成农田"白色污染"，残留在土壤中的农膜既不易蒸发、挥发，也不易被土壤微生物分解，严重影响土壤通气透水性能，阻隔土壤水分和养分迁移，妨碍农作物幼苗根系发育，以及残留农膜中有害物质的释放。农业投入品污染物的种类和污染的轻重程度与土壤的利用方式和耕作制度有关，且污染物质分布比较广泛，主要集中于土壤表层或耕层。

7.1.2.2　污水排放

生活污水和工业废水中，含有氮、磷、钾等多种植物所需的养分，因此合理地使用污水灌溉农田，一般有增产效果。但污水中还含有重金属、酚、氰化物等许多有毒有害的物质，如果污水没有经过必要的处理而直接用于农田灌溉，会将污水中有毒有害的物质带至农田，污染物质在土壤中累积而造成土壤污染。污染物质大多以污水灌溉形式从地面进入土体，一般集中于土壤表层，但随着污水灌溉时间的延长，某些污染物质可能自上部向土体下部扩散和迁移，以至达到地下水层。这是土壤污染最主要的发生类型，它的特点是沿河流或干渠呈树枝状或呈片状分布。

7.1.2.3　空气污染干湿沉降

空气对土壤的污染主要是空气污染物通过干沉降和湿沉降过程进入土壤中，导致土壤污染物超标。工业源作为空气污染的重要途径，其排出的废气含有毒有害物质，会通过沉降对土壤造成严重污染。一般将工业废气的污染物质分为两类：一是气体型污染物，如二氧化硫、氟化物、臭氧、氮氧化物、碳氢化合物等；二是气溶胶污染，如粉尘、烟尘等固体粒子及烟雾等粒子，通常能够吸附大量有毒有害物质。空气污染型土壤的特点是以空气污染源为中心呈椭圆状或条带状分布，长轴沿主风向伸长，其污染面积和扩散距离取决于污染物的性质、排放量及形式。空气污染型土壤的污染物质主要集中于表层(0～5 cm)，对于耕作土壤则集中于耕层(0～20 cm)。

7.1.2.4 固体废物

固体废物长期露天堆放，其有害成分在地表径流和雨水的淋溶、渗透作用下通过土壤孔隙向四周和纵深的土壤迁移，有害成分受土壤的吸附和其他作用积累在土壤固相中，导致土壤成分和结构改变，影响土壤中微生物的活动等。工业废物和城市垃圾作为土壤固体污染物的典型代表，严重影响着土壤环境。例如，铅字印刷厂、铅冶炼厂、铅采矿场等固体废弃物中含大量铅，随着我国乡镇工业的扩散，这些固体废物会对农田土壤造成铅污染，进而降低土壤质量及影响植物生长。城市生活垃圾及很多乡镇的生活垃圾，同时还有越来越多的大型养殖场排放的未经处理的禽畜粪便，没有经过沤熟或者堆肥处理消毒，常直接作为有机肥使用，含有大量病原体，施到土壤后能存活相当长的时间，污染蔬菜等农产品以及饮用水源。

7.1.3 土壤污染危害

7.1.3.1 危害农作物产量和质量

当土壤中的污染物质含量超过土壤本身自净能力时，会引起土壤结构变化、土壤肥力下降，其生长出的植物会出现吸收及代谢能力失衡。同时，污染物通过植物的吸收作用进入植物体内，并长期累积富集，当含量达到一定数量时，就会影响农作物的产量和品质。土壤污染造成的农业损失主要可分成 3 类：①土壤污染物危害农作物的正常生长和发育，导致产量下降，但不影响品质；②农作物吸收土壤中的污染物质而使收获部分品质下降，但不影响产量；③不仅导致农作物产量下降，而且使收获部分品质下降。这 3 种类型中，第 3 种情况较为多见。一般来说，植物的根部吸收累积污染物质的量最大，茎部次之，果实及种子内最少，但是经过长时间的累积富集，其绝对含量还是很大。加之人类不仅食用农产品的果实和种子，还食用某些农产品(蔬菜)的根和茎，因此其危害就可想而知了。

7.1.3.2 土壤污染危害人体健康

污染物在被污染的土壤中迁移转化进而影响人体健康，主要是通过气、水、土、植物等食物链途径，土壤动物和土壤微生物则直接从污染的土壤中吸收有害物质，这些有害物质通过土壤动物和土壤微生物参与食物链并最终进入人类食物链，因此土壤是污染物进入人体的食物链的主要环节。作为人类主要食物来源的粮食、蔬菜和畜牧产品都直接或间接来自土壤，污染物在土壤中的富集必然引起食物污染，危害人体健康。例如，农业生产中使用大量农药，会引起人的急、慢性中毒及致突变、致癌和致畸作用。受重金属污染的土壤，由于每种重金属的属性不同，产生的危害也不同。例如，当人体摄入或吸入过量的镉时，会引发以骨矿密度降低和骨折发生概率增加为特征的骨效应；铅能导致包括人类在内的各种生物的生殖功能下降，机体免疫力降低。

7.1.3.3 土壤污染导致其他环境问题

土壤是一个开放的系统，土壤系统以大气、水体和生物等自然因素和人类活动作为环境。土壤和环境之间相互联系、相互作用，这种相互联系和相互作用是通过土壤系统与环境之间的物质和能量交换过程实现的。物质和能量由环境向土壤系统输入引起土壤系统状态的变化，由土壤系统向环境输出引起环境状态的变化。在土壤污染发生过程中，人类从自然界获取资源和能源，经过加工、调配、消费，最终以"三废"形式直接或通过大气、水体和生物向土壤系统排放。当输入的物质数量超过土壤容量和自净能力时，土壤系统中某些物质(污染物)破坏了原来的平衡，引起土壤系统状态的变化，就发生土壤污染。而污染的土壤系统向环境输出物质和能量，又引起大气、水体和生物的污染，从而使环境发生变化，造成环境质量下降，即发生环境污染。土壤受环境的影响，同时也影响着环境，而这种影响的性质、规模和程度，都是随着人类利用和改造自然的广度和深度而变化的。例如，污染物以沉降方式通过大气，或以污灌及施用污泥方式通过地表水进入土壤，造成土壤污染，而土壤中的污染物经挥发、渗透过程又重新进入大气和地下水中，造成大气和地下水污染。

7.2 重金属污染土壤修复技术

土壤重金属污染(Heavy metal contamination in soil)是指人类活动导致的土壤中重金属元素含量超过背景值，过量积累而引起的含量过高，可能危及生态功能、环境质量和人体健康的现象。土壤重金属污染主要来源于污水灌溉，工业"三废"排放，城市污泥和垃圾、含有重金属的农药和化肥等的大量施用，以及空气污染颗粒的沉降等。土壤重金属污染具有隐蔽性、长期性与不可逆性等特点，可以通过食物链的传递进入人体，对人类的健康造成直接或潜在的危害。

重金属污染土壤修复途径有两种。一种是将污染物清除，即去污染(Decontamination)，利用特殊植物吸收土壤中的重金属，然后将该植物除去，或用工程技术将重金属变为可溶态、游离态，再经过淋洗，然后收集淋洗液中的重金属，从而达到回收重金属和减少土壤中重金属的双重目的；另一种是改变重金属在土壤中的存在形态，使其固定，将污染物的活性降低，减少其在土壤中的迁移性和生物可利用性，即稳定化(Stabilization)。围绕这两种途径产生了不同的修复措施和方法，包括物理化学修复、生物修复和农业生态修复等。

7.2.1 物理化学修复

物理化学修复技术主要是基于土壤理化性质和重金属的不同特性，通过物理化学手段来分离或固定土壤中的重金属，达到清洁土壤和降低污染物环境风险和健康风险的技术手段，包括工程措施(客土、换土、去表土、深耕翻土法)、电化学、淋洗、热解吸、玻璃化、固化/稳定化、离子拮抗技术等。物理化学修复实施方便灵活，周期较短，适用于多种重金属的处理，在重金属污染土壤的工程修复中得到了广泛应用，但该技术实施的工程量较大，实施成本较高，在一定程度上限制了其推广应用。

7.2.1.1 客土、换土、去表土、深耕翻土法

此类方法适合于小面积污染土壤的治理。客土是在污染土壤中加入大量的未被污染的土壤，通过稀释作用降低土壤中重金属的浓度，达到减轻危害的目的。换土是将污染的土壤移去，换上未被污染的新土，对换出的土壤应妥善处理，以防止二次污染。去表土是利用重金属污染土壤表层土的特性，去除表层污染土壤后，耕作活化下层土壤或覆盖未被污染活性土壤的方法。深耕翻土是翻动上、下土层，使得表土中的重金属含量降低，但只适用于土层深厚且污染较轻的土壤。这些方法最初在英国、荷兰、美国等国家被采用，达到了降低污染物危害的目的，是一些切实有效的治理方法。但这些方法需耗费大量的人力、财力和物力，成本较高，且未能从根本上清除重金属，存在占用土地、渗漏和二次污染等问题，因此不是理想的治理土壤重金属污染的方法。

7.2.1.2 电化学

电化学也可称为电动修复(Electroremediation)，是指向重金属污染土壤中插入电极施加直流电压促使重金属离子在电场作用下进行电迁移、电渗流、电泳等过程，使其在电极附近富集进而从溶液中导出并进行适当的物理或化学处理，实现污染土壤清洁的技术。最好的电极材料是石墨，因为金属电极不仅容易被腐蚀，而且容易引起二次土壤污染。电极的数量、间距、深度，以及电流的强度一般根据实际需要而定。电化学是一种原位修复技术，安装和操作容易，既可用于饱和土壤水层，也可用于含气层土壤，不受深度限制，不破坏现场的生态环境。此法经济合理，可以回收多种重金属元素，特别适合于低渗透性的黏土和淤泥土，但对于渗透性高、传导性差的砂质土壤清除重金属的效果较差。

7.2.1.3 淋洗

土壤是一种异源的、复杂的混合物，重金属以多种方式与土壤发生反应，包括离子交换、吸附、沉淀和螯合作用。Evans把土壤固持金属的机制分为两大类：①离子吸附在土

壤组分(如黏土、有机质)的表面; ②形成离散的金属化合物沉淀(如氧化物、碳酸盐、硫酸盐等)。土壤淋洗就是通过逆转这些反应,把土壤固相中的重金属转移到土壤液相。具体是指将挖掘出的地表土经过初期筛选去除表面残渣,分散土壤大块后,与某种提取剂充分混合,经过第二步筛选分离后,用水淋洗去除残留的提取剂,处理后"干净"的土壤可以归还原位被再利用,富含重金属的废水可进一步处理回收重金属和提取剂。

土壤淋洗技术的关键是寻找一种提取剂,既能够提取各种形态的重金属,又不破坏土壤结构,但事实上很难两全其美。提取剂的种类很多,包括有机酸、无机酸、碱、盐等。值得注意的是,淋洗液往往会造成二次污染并且增加处理成本,因此导致土壤淋洗技术在实际应用中受到限制。

7.2.1.4　热解吸

热解吸(Thermal desorption)是采用直接或间接的方式对重金属污染土壤进行连续加热,温度到达临界温度时,土壤中的某些重金属(如 Hg、Se 和 As)挥发,收集该挥发产物进行集中处理,从而达到清除土壤重金属污染物的目的。热解吸技术的一大缺陷是耗能多,加热土壤必须要消耗大量的能量,这提高了修复的成本。同时,挥发污染物的收集和处置也是该方法面临的一大问题。

7.2.1.5　玻璃化

玻璃化技术根据其处理地点可分为原位和异位两种。原位玻璃化是利用电极加热将污染的土壤熔化,冷却后形成比较稳定的玻璃态物质。实施前,要在土壤中埋没金属或石墨等导电材料。异位玻璃化是将污染的土壤与废玻璃或玻璃的组分 SiO_2、Na_2CO_3、CaO 等一起在高温下熔融,冷却后形成稳定的玻璃态物质。玻璃化技术形成的玻璃类物质结构稳定,很难被降解,这使得玻璃化技术实现了对土壤重金属的永久固定,但由于该技术需要消耗大量的电能,其成本较高,因此没有得到广泛的应用。

7.2.1.6　固化/稳定化

固化稳定化就是加入固化剂,通过吸附或(共)沉淀作用降低污染物的生物有效性。固化与稳定化是两个不同的物理化学过程,其中固化是指把污染物固结成具有较高结构强度的实心固体的技术。这种固体可能是细小的颗粒(微观固结),也可能是大体积砌块或废弃物包裹体(宏观固结),通过大幅度降低污染物的接触比表面积或把污染物密封隔离来阻止其有害成分流失,不一定需要固结剂与废弃物之间有化学反应,但需要把污染物固结到固体结构中。稳定化是通过加入稳定剂改变重金属的存在形态,降低污染物的溶解度、移动性或毒性来减少污染物危害的技术。通常情况下,固化与稳定化是结合使用的。重金属被

固化/稳定化后，不但可以减少其向土壤深层和地下水的迁移，而且可以降低重金属在作物中的积累，减少重金属通过食物链传递对生物和人体的危害。

重金属固化/稳定化的关键是选择合适的具有固化/稳定化作用的药剂，药剂的选择一般要满足以下几个方面的要求：①药剂本身不含重金属或含量很低，不存在二次污染的风险；②药剂获得或制备成本较低；③药剂对重金属的固化/稳定化显著且持续性强。在土壤重金属固化/稳定化修复中，常用的固化剂主要有水泥、石灰、磷灰石、沸石、磷肥、海绿石、含铁氧化物材料、堆肥和钢渣等；稳定剂主要有氢氧化钠、氯化铁、磷酸盐、硫酸钠、硫酸亚铁等无机型和高分子有机型稳定剂。不同固化剂固定重金属的机理不同，如水泥固化的机理主要是土壤中的重金属通过化学吸附与吸收、离子交换、沉降和包封等多种形式与水泥发生反应，最终固定在水泥水化形成的水化硅酸钙表面，同时水泥水化反应可显著提高 pH，从而抑制重金属的渗滤；施用石灰主要是通过重金属自身的水解反应及其与碳酸钙的共沉淀反应机制降低土壤中重金属的移动性；沸石是碱金属或碱土金属的水化铝硅酸盐晶体，含有大量的三维晶体结构、很强的离子交换能力及独特的分子结构（具有骨架状的特殊构造），可通过离子交换吸附和专性吸附降低土壤中重金属的有效性；向土壤添加富含 Fe/Mn 氧化物的物料，Fe/Mn 氧化物能专性吸附重金属，降低重金属的生物有效性。

7.2.1.7 离子拮抗技术

土壤中的某些重金属离子间存在拮抗作用，当土壤中某种重金属元素浓度过高时，可以向土壤中加入少许对作物危害较轻的拮抗性重金属元素，从而减少重金属对作物的毒害作用，达到降低重金属生物毒性的目的。例如，在土壤中添加少量的 Se 抑制了蜈蚣草对 Cu 和 Zn 的吸收，Se 与 Cu 和 Zn 表现为拮抗作用；Zn 和 Cd 具有相似的化学性质和地球化学行为，Zn 具有拮抗植物吸收 Cd 的作用，向 Cd 污染土壤中加入适量的 Zn，可以减少植物对 Cd 的吸收积累。

7.2.2 农业生态修复

农业生态修复技术是因地制宜地改变一些耕作管理制度以及在污染土壤上种植不进入食物链的植物等，从而改变土壤中重金属的活性，降低其生物有效性，减少重金属从土壤向作物的转移，达到减轻其危害的目的。农业生态修复主要包括两种方法：①农艺措施，通过合理使用农药、化肥和有机肥，调整耕作管理制度以及作物品种，种植不进入食物链的植物，或利用某些植物对重金属的累积性进行植物提取，来降低重金属污染的潜在风险；②生态措施，通过控制土壤中的生态因子（水分、养分、湿度等）和调节土壤的氧化还原电位，来降低重金属的危害。用农业措施来治理重金属污染土壤具有可与常规农事操作结合起来进行、费用较低、实施较方便等优点，但有些方法存在周期长和效果不显著等缺点。

在实际生产中，其常与生物措施配合使用，适于中轻度污染的土壤。

7.2.2.1　改变耕作制度和调整作物种类

改变耕作制度是指通过改变作物组成配置、熟制、种植方式和养地制度等措施来减轻重金属有效性，控制土壤重金属在作物中的含量，包括间套作、轮作、旱地改水田、水旱轮作等方式。间套作和轮作均能通过种植重金属富集植物或筛选低富集植物来降低作物中的重金属含量，前者是通过植物提取土壤中的重金属来降低其含量，从而控制污染；后者则是用低富集植物或可食部位低累积性的作物来降低和规避重金属对人或动物的风险。例如，间作鸡眼草显著降低了 Pb、Cd 在番茄、白菜等作物可食部位中的含量，却能提高其在油冬菜、花椰菜中的积累。间作重金属富集植物，能保护与之间套作的部分植物，如锌超富集植物天蓝遏蓝菜与同属的非超富集植物遏蓝菜互作在 Zn 污染的土壤上，遏蓝菜吸收 Zn 的量明显降低，生物量显著增加，这是由于天蓝遏蓝菜有很强的吸收 Zn 的能力，能优先吸收土壤中的 Zn。然而，菜心、白菜等叶菜类蔬菜与富集植物油菜间作是不可行的，种植在污染土壤上的叶菜会带来健康风险，如 Cd 富集植物油菜与白菜间作，油菜可以减轻 Cd 对小白菜的毒性，小白菜有较高的地上部生物量和较低的 Cd 累积量，但白菜中的 Cd 浓度依然不低。对于轮作而言，吸收土壤营养不同、根系深浅不同的作物相互轮作，如根菜类、茄果类、瓜果与浅根性的叶菜类、葱蒜类轮作，能增加土壤有机质含量，改良土壤团粒结构，充分调节土壤养分的有效性，大幅提高土壤养分利用率，并能通过改变土壤水分、有机质、pH 值和氧化还原环境等理化性质，降低重金属进入植物体内的可能性，影响植物对土壤重金属的吸收累积和利用。

另外，农作物不同种类、不同品种以及不同器官，对重金属吸收和积累能力差异显著。筛选供食用器官重金属富集能力较弱（重金属含量不超过国家食品卫生有关标准）的农作物种类或品种，在具有较高重金属污染风险或土壤重金属污染情况不详的地区应用，可降低重金属通过农作物进入人类食物链的风险。一般情况下，叶菜类、花菜类、根茎类、茄果类、禾谷类对重金属的富集能力从高到低，对于同一种类的农作物不同器官对重金属的积累能力则表现为根＞叶、茎＞果实。根据作物对重金属吸收积累的规律及影响机制，目前关于重金属污染土壤的作物品种调控途径主要有：

(1)选择根系细胞壁对重金属束缚能力强的品种。

不同品种作物之间根系对重金属的保持力差异很大，而这种差异的形成决定于细胞壁对重金属的固定和根系液泡对重金属的钝化。细胞壁对重金属的固定能力越强、产生固定的初始浓度越低，土壤溶液中的重金属离子到达根细胞膜的量就越少，细胞膜对重金属的吸收也越少，从而地上部及籽粒中重金属的积累就越少。液泡对重金属的钝化可以使作物吸收大量重金属后不受伤害，也就是说，通过液泡对重金属的钝化，可以使细胞内保持一

个相对低浓度的重金属溶液水平，这一浓度水平也就是根部重金属离子向地上部运输的最大离子水平。这一浓度水平将决定地上部分木质部中重金属的含量水平，最终影响地上部及籽粒中重金属的积累。根部液泡钝化重金属的起始浓度和液泡对重金属钝化产物的贮藏能力在作物品种间有较大差异，通过对不同品种的生理指标检测，有意识地选择较低的重金属钝化起始浓度和液泡对重金属钝化产物有较好贮藏能力的品种，可能是一条培育低积累品种的途径。

(2)选择重金属转运速率低的品种。

作物地上部重金属含量不仅受根系对重金属吸收速率的影响，而且决定于重金属向地上部的转运速率。有的作物对重金属的吸收速率很大，但转运速率很低，有的作物对重金属的吸收速率和转运速率都很高，因此根系和地上部重金属含量都很高。不同品种间差异巨大，可以通过筛选重金属转运速率低的品种，来降低作物地上部重金属的含量。金属离子从根系转移到地上部主要受两个过程的控制：从木质部薄壁细胞转载到导管和在导管中运输，后者主要受根压和蒸腾流的影响。因此，在品种筛选的过程中，重金属在木质部的转载过程以及在导管中的运输速率都是值得关注的指标。

(3)选择重金属向籽粒转运能力低的品种。

对以籽粒为收获物的作物，我们更关心籽粒中重金属的含量，因此应将籽粒中重金属含量低的品种作为选育的目标。大、小麦籽粒中重金属的最终浓度不决定于大、小麦茎中木质部汁液的浓度，而主要决定于茎中木质部汁液转移重金属到穗部和韧皮部中的量。研究发现，大、小麦穗部和韧皮部汁液中镉浓度高，其籽粒中镉浓度也高。品种间木质部与韧皮部镉的比率有差异，可以在选育低镉型品种时有意识地选择木质部与韧皮部镉比率高的品种。此外，籽粒中镉含量与旗叶及第二、第三叶中镉浓度的关系密切，与第三节以下叶片关系不明显。因此，应选择旗叶及第二、第三叶对镉固定能力强的品种类型，这样可以减少籽粒中镉的含量。

(4)适当施用可降低作物地上部及籽粒中重金属含量的化学物质。

研究表明，锌可以降低籽粒中镉的含量，还可利用某些有机酸(如柠檬酸)、小分子化合物(如低分子量的二羧酸)调节镉在小麦籽粒中的积累。叶亚新等在土壤中加入一定剂量(10 mg/kg)的稀土镧后，发现其对镉污染下的小麦萌发及幼苗的生长与代谢有一定的缓解效应，可减轻镉对小麦的伤害程度。主要表现在小麦的发芽势、发芽率、株高、主根长、叶绿素含量及根系活力有明显上升。而丙二醛含量、脯氨酸含量、过氧化氢酶和过氧化物歧化酶活性有显著下降，这与镧能提高小麦幼苗叶绿素含量、根系活力，降低 MDA、脯氨酸含量及维持 POD、SOD 活性等多重作用有关。

(5)控制重金属污染的栽培措施。

在生产实践上，控制作物重金属污染可以采取以下三项措施：①在重金属污染的土壤上收割作物时，将植株连根拔起，以避免根中大量的重金属残留在土壤中；②茎叶和废弃物等器官也不宜再用于饲料或者沤肥，可以用作造纸及编织工艺品等，避免重金属重新进入食物链中；③对于作物籽粒而言，Cd、Pb、As 在籽粒中富集较少，分布系数均小于10%，而 Cu、Zn 在籽粒中富集较多，分布系数都大于 40%，因此对待不同重金属污染情况应采取不同的利用措施。

7.2.2.2　控制土壤水分，调节土壤氧化还原状况(Eh 值)

土壤中重金属的活性受土壤的氧化还原状况影响，一些重金属在不同的氧化还原状态下表现出不同的毒性和迁移性。氧化状态的土壤 Eh 常在 $300\sim800$ mV（大多在 $400\sim600$ mV），还原状态的土壤 Eh 常在 $-414\sim118$ mV。对于 Cd、Hg 等离子，当土壤 Eh 降至 -150 mV 以下处于还原状态时，开始生成硫化物沉淀，从而降低重金属的移动性和生物有效性；而对于 Cr 污染土壤，当土壤处于氧化状态时，Cr 以六价状态存在，六价 Cr 的毒性较三价 Cr 大，且 Cr 的迁移性和生物有效性提高，对生物和人类的健康风险也随之提高。土壤水分是控制土壤氧化还原状态的一个主要因子，通过控制土壤水分可以起到降低重金属危害的目的。据报道，在湿润（氧化）条件下种植水稻，其根中 Cd 含量比淹水（还原）条件下高 2 倍，茎叶中高 5 倍，糙米中高 6 倍，这是因为在淹水条件下，土壤 Eh 下降，处于还原状态，土壤中 Fe^{3+}、Mn^{4+} 还原成 Fe^{2+}、Mn^{2+}，SO_4^{2-} 还原成 S^{2-}，生成的 FeS、MnS 不溶物与 CdS 共沉淀，使 Cd 的生物有效性降低。反之，在氧化条件下，S^{2-} 氧化成 SO_4^{2-}，使土壤 pH 下降，提高了 Cd 的溶解性而使其进入土壤溶液，增加了 Cd 的生物有效性。其他重金属元素如 Cu、Zn、Pb 等在一定程度上均可通过调节土壤 Eh 来调控其生物有效性。Eh 对不同元素的影响不同，例如砷毒性的氧化还原条件与镉相反，在氧化条件下，砷呈砷酸根（AsO_4^{3-}）状态，生物毒性小；在还原条件下，砷呈亚砷酸根（AsO_5^{5-}）状态，对植物的毒性要比砷酸根大得多。因此，在作物壮籽期保持水田有一个稳定的淹水期，可以减少重金属进入果实或籽实中的量。

7.2.2.3　化肥、有机肥和农药的合理施用

施用肥料和农药是农业生产中最基本的农业措施，也是引起土壤重金属污染的一个来源。可以从以下两个方面来降低肥料和农药施用对土壤重金属污染的负荷：一方面，通过改进化肥和农药的生产工艺，最大限度地降低化肥和农药产品本身的重金属含量；另一方面，指导农民合理施用化肥和农药，在土壤肥力调查的基础上通过科学的测土配方施肥和合理的农药施用不仅可增强土壤肥力、提高作物的防病害能力，还有利于调控土壤中重金属的环境行为。从目前的研究结果来看，施用有机肥在提高土壤有机质的同时，也吸附或络合固定了土壤中的重金属，但也有研究表明在土壤中施用有机肥会提高土壤中重金属的

活性,从而提高重金属的环境风险。提高重金属的活性主要是因为带入溶解性有机质(Dissolved organic matter,DOM)。DOM 主要是指能够溶解于水且可通过 $0.45\ \mu m$ 滤膜的有机质,如天然水体中的有机质、土壤溶液中的有机质、土壤和有机肥中能被水浸提的有机质等。DOM 含有大量的功能基团,可以与土壤中的重金属通过络合和螯合作用,形成有机—金属配合物,提高重金属的可溶性。同时,DOM 可以通过与土壤、水体和沉积物中金属离子、氧化物、矿物和有机物之间发生离子交换、吸附、氧化还原等反应,改变重金属活性、迁移规律、生物毒性及空间分布。DOM 能影响成土过程,环境的酸碱特性,污染物质的溶解、吸附、解吸、迁移和生物毒性,微生物的活性,营养物质的有效性等。DOM 对重金属化学与生物行为的影响与其自身来源和化学性质有关。一般低分子量的 DOM 对金属离子的络合能力强。Zhou 等研究发现,Cu 与 DOM 的络合能力随着 DOM 分子量的增加而显著降低,并认为主要原因是小分子 DOM 与大分子 DOM 相比具有更多的结合点位。在治理重金属污染土壤的过程中,施用有机肥(淤泥、家畜粪尿、人粪尿)、秸秆还田和施用污泥等传统的农业措施可能会将大量 DOM 带入土壤。对有机肥成分进行分析,选择适宜的有机肥种类是合理施用有机肥的关键。

7.2.2.4 改变土壤 pH 值

许多研究表明,土壤中重金属的活性与土壤 pH 值呈负相关,当土壤 pH 值在 6.5 以上时,土壤中的重金属活性会大大降低,因此提高土壤 pH 值,已经成为降低土壤重金属含量、降低蔬菜中重金属含量的重要措施。通过向土壤中添加 $CaCO_3$、$Ca(H_2PO_4)_2$、煤渣灰等碱性物质可以提高土壤 pH 值。大量研究表明,该项措施对减弱蔬菜累积重金属的效果明显。

7.2.2.5 调整土壤理化性质

土壤改良剂可改变土壤的物理、化学性质,通过与土壤重金属的吸附、沉淀或共沉淀作用,改变重金属在土壤中的存在状态,从而降低其生物有效性和迁移性。常用的土壤改良剂有无机改良剂和有机改良剂,其中无机改良剂主要包括石灰、碳酸钙、粉煤灰等碱性物质,羟基磷灰石、磷矿粉、磷酸氢钙等磷酸盐以及天然、天然改性或人工合成的沸石、膨润土等矿物;有机改良剂包括农家肥、绿肥、草炭等有机肥料。施用土壤改良剂修复重金属污染土壤简单易行、成本低廉且不破坏土壤结构,在粮食、蔬菜、烟草等各种作物生产中均有广泛应用。大量研究表明,腐殖酸类肥料、腐殖酸类土壤改良剂在防治土壤重金属污染方面具有重要作用。腐殖酸对重金属进入土壤环境后的毒性及生物有效性有着重要影响和调控作用。腐殖酸可与多种金属离子形成具有一定稳定性的腐殖酸—金属离子络合(螯合)物。应用腐殖酸类物质防治重金属污染要考虑腐殖酸种类、施用量、适宜施用方法和时间以及污染的重金属种类和形态。但从目前已掌握试验资料看，应用碱性腐殖酸钾、腐殖酸钠和腐殖酸钙等高分子腐殖酸改良剂，或腐殖酸与氧化钙等碱性改良剂配合施用，以及施用偏碱性腐殖酸复合肥，提高土壤 pH 值，形成高分子较稳定的腐殖酸重金属盐，对降低重金属生物活性效果明显，再配合选用抗重金属能力强的作物品种，在有一定重金属污染的土壤上也可生产出安全无公害的食品。

7.2.3　土壤生物修复

重金属污染土壤的生物修复是指土壤中植物、动物和微生物通过生命活动对土壤重金属吸收、转化或者降解，从而改变重金属的活性或在土壤中的结合状态，降低重金属生物有效性，以减少其向周边环境的扩散。这项技术充分利用了生态系统的自净作用，减少了对土壤环境的扰动，同时，对土壤与周围生态环境也有积极的改善作用。利用生物修复技术治理土壤重金属污染不仅费用低，而且效果好，没有或很少有二次污染，因此生物修复技术在重金属污染土壤修复中有着广泛的应用前景。

7.2.3.1　土壤微生物修复

微生物是土壤具有生命力的根本，在全球物质循环和能量流动过程中发挥着不可替代的作用，是土壤关键元素生物地球化学循环的驱动者。微生物在很大程度上影响着温室气体排放与消纳，进而调节全球生态变化。土壤微生物是维系陆地生态系统地上—地下相互作用的纽带，土壤微生物可通过自身的活动及其分泌物的作用，对土壤的形成、发育、肥力演变等过程产生重大影响，是土壤生命力和生态功能的重要"调控者"。另外，土壤微生物也是地球污染物的净化器，微生物转化深刻影响着土壤中污染物的赋存形态和归宿，微生物也可降解或转化土壤中残留的有害物质。同时，土壤微生物的群落结构、生物量、土壤酶活性等微生物学特性对土壤环境质量的变化有敏感的响应，对土壤健康和环境污染有良好的生物指示功能。重金属污染土壤往往富集多种耐重金属的真菌和细菌，微生物可通过生物吸附与富集、生物转化和生物溶解与沉淀等作用影响土壤重金属的活性，改变土壤中重金属的存在形态，从而降低土壤中重金属的毒性。

（1）微生物吸附与富集重金属。

微生物吸附重金属离子主要是金属阳离子与带阴离子的微生物之间相互作用，并络合成固定的重金属分子聚集在微生物内部或表面。大多数微生物表面含有多种带负电荷的基团（如—SH、OH—P＝O—OH、—C＝O—OH、—OH 等），这些基团通过螯合、络合、共价吸附以及离子交换等作用与金属阳离子结合，从而达到对金属离子吸附的目的。一些微生物如动胶菌、蓝细菌、硫酸还原菌以及某些藻类，能够产生胞外聚合物如多糖、糖蛋白等具有大量阴离子的基团，与重金属离子形成络合物，降低重金属的生物毒性。某些细

菌可向胞外分泌硫和磷酸等物质，使环境中的重金属离子沉淀，或在细菌的成矿过程中伴随有重金属的共沉淀。氧化硫杆菌、氧化亚铁杆菌等可通过提高氧化还原电位、降低酸度等滤除污泥、土壤和沉积物中的重金属。

生物富集又称生物积累，其不同于生物吸附，它是一个主动运输过程，需要能量与呼吸作用才能完成，因此只发生在活细胞中。此外，富集作用还需要通过多种金属运送机制，如脂类过度氧化、载体协助与离子泵等来增加微生物体内的金属含量。由于细胞膜的通透性，会使金属阳离子进一步暴露在细胞内的金属阳离子结合位点，进而增加细胞的富集能力。

(2)微生物溶解重金属。

微生物在代谢过程中可以通过分泌氨基酸、有机酸以及其他代谢产物溶解重金属及含有重金属的矿物。重金属被溶解后有利于从污泥中分离，或从土壤中被超积累植物更有效地吸收。微生物的重金属抗性受基因控制，重金属抗性基因可激活和编码金属硫蛋白、操纵子、金属运输酶和透性酶等。通过利用这些物质与重金属结合、形成失活晶体或促进重金属排出体外等机制对重金属进行解毒。一些克隆了金属硫蛋白(*Metallothionein*)基因的工程菌或具有金属硫蛋白的野生型酵母菌，因其具有摄取某些重金属的特性，可用于土壤中重金属的富集、回收及清除。这些微生物可被认为是通过吸收金属离子至细胞内以诱导细胞合成结合重金属的巯基蛋白，以增强对重金属离子的抗性。另外，让细菌预先接触不同浓度的重金属，通过"驯化"来提高微生物对重金属的耐性，也可以修复被重金属所污染的土壤。

(3)微生物转化重金属。

微生物转化作用主要包括氧化还原、甲基化/去甲基化以及配位络合等。微生物通过这些作用改变重金属离子的毒性、溶解性以及迁移性，将重金属转化为低毒态或无毒态。例如，一些嗜酸菌通过自身的代谢活动使高毒性的 Cr^{6+} 转化为低毒性的 Cr^{3+}，从而降低铬离子的毒性；某些微生物能把难溶的 Pu^{4+} 还原成可溶性的 Pu^{3+}，将 Hg^{2+} 还原成具有挥发性的 Hg，将 Mn^{4+} 还原为 Mn^{2+}，将难溶性的 Fe^{3+} 还原成 Fe^{2+} 等。

7.2.3.2 土壤植物修复

植物修复是一种利用自然生长或遗传培育植物修复重金属污染土壤的技术，其过程实际上是一个植物、土壤、重金属物质综合反应的过程，受植物类型、土壤特性以及重金属特性等多种因素的影响(图7—1)。根据其作用过程和机理，重金属污染土壤的植物修复技术主要包括植物固定、植物挥发和植物提取三种。其中，植物固定(Phytostabilization)，是指利用耐重金属植物或超积累植物降低重金属的活性，从而减少重金属被淋洗到地下水或通过空气扩散进一步污染环境的可能，其机理主要是通过重金属在根部的积累、沉淀或根

118

表吸收来加强土壤中重金属的固化。植物挥发(Phytovolatilization)，是利用植物根系吸收重金属，将其转化为气态物质挥发到大气中。植物提取(Phytoextraction)，是利用重金属超积累植物从土壤中吸取重金属污染物，随后收割其地上部并进行集中处理。连续种植该植物，就能达到降低或去除土壤重金属污染的目的。目前重金属土壤植物修复技术主要以植物提取修复研究最多，该技术也是最具有应用价值的修复方法之一。但目前发现的超积累植物往往植株矮小、生物量低、生长缓慢且生活周期长，显著影响了植物修复的效率。因此，如何提高植物的生长速率，增加植物对重金属的绝对吸收量，提高植物修复的效率，缩短修复周期，是植物修复必须解决的关键问题。目前来看，解决这一问题的主要途径有农业措施、生物技术和螯合诱导修复技术的应用等。

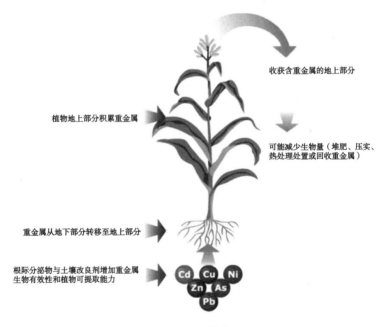

图 7-1　植物修复原理

(1)农业措施。

植物修复是通过植物来稳定或去除污染土壤中的重金属，植物的生长状态及根际环境对修复作用至关重要。土壤的理化性质、水分、pH、氧化还原状态(Eh)、温度、金属离子浓度及土壤养分等对植物修复均有很大影响。可以通过改变土壤环境条件来提高植物的修复效果。水肥条件是促进植物生长的主要因素，掌握修复植物对水、肥的需求规律，借助农艺施肥措施进行合理水肥供应，不仅可以促进修复植物最大限度地提高生物量，而且可以尽可能提高植物对污染土壤的修复效果。另外，重金属污染物主要集中在表层土壤，通过翻耕可将表层以下的污染物质翻到土壤表层植物根系分布较密集的区域，有利于植物去除土壤深层的重金属。适宜的栽培密度有利于植株充分利用光照、土壤水分与营养物质，提高单位面积植物地上部的生物量，促进植物对重金属的吸收。植物激素作为植物生长调节物质，可通过促进植物生长、调节植物的生理代谢或与重金属螯合，达到大量吸收重金属或降低重金属毒性的目的，因此适当施用植物激素可提高植物修复效果。目前公认的植物激素有 5 类，即生长素(IAA)、赤霉素(GA)、细胞分裂素(CTK)、脱落酸(ABA)和乙烯(ETH)。此外，植物的生长发育与气候条件和种植方式密切相关，科学种植有利于提高植物的修复效率。根据植物生长的季节性差异，可利用冷暖季轮作修复植物，延长植物对污染土壤的修复时间，提高污染土壤的修复效率。根据研究，轮作、间作或套作等多种种植方式有利于减少杂草与病虫害等对植物生长发育的影响。利用锌、镉超富集植物东南景天(*Sedum alfredii*)与普通植物(玉米)进行套种，在进行重金属污染土壤修复的同时还有一定经济产出，降低了土壤修复的经济成本。绝大多数污染是复合污染，而修复植物通常只能治理一种或几种污染物质，因此需要采取必要的搭配种植以增强修复效果。在复合污染的土壤修复方面，可应用间作或套作 2 种或 2 种以上超富集植物以缩短修复时间，提高修复效率，对于多年生、再生能力强的超富集植物，可以借鉴在牧草种植中广泛应用的刈割措施来提高其生物量。砷超富集植物蜈蚣草是一种蕨类植物，具有多年生、抗逆性和再生能力强的特点，可以通过刈割等方式节约其育苗时间和育苗成本，增加生物量产出，提高修复效率。

(2)现代生物技术育种。

目前大多数超积累植物由于生物量小、生长速率慢等原因不能直接应用于污染土壤修复。通过现代生物育种技术对种质资源进行创新，对于超积累植物的利用具有重要作用，这也是当前植物修复技术研究的新趋势。现代生物育种技术主要是通过两个方面来提高植物的修复能力：一方面，通过改变植物的形态或生理代谢途径，来提高植物的修复能力，如改变植物根的结构，包括根的长度、密度等，来提高植物对重金属的吸收能力。另一方面，通过导入外源基因来改变植物对重金属的吸收、转运、富集及抗性，即转基因技术。其中，利用转基因技术培育优良重金属超积累植物主要包括 3 个基本步骤：第一，通过生物化学、分子生物学等方法识别超积累植物体内控制耐性和累积机制的基因；第二，提取或克隆这些基因，并在特定的受体细胞中与载体一起复制和表达，使受体细胞获得新的遗传特性；第三，进行田间试验，确定是否能达到对重金属超积累的目的。目前这一领域已成为国内外植物修复研究的热点，其中植物超富集和耐受重金属的分子生物学机制已有不少报道，一些功能基因也相继在细菌、真菌、植物和动物中被发现、分离和鉴定(表 7-3)。

表 7-3 部分从细菌、真菌、植物和动物中已克隆鉴定的重金属抗性或富集基因

基 因	来 源	产 物	功 能
gsh1	大肠杆菌	γ-Glu-Cys 合成	Cd(T&A)
ArsC	大肠杆菌	砷酸盐还原酶	As V→As Ⅲ(A)

续表

基 因	来 源	产 物	功 能
ZitB	大肠杆菌	Zn 转运子	Zinc 流出(T)
MerA	革兰氏阴性细菌	Hg(Ⅱ)还原酶	Hg(T)
CzcD	革兰氏阴性细菌	阳离子转运子	Co、Zn、Cd(T)
MntA	*S. cerevisiae*	Mn、Cd 转运子	Mn、Cd 吸收(H)
*CUP*1	*S. cerevisiae*	MT	Cd、Cu(T)
*Zrt*1	*S. cerevisiae*	Zn 转运子	Zn、Cd 吸收(H)
*Zrc*1	*S. cerevisiae*	Zn 转运子	Zn 贮存(T)
*A PS*1	*A. thaliana*	ATP 硫酸化酶	Se(A)
*ZAT*1	*A. thaliana*	Zn 转运子	Zn(T)
*IRT*1	*A. thaliana*	Fe 转运子	Fe、Zn、Mn、Cd 吸收
*CdI*19	*A. thaliana*	金属结合蛋白	Cd(T)
*ZNT*1	*T. caerulesens*	Zn 转运子	Zn 吸收
*TgMTP*1	*T. geoesingense*	TgMTP1t1p	Cd、P、Co、Zn(T)
		TgMTP1t2p	Ni(T)
*TaPCS*1	小麦	PCs	Cd(T&A)
*NtCB P*4	*N. tabacum*	阳离子通道	Ni(T)，Pb(A)
*MT*2*I*	老鼠	MT	Cd(T)
*ZnT*1	老鼠	Zn transporter	Zn efflux(T)

注：A—积累(Accumulation)；H—高亲和(High affinity)；T—耐性(Tolerance)。

但将耐重金属或富集金属的关键基因转入其他植物并高效表达还存在一定困难，并且从转入基因到直接应用转基因植物修复大面积的污染土壤也需要一个较长的时期，转基因植物可能还存在目前无法预见的生态风险。因此，通过利用不同植物基因的多样性进行杂交育种是提高植物修复能力的重要途径。早在 1999 年，Chaney 就提出了应用传统的杂交育种技术来培育对重金属具有高耐性、吸收和富集能力的生物量较大的富集体。随后，Brewer 等(1999)报道用锌的超富集植物天蓝遏蓝菜(*Thlaspi caerulescens*)和欧洲油菜(*Brassica napus*)进行杂交，培育出了高生物量、对锌具有高耐性的杂交体，该杂交体叶片(干重)的锌含量可达 3600 mg/kg，而实际上该浓度已经导致油菜生物中毒。Gleba 等(1999)报道镍超富集植物天蓝遏蓝菜和芥菜(*B. juncea*)高生物量杂交体能够富集相当数量的铅。采用现代遗传学方法，将高生物量的植物与重金属超富集植物进行杂交，可使其后代兼具高生物量和高富集能力。Li 等(2003)通过对 6 种镍超积累植物的杂交选育，得到大量的遗传变异植物，其中 *A. murale* 和 *A. corsicum* 中镍浓度变化由 4200 mg·kg^{-1} 提高到 20400 mg·kg^{-1}。Molitor 等(2005)研究了锌超积累植物天蓝遏蓝菜 47 种生态型的遗传

变异特征及其对生物量与重金属积累能力的影响，其中镉与锌浓度变化范围分别为 $183\sim334$ mg·kg^{-1} 和 $8030\sim16295$ mg·kg^{-1}。以上研究结果表明，母系基因家族能够通过选育达到提高超积累植物修复效率，培育优势超积累基因植物的目的。

（3）螯合诱导修复技术应用。

植物提取的成功与否还依赖于重金属在土壤中的生物有效性，而 Pb、Cu、Cr、Ni 等重金属在土壤中的生物活性较低，能够直接被植物利用的部分很少。当 pH 处于 $5.5\sim7.5$ 时，Pb^{2+} 在土壤中的最大活度为 $10\sim8.5$ M，相当于 0.6 μg·kg^{-1}，大大限制了植物的吸收。研究表明，向土壤中施加螯合剂（如 EDTA、DTPA、EGTA、EDDS、NTA、柠檬酸等）能够活化土壤中的重金属，提高重金属的生物有效性，促进植物吸收。这种将螯合剂用于植物修复的技术被称为螯合诱导植物修复技术（Chelator-assisted phytoextraction），目前已成为植物修复发展的一个新方向，并取得了很大进展。

目前经常应用的螯合剂主要有两种类型：一类是人工合成的螯合剂，如 EDTA、DTPA、EGTA、CDTA 等；另一类是天然螯合剂，主要是一些小分子量有机酸，如柠檬酸、草酸、酒石酸等。其中人工螯合剂因具有较强的重金属活化能力而广泛应用于实践中。螯合剂在污染土壤中施加的剂量对植物修复的效率非常重要，施加的剂量一般为 $1\sim20$ mM。目前，对螯合剂种类、施加剂量、施用方法的优化以及辅助修复措施的开发等方面的研究尚不够深入。

7.2.3.3　植物—菌根联合修复技术

菌根（*Mycorrhizae*）是土壤真菌与植物营养根结合形成的一种互惠互利的共生体，广泛存在于自然界中。目前，根据菌根真菌的菌丝体在寄主根部形成的形态结构，以及它们同寄主之间的营养关系，菌根主要可以分为三种类型，即外生菌根（*Ectomycorrhizae*）、内生菌根（*Endomycorrhizae*）和内外生菌根（*Ectendomycorrhizae*）。通常认为在自然状态下，大多数植物都能形成菌根，菌根真菌寄生在植物根系，增加植物根系的表面积，并且菌根能伸展到植物根系无法接触到的空间，增加植物对水和矿质元素（包括重金属元素）的吸收。菌根植物抗重金属毒害的可能机理从理论上讲，是菌根真菌通过直接影响金属对生物的有效性，或者通过间接调节植物的生理过程，如光合作用，来改变其寄主植物对金属的敏感性。另外，菌根能分泌大量的黏液，其中含有有机酸、蛋白质、氨基酸和糖类等。接种菌根真菌后，分泌物的糖类和氨基酸含量有所增加。当重金属过量时，菌根分泌的黏液能与重金属结合，减弱重金属的毒性，并阻止其向根部运输，同时菌根分泌物可能调节菌根根际环境，影响根际 pH 和氧化还原电位，从而影响重金属的生物有效性。

7.2.3.4　植物—生物炭联合修复技术

生物炭是由生物质在完全或部分缺氧的情况下经热解炭化产生的一类高度芳香化难熔

性固态物质，典型的生物炭具有较高的阳离子交换容量并且是碱性的。近年来，生物炭在污染环境修复方面得到广泛关注，已成为当前环境科学的研究热点。但是生物炭对重金属的影响研究较少，尤其是将植物修复与生物炭联合起来修复重金属污染土壤的研究还相当有限。

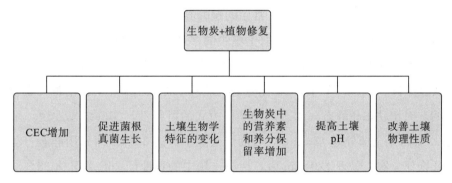

图 7-2　植物修复和生物炭在重金属污染修复中的潜在积极作用

相关研究发现，不同来源及裂解温度制备的生物炭对土壤重金属修复的效果不同，不同类型土壤重金属对于生物炭的响应亦非常复杂，从而呈现出各异的土壤重金属修复效果。生物炭对重金属生物有效性的影响源于改变土壤 pH、影响土壤有机质含量，改变土壤氧化还原电位及土壤微生物群落组成等多种机制的协同作用，同时生物炭在重金属的吸附方面也扮演着重要角色。生物炭对土壤重金属修复的影响效应取决于生物炭的特性和施用量、土壤肥力和性质，以及重金属种类等因素。因此，必须根据不同土壤的主要重金属污染类型，选择合适的生物炭，以期得到较好的土壤改良效果。

7.3　有机污染土壤修复技术

土壤有机污染是由有机物引起的土壤污染，主要有机污染物包括农药、三氯乙醛、多环芳烃、多氯联苯、石油、甲烷等。进入土壤中的有机污染物通过复杂的环境行为进行吸附解吸、降解代谢，在土壤中残留，或被作物和土壤生物吸收，通过食物链积累放大后，对人体健康十分有害。土壤中的有机污染物修复根据其归趋，可分为污染物转移去除与污染物降解去除两大类，包括物理化学修复和生物修复。

7.3.1　物理化学修复

物理化学修复是指利用物理化学手段对有机污染土壤进行治理修复，主要有热脱附、气相抽提、电动修复、淋洗以及超临界流体技术、化学氧化（还原）修复、光催化降解等技术。其中，热脱附法、电动修复、淋洗等方法与重金属污染土壤处理原理类似，只是污

物种类不同。

7.3.1.1 超临界流体技术

流体在超临界或亚临界状态下具有很强的扩散能力和溶解能力,通过调节流体温度和压力,可将土壤中的污染物萃取出来。常用的超临界流体和亚临界流体有 CO_2 和 H_2O 等。欧阳勋(2010)运用超临界 CO_2 流体萃取土壤中的多环芳烃(PAHs),采用单因素法,研究不同压力、温度、共溶剂和土壤含水率对土壤中 PAHs 萃取效果的影响,通过正交实验优化出最佳实验条件。Islam M N(2014)等通过亚临界水提取土壤中的润滑油污染物达到土壤修复的目的,对比动态和静态—动态两种操作模式的可行性,实验结果发现,采用动态萃取方式对 12 g 污染土壤处理 120 min,石油烃去除率可达 52%;而采用静态—动态结合萃取方式循环操作 4 次,处理 120 min 后,污染土壤中的石油烃去除率可达 98%。超临界流体技术处理有机污染土壤具有处理效率高、绿色环保、二次污染少等特点,处理过程中不会对土壤结构造成破坏,但超临界流体技术仅限应用于异位处置,处理过程中涉及高压设备的使用,处理现场存在很大的安全隐患,处理后所萃取的污染物须进行二次处理。

7.3.1.2 化学氧化(还原)技术

化学氧化(还原)技术是指向污染土壤添加氧化剂或还原剂,通过氧化或还原作用,使土壤中的污染物转化为无毒或毒性相对较小的物质。常见的氧化剂有高锰酸盐、过氧化氢、芬顿试剂、过硫酸盐和臭氧等。常见的还原剂有连二亚硫酸钠、亚硫酸氢钠、硫酸亚铁、多硫化钙、二价铁、零价铁等。该法具有化学反应速度快,修复周期短,对污染物的性质和浓度无严格要求等特点,但由于在处理过程中添加了化学药剂,药剂量投入过多会引起二次污染,同时其投加量难以控制,在化学反应过程中可能会释放大量的热,加速污染因子的挥发,若未做好现场密闭工作会导致人员中毒等事故发生。

7.3.1.3 气相抽提(Soil vapor extraction)技术

气相抽提的基本原理是利用真空泵抽提产生负压,当空气流经污染区域时土壤孔隙中的挥发性和半挥发性有机污染物会解吸并被气流带走,通过抽提设备统一收集处理。气相抽提可有效去除土壤中的挥发性污染物,但温度会影响其有效性。该法主要运用于易挥发的有机污染修复,同时对土壤的本身特性(如孔隙率、渗透性、含水率、均质性)要求较高。研究表明,气相抽提技术可去除 90% 的挥发性有机物。

7.3.1.4 光催化降解(Photocatalytic degradation)技术

光催化降解有机物的过程是,当一定能量的光照射到光催化剂的表面时,价带上的电子受热或者辐射将诱导电子激发，价带上的电子会跃迁到导带上，导带上具有光生电子，同时在价带上形成相应的光生空穴，部分迁移到光催化剂表面的光生电子和光生空穴具有很强的氧化还原能力，可以将吸附光催化剂表面的氢氧根离子和水氧化成羟基自由基（·OH），光生电子与溶解氧结合形成超氧负离子（·O^{2-}）；羟基自由基（·OH）具有很强的氧化能力，相对于一般有机物中的化学键具有很高的键能（500 J/mol），能够破坏有机物的化学键，将其氧化成无毒的小分子化合物甚至矿化成 CO_2 和 H_2O。光催化降解有机污染土壤主要是通过光照射获取能量，对表层污染土壤能够起到明显作用，同时光催化效率受光催化剂用量、土壤水分含量、光照时间和污染因子初始浓度等因素影响。

7.3.2　生物修复

生物修复是利用微生物或植物的富集或降解能力将有机污染物从土壤中去除的一项技术。该技术的研究主要集中于两个方面：一是研究能高效降解有机物的菌种或植物；二是研究该技术与辅助强化技术的结合。早期污染场地修复主要以生物修复为主，但该技术所需的修复周期长，修复效率最高时也需要 1~2 个月的时间；并且微生物菌种培养不易，修复生物对生长环境具有一定的耐受范围。进入土壤中的大部分有机污染物可被土壤微生物降解、转化，并降低其毒性或使其完全无害化。土壤微生物降解有机污染物主要有两种途径。第一种是通过微生物分泌的胞外酶直接转化和降解；第二种是污染物被微生物吸收至其细胞内以后，由微生物的胞内酶降解。从修复场地来分，土壤微生物修复技术主要分为异位微生物修复（Ex-situ bioremediation）和原位微生物修复（In-situ bioremediation）。其中，原位微生物修复是在不改变土壤、河流位置的情况下，通过添加微生物试剂、营养元素以及土壤改良剂等，提高土壤土著微生物或外源微生物对土壤、河流有机污染物的降解，从而使得土壤、河流得到修复的过程。异位微生物修复是采用挖掘土壤或抽取地下水等工程措施移动污染物到邻近地点或反应器内进行的生物处理方法。

一般情况下，生物修复效果受微生物自身特性、污染物特性及环境要素影响显著。首先，微生物的种类、代谢活性、适应性等都直接影响土壤污染物的转化与降解。很多研究都已经证明，不同的微生物种类或同一种类微生物的不同菌株对同一有机底物或有毒金属的反应都不同。另外，微生物具有较强的适应和被驯化的能力，通过一定的适应过程，新的化合物能诱导微生物产生相应的酶系来降解它，或通过基因突变等建立新的酶系来降解它。其次，污染物的分子量、结构、取代基的种类及数量等都会影响微生物对其降解的难易程度。一般情况下，高分子化合物比低分子化合物难降解，聚合物、复合物更能抗生物降解；结构简单的污染物比结构复杂的污染物容易降解。自然界中的微生物通常可以降解天然产生的有机化合物，如木质素、纤维素等，但目前的环境污染物大多是人工合成的生物异源有机物质，其中一些对人类具有致畸、致突变和致癌作用，往往对微生物的降解表现出很强的抗性，其原因可能是这些化合物进入自然界的时间比较短，单一的微生物还未进化出降解此类化合物的代谢机制。与目前大量生产和使用的人工合成的生物异源物质相比，自然状况下微生物通过改变自身的信息获得降解某一化合物的能力的过程通常是缓慢的。因此，研究一些可以使微生物群体在较短时间内获得最大降解生物异源物质能力的方法，以及筛选功能菌株，都是非常重要的基础工作。环境因素包括温度、酸碱度、营养、氧、底物浓度、表面活性剂等，主要是通过影响微生物活性进而影响其对土壤污染物的降解。降解污染物的微生物或其产生的降解酶系都有一个适宜的温度、pH 及底物浓度。例如，在堆肥与被多环芳烃污染的土壤混合的情况下，堆肥中有机基质含量对于农药降解的作用要大于堆肥中生物的含量对于农药降解的作用；营养对于以共代谢作用降解农药和其他土壤有机污染物的微生物更加重要，因为微生物在以共代谢的方式降解农药时，并不产生能量，须以其他的碳源和能源物质补充能量。对于好氧微生物来说，在好氧条件下可以降解农药，在厌氧条件下降解效果不好；而对于厌氧微生物来说，情况正好相反。

7.3.2.1 异位微生物修复

异位微生物修复主要包括预制床法（Prepared bed）、堆肥法（Composting bioremediation）及泥浆生物反应器法（Bioslurry reactor）。

（1）预制床法。

预制床修复是农耕法的一种模式化，这种方法使土壤中的污染物迁移减至最低。主要操作规程是在可以收集滤渗液的防渗池（平台）上铺上沙子和石子，将污染土壤收集后，平铺（15～30 cm 厚度）于沙子和石子上，并加入营养液和水（很多研究报告中还加入表面活性剂），定期翻动以增加供氧，满足土壤微生物的生长需要，处理过程中流出的渗滤液须及时收集回灌土层，以彻底清除土壤污染物。该方法在 PCP、杂酚油、石油、农药等污染土壤修复中，获得了一些成功的案例。例如，Eullis 等用具有滤液收集和水循环系统的预制床对斯德哥尔摩中部防腐油生产区的污染土壤进行集中治理，土壤中 PAHs 的浓度从 1024.4 mg/kg 降至 324.1 mg/kg。

（2）堆肥法。

堆肥法实际上是利用传统的堆肥技术，将污染土壤与木屑、秸秆、掉落物、人畜粪便等含碳高的有机废弃物质混合后进行堆肥，用机械或压气系统充氧，同时加入石灰以调节 pH 值，经过一段时间的堆肥过程，相关的微生物作用使土壤中的有机污染物降解。堆肥法包括风道式、好气静态式和机械式 3 种，其中机械式（在密封容器中进行）易于控制，可间歇或连续进行。近年来，国内外学者均在积极研究堆肥法的原理、工艺、条件、影响因素、降解效果等，并已将此工艺应用到污染土壤的修复。这种方法的趋势是将堆肥技术模式化，供集中处理污染土壤使用，其中的温度和酸碱度控制十分重要。

(3)生物反应器法。

生物反应器法是将污染土壤转移至生物反应器内,加水混合成泥浆,调节适宜的 pH,同时加入一定量的营养物质和表面活性剂,底部鼓入空气充氧,满足微生物所需氧气的同时,使微生物与污染物充分接触,加速污染物的降解。降解完成后,过滤脱水(工艺流程见图 7—3)。

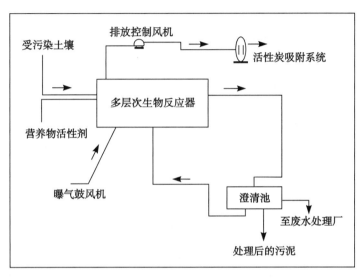

图 7—3 生物反应器法工艺流程

生物反应器一般设置在现场或特定的处理区,有间隙式和连续式两种,多为间隙式。目前,这种反应器技术在国外已进入实用阶段,如 Robert 等在生物反应器中使用白腐真菌(*Phanerochate chrysosporium*)处理多环芳烃污染土壤 36 天后,土壤中低分子量多环芳烃降解率为 70%~100%,高分子量多环芳烃降解率为 50%~60%。这种方法处理效果好、速度快,但涉及土壤前处理,如搬运、搅匀成浆等,成本比较高,加上反应器的规模有限,因此适宜于小范围的污染土壤治理,国内该技术仅在实验室模拟阶段。

7.3.2.2 原位微生物修复

原位微生物修复技术主要有:生物通风法(Bioventing)、生物强化法(Enhanced-bioremediation)、土地耕作法(Land farming)等几种。

(1)生物通风法。

生物通风法实际上就是土壤曝气,是基于改变生物降解环境条件(如通气状况等),促进生物被动氧化的降解方法。该方法的主要过程是在污染土壤上至少打两口井,安装鼓风机和抽空气机,将空气强制注入土壤中,然后抽出土壤中的挥发性有机毒物。在通入空气时,加入一定量的氧气和营养液,改善土壤中降解菌的营养条件,提高土壤中土著微生物的降解活性,从而达到污染物降解的目的。丁克强等研究了通气对石油污染土壤生物修复

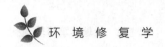

的影响，结果表明通气可为石油烃污染土壤中的微生物提供充足的电子受体，同时保持土壤 pH 稳定，从而促进微生物的生物活性，强化其对石油污染物的氧化降解作用。此外，该方法修复四氯化碳污染土壤也有比较好的效果。生物通风法的修复效果是土壤挖掘法、清洗法的 5 倍以上，大大降低了修复成本。但这种方法在应用时应该注意选择或调节土壤物理结构，最好是选择通透性较好、结构良好的土壤。

（2）生物强化法。

生物强化法是基于改变生物降解中微生物的活性和强度而设计的，可分为外来菌种接种法和土壤土著菌种培养法两种途径。

外来菌种接种法，是直接向污染土壤中引入外源的高效降解菌，同时为这些微生物生长提供所需营养的过程。李顺鹏等筛选了一系列高效降解菌，在特定类型农药（如有机磷类等）污染土壤的微生物修复方面做了一系列工作，取得了较好的效果。Hwang 等将 3 种补充的营养液与分枝杆菌属（*Mycobacterium sp.*）一起注入土壤中，取得了良好的土壤有机污染修复效果。但使用该方法时应该注意高效微生物的资源收集，同时这些外源微生物接种到污染土壤中常常会发生与土著微生物的竞争。因此，在实际应用中，往往需要接种大量的外源微生物以形成优势菌群，以便迅速开始微生物降解过程。

土著菌种培养法，是定期向污染土壤投加 H_2O_2 和营养，以满足土著降解菌的需要，提高土著微生物的代谢活性，将污染物充分矿化成 CO_2 和 H_2O 的方法。由于土著微生物降解污染物的潜力巨大，该方法目前在生物修复工程中的实际应用较多。但接种的外源微生物在土壤中难以保持较高的活性，并且工程菌的应用还受到较为严格的条件限制。

（3）土地耕作法。

土地耕作法（Landfarming），是就地翻耕污染土壤，使污染物发生稀释从而降低浓度和分解转化降低毒性的好氧生物修复过程。土地耕作法相比其他处理方法，如填埋、焚烧、洗脱等，有对土壤结构破坏较小、实用有效等特点，应用范围较广。这种方法首先对污染土壤进行翻耕，同时合理施入养分，进行灌溉调节水分，加入石灰调节 pH 值，尽可能地为微生物降解提供一个良好的环境，加快土壤中有机污染物的降解过程。

一般情况下，土地耕作法可适用于 30 cm 的耕层土壤，而对于 30 cm 以下的土壤则用特殊的设备进行氧气、水分和养分的调节。

7.3.3　植物—微生物联合修复

7.3.3.1　植物—微生物联合修复原理

植物—微生物系统实质上是由植物根系与周围微生物环境共同组成的微区（根圈）。在植物生长过程中，死亡的根系和根的脱落物是微生物的营养来源，同时根系旺盛的代谢作用可以释放一些物质进入土壤中,促进根区微生物的生长和繁殖。由于根系在土壤中生长,使根际的通气条件、水分状况和温度均比根际外的土壤更有利于微生物的生长,有利于提高好氧细菌分泌物和酶的活性,从而提高降解污染物的性能。植物与微生物的联合修复,特别是植物根系与根际微生物的联合作用,已经在实验室和小规模的修复中取得了良好的效果。植物根部的表皮细胞脱落、酶和营养物质的释放,都为微生物提供了更好的生长环境,增加了微生物的活动和生物量。另外,根际微生物群落能够增强植物对营养物质的吸收,提高植物对病原体的抵抗能力,合成生长因子以及降解腐败物质等。这些对维持土壤肥力和植物的生长都是必不可少的。

土壤微生物尤其是根际微生物的结构和功能对维持超积累植物的生长、保持其吸附活力是必需的。微生物通过固氮和对元素的矿化,既增加了土壤的肥力,又促进了植物的生长。如硅酸盐细菌可以将土壤中的云母、长石、磷灰石等含钾、磷的矿物转化为有效钾、有效磷,提高土壤中有效元素的水平。根际促生细菌和共生菌产生的植物激素类物质具有促进植物生长的作用,如某些根际促生细菌(Plant growth-promoting rhizobacteria, PGPR)能产生吲哚-3-乙酸(IAA),而 IAA 通过与植物质膜上的质子泵结合使之活化,改变细胞内环境,导致细胞壁糖溶解和可塑性增加,增大细胞体积和促进 RNA、蛋白质合成,增加细胞体积和质量,以达到促进生长的作用。此外,许多细菌都可以产生细胞分裂素、乙烯、维生素类等物质,对植物的生长具有不同程度的促进作用。因此,植物根际微生物的微生态系统是保证土壤生物修复正常进行的重要环节。

7.3.3.2　植物—菌根修复

菌根修复技术能针对性地克服微生物修复和植物修复有机污染土壤的不足。与其他生物修复方法相比,菌根修复的优点是菌根通过外延菌丝大大增加了与土体的接触面积,菌根和菌丝周围特殊的土壤条件为微生物生长和繁殖提供了良好的环境。例如树木每克外生菌根能分别支持 106 个好氧细菌和 102 个酵母,菌根际微生物数量比周围土体高 1000 倍。菌根条件下,与土体接触面积的扩大和微生物数量的增多为菌根修复有机污染土壤提供了环境条件。菌根中,丛枝菌根(AM)真菌是土壤微生物区系中生物量最大、最重要的类型之一。与外生菌根相比,AM 能在绝大多数速生草本植物中形成。研究发现,AM 在改善植物营养状况、促进植物生长、增强植物抗逆能力等方面有显著作用。AM 产生的外延菌丝不仅能改良土壤结构,有利于植物对营养物质的吸收,改善产品品质,而且接种 AM 真菌的植物,其抗病性、抗逆性(抗旱、耐盐、抗极端温度等)都优于未接种的植物。目前报道较多的是 AM 可促进土壤 PAHs 的降解。接种菌根真菌(*Glomus mosseae*)提高了黑麦草(*Lolium multiflorum*)在 PAHs 污染土壤中的成活率,PAHs 浓度为 500 mg/kg 时只有菌根植物可以生存,研究发现根际土壤 PAHs 残留量明显低于非根际土壤;同样,在蒽严重

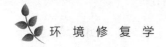

污染的土壤中，接种 AM 真菌的黑麦草明显比没有接种的存活率高，根际土壤中蒽的降解率也高于非根际土壤。这是因为菌根真菌是异养微生物，需要以外界吸收来的营养物质作为生长与繁殖的能量，而有机污染物可以作为菌根真菌的碳源。菌根真菌通过自身的代谢作用和其他途径将污染物分解为简单的有机物，或分解为二氧化碳和水，达到降解有机污染物或降低毒性的目的。许多研究结果表明，AM 代谢土壤中的 PAHs 时，是利用其作为碳源和能源。

AM 还能够促进根际微生物对有机污染物的降解。AM 真菌与宿主植物建立共生关系后，不仅显著影响宿主植物生长，而且引起根系分泌物的变化。未形成 AM 时根分泌物直接释放到土壤中；形成 AM 后，AM 真菌可过滤分泌物，根系分泌物被 AM 真菌利用。由于 AMF 对分泌物的利用及菌根的代谢作用，进入土壤的分泌物数量和组成变化很大。例如，AM 真菌对三叶草（*Trifolium pratense*）根系分泌的有机酸组分和含量都有一定的影响，用洗根法和琼脂膜法收集到的分泌物都表现出菌根化三叶草分泌的有机酸总量低于非菌根化三叶草的趋势。因此，AM 通过改变根系分泌物而对根际特殊降解微生物种群具有选择性，并可改善微生物的生活环境，提高微生物活性，促进微生物对有机污染物的降解。研究表明，接种过 AM 真菌的棉花，根际的细菌、放线菌和固氮菌数量在花期以后明显高于对照植株，真菌数量则低于对照植株。Heinonsalo 等曾提出菌根际假说，即在自然界木质素较多的腐殖土或石油碳氢化合物污染土壤中，富碳基质分泌到根际尤其是菌根际，使细菌群利用碳源的能力加强，从而促进了微生物对石油类污染物的降解。

此外，AM 能够分泌酶降解污染物。AMF 可分泌氧化酶等，并能影响植物或微生物体内氧化酶等的含量水平，进而影响土壤中降解酶的活性，促进土壤中有机污染物的降解。试验表明，接触污染物以后 AM 能产生多种具有降解功能的诱导酶来降解污染物，并可以利用该污染物作为其生长、繁殖的碳源和能量。AM 修复 BP 污染土壤的研究结果表明，丛枝菌根真菌促进了土壤中 BP 的降解，这主要是由于 AMF 提高了土壤中多酚氧化酶的活性。某些豆科植物接种 AMF 后过氧化酶活性增加，进而促进有机污染物的氧化降解。从许多有机污染物分解机理的研究结果来看，只要土壤中有可促进真菌好氧酶合成的物质，真菌就能降解更多的有机污染物。但是，迄今为止有关 AM 作用下植物对土壤有机污染物吸收的研究报道还不是很系统，仅涉及了少数种类的污染物和 AM 真菌。另外，植物对土壤污染物的吸收积累对 AM 修复有机污染土壤的相对贡献也还有待于进一步深入研究。

◆作业◆

概念理解

土壤污染；土壤重金属污染；土壤有机污染。

问题简述

(1)土壤污染的主要途径有哪些?

(2)土壤污染从哪些方面影响土壤的结构与功能?

(3)土壤重金属污染的物理化学措施与技术有哪些?

(4)土壤重金属污染的生物修复措施与技术有哪些?

(5)土壤有机污染的微生物修复技术有哪些种类?就某一具体技术进行充分理解和阐述。

(6)试论述土壤重金属污染修复最有可能产业化应用的技术与途径。

系统阐述

系统论述耕地土壤重金属污染的各类修复技术的可行性与存在的问题。

◆进一步阅读文献◆

李江遐,吴林春,张军,等.生物炭修复土壤重金属污染的研究进展[J].生态环境学报,2015,24(12):2075-2081.

吴洁婷,杨东广,王立,等.植物—菌根真菌联合修复重金属污染土壤[J].微生物学通报,2018,45(11):200-213.

生态环境部 国家市场监督管理总局.土壤环境质量 农用地土壤污染风险管控标准(试行):GB 15618-2018[S].北京:中国环境科学出版社,2018.

Antizar-Ladislao B,Beck A J,Spanova K,et al.The influence of different temperature programmes on the bioremediation of polycyclic aromatic hydrocarbons (PAHs) in a coal-tar contaminated soil by in-vessel composting[J].Journal of Hazardous Materials,2007,144(1):340-347.

Adams G O,Fufeyin P T,Okoro S E,et al.Bioremediation, biostimulation and bioaugmention:A review[J].International Journal of Environmental Bioremediation & Biodegradation,2015,3(1):28-39.

Bastida F,Jehmlich N,Lima K,et al.The ecological and physiological responses of the microbial community from a semiarid soil to hydrocarbon contamination and its bioremediation using compost amendment[J].Journal of Proteomics,2016,135:162-169.

Bolan N,Kunhikrishnan A,Thangarajan R,et al.Remediation of heavy metal (loid) contaminated soils—to mobilize or to immobilize[J].Journal of Hazardous Materials,2014,266:141-166.

Blouin M,Hodson M E,Delgado E A,et al.A review of earthworm impact on soil function and ecosystem services[J].European Journal of Soil Science,2013,64(2):161-182.

Chen M,Xu P,Zeng G,et al.Bioremediation of soils contaminated with polycyclic aromatic hydrocarbons, petroleum,pesticides,chlorophenols and heavy metals by composting:Applications, microbes and future research needs[J].Biotechnology Advances,2015,33(6):745-755.

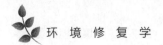

Garcia-Rodríguez A, Matamoros V, Fontàs C, et al. The ability of biologically based wastewater treatment systems to remove emerging organic contaminants—a review[J]. Environmental Science and Pollution Research, 2014, 21(20):11708-11728.

Finnegan C, Ryan D, Enright A M, et al. A review of strategies for the detection and remediation of organotin pollution[J]. Critical Reviews in Environmental Science & Technology, 2018, 48(1):77-118.

Godheja J, Shekhar S K, Siddiqui S A, et al. Xenobiotic compounds present in soil and water: a review on remediation strategies[J]. Journal of Environmental & Analytical Toxicology, 2016, 6(5).

Komárek M, Vaněk A, Ettler V. Chemical stabilization of metals and arsenic in contaminated soils using oxides-A review[J]. Environmental Pollution, 2013, 172:9-22.

Kästner M, Miltner A. Application of compost for effective bioremediation of organic contaminants and pollutants in soil[J]. Applied Microbiology and Biotechnology, 2016, 100(8):3433-3449.

Li Z, Ma Z, van der Kuijp T J, et al. A review of soil heavy metal pollution from mines in China: Pollution and health risk assessment[J]. Science of the Total Environment, 2014, 468:843-853.

Lü H, Mo C H, Zhao H M, et al. Soil contamination and sources of phthalates and its health risk in China: A review [J]. Environmental Research, 2018, 164:417-429.

Manjhi B K, Pal S, Meena S K, et al. Mycorrhizoremediation of Nickel and Cadmium: A promising technology[J]. Nature Environment and Pollution Technology, 2016, 15(2):647-652.

Mao X, Jiang R, Xiao W, et al. Use of surfactants for the remediation of contaminated soils: A review[J]. Journal of Hazardous Materials, 2015, 285:419-435.

Mustafa Y A, Abdul-Hameed H M, Razak Z A. Biodegradation of 2,4—Dichlorophenoxyacetic acid contaminated soil in a roller slurry bioreactor[J]. CLEAN-Soil, Air, Water, 2015, 43(8):1241-1247.

Mohan S V, Sirisha K, Rao N C, et al. Degradation of chlorpyrifos contaminated soil by bioslurry reactor operated in sequencing batch mode: Bioprocess monitoring[J]. Journal of Hazardous Materials, 2004, 116(1):39-48.

Paladino G, Arrigoni J P, Satti P, et al. Bioremediation of heavily hydrocarbon-contaminated drilling wastes by composting[J]. International Journal of Environmental Science and Technology, 2016, 13(9):2227-2238.

Panagos P, Van Liedekerke M, Yigini Y, et al. Contaminated sites in Europe: Review of the current situation based on data collected through a European network[J]. Journal of Environmental and Public Health, 2013:158767.

Paz-Ferreiro J, Lu H, Fu S, et al. Use of phytoremediation and biochar to remediate heavy metal polluted soils: A review[J]. Solid Earth Discussions, 2013, 5(2):2155-2179.

Rodríguez-Rodríguez C E, Barón E, Gago-Ferrero P, et al. Removal of pharmaceuticals, polybrominated flame retardants and UV-filters from sludge by the fungus Trametes versicolor in bioslurry reactor[J]. Journal of Hazardous Materials, 2012, 233:235-243.

Rahman S, Kim K H, Saha S K, et al. Review of remediation techniques for arsenic (As) contamination: A novel approach utilizing bio-organisms[J].Journal of Environmental Management,2014,134:175-185.

Sarubbo L A,Rocha Jr R B,Luna J M,et al.Some aspects of heavy metals contamination remediation and role of biosurfactants[J].Chemistry and Ecology,2015,31(8):707-723.

Singh R,Singh S,Parihar P,et al.Arsenic contamination,consequences and remediation techniques:A review[J].Ecotoxicology and Environmental Safety,2015,112:247-270.

Su C.A review on heavy metal contamination in the soil worldwide:Situation,impact and remediation techniques[J].Environmental Skeptics and Critics,2014,3(2):24.

Tomei M C,Daugulis A J.Ex situ bioremediation of contaminated soils:An overview of conventional and innovative technologies [J]. Critical Reviews in Environmental Science and Technology, 2013, 43 (20): 2107-2139.

Uqab B,Mudasir S,Nazir R.Review on bioremediation of pesticides[J].Journal of Bioremediation and Biodegradation,2016,7(3):1000343.

Zhang X,Wang H,He L,et al.Using biochar for remediation of soils contaminated with heavy metals and organic pollutants[J].Environmental Science and Pollution Research,2013,20(12):8472-8483.

第8章 地表水环境修复

　　地表水(Surface water)，是陆地表面上动态水和静态水的总称，亦称"陆地水"，包括各种液态的和固态的水体，主要有河流、湖泊、沼泽、冰川、冰盖等。人类活动已对地表水产生深远影响，地表水环境问题已受到越来越广泛的关注。水体污染、水体富营养化等导致的水生态系统结构破坏或功能退化，最典型的体现形式就是"黑臭水体"。地表水体修复的目标是恢复其结构和功能，目前常用的地表水体污染修复技术包括物理修复、化学修复、生物修复、工程修复、生态修复等几类。

8.1　概述

　　地表水是水圈的重要组成部分，是以相对稳定的陆地为边界的天然水域的总称，包括具有一定流速的沟渠流水、江河水系，相对静止的塘堰、水库、沼泽、湖泊、冰川和冰盖等，以及受潮汐影响的三角洲。把水体当作完整的生态系统或综合自然体来看待，包括水中的悬浮物质、溶解物质、底泥和水生生物等。地表水环境质量(Environment quality of surface water)一般是指在一个具体的地表水环境内，地表水环境的总体或环境的某些要素，对人群的生存和繁衍以及社会经济发展的适宜程度。

8.1.1　地表水污染

　　新修订的《中华人民共和国水污染防治法》(2017年修订，2018年1月1日施行)中指出，水污染(Water contamination)是指水体中因某种或某些物质的介入，其化学、物理、生物或者放射性等特性改变，危害人体健康或者破坏生态环境，从而影响水的有效利用，造成水质恶化的现象。地表水污染主要是由人类活动排放污染物，造成地表水的水体水质污染。按地表水体的类型，污染可分为河流污染、湖泊(水库)污染和海洋污染。其中，河流污染的特点为污染程度随径流量和排污的数量与方式而变化。污染物扩散快，上游的污染会很快随水流影响下游，某河段的污染会影响到整个河道水生生物环境。污染影响大，河水中的污染物可通过饮水、河水灌溉农田和食物链而危害人类。湖泊(水库)污染的特点是某些污染物可能长期停留其中发生量的积累和质的变化。其中，主要是磷、氮等植物营养元素所引起的湖水富营养化。海洋污染的特点是污染源多而复杂，污染的持续性强、危害性大，污染范围广。

8.1.2　地表水污染分类及危害

8.1.2.1　地表水污染源分类

人类活动所排放的各类污水是将污染物带入地表水体的载体之一，由于这些污水、废水多由管道收集后集中排放，因此常被称为点源。点源的特点是其变化规律服从工业生产废水和城市生活污水的排放规律，它的量可以直接测定或者定量化，其影响可以直接评价。大面积的农田地面径流或雨水径流也会对地表水体产生污染，由于其进入水体的方式是无组织的，因此通常被称为非点源或面源。面源污染的排放是以扩散方式进行的，时断时续，常与气象因素有联系。

(1)点源污染。

主要的点源有生活污水和工业废水。由于产生废水的过程不同，这些污水、废水的成分和性质有很大的差别。

①生活污水。生活污水主要来自家庭、商业企业、学校、旅游服务企业及其他城市公用设施，包括厕所冲洗水、厨房洗涤水、洗衣机排水、沐浴排水及其他排水等。污水中主要含有悬浮态或溶解态的有机物质(如纤维素、淀粉、糖类、脂肪、蛋白质等)，还含有氮、硫、磷等无机盐类和各种微生物。一般生活污水中悬浮固体的含量在 $200\sim400$ mg/L 之间，由于其中有机物种类繁多，性质各异，常以生化需氧量(BOD_5)或化学需氧量(COD)来表示其含量。生活污水的 BOD_5 通常为 $200\sim400$ mg/L。

②工业废水。工业废水是指工业生产过程中产生的废水和废液，其中含有随水流失的工业生产用料、中间产物、副产品以及生产过程中产生的污染物。根据其来源可以分为工艺废水、原料或成品洗涤水、场地冲洗水以及设备冷却水等；根据废水中主要污染物的性质，可分为有机废水、无机废水、兼有有机物和无机物的混合废水、重金属废水和放射性废水等；根据产生废水的行业性质，又可分为造纸废水、印染废水、焦化废水、农药废水和电镀废水等。不同工业排放的废水性质差异很大，即使是同一种工业，由于原料工艺路线、设备条件和操作管理水平的差异，废水的水量和性质也不尽相同。一般来讲，工业废水有以下几个特点：

a. 废水中污染物浓度大。某些工业废水含有的悬浮固体或有机物浓度是生活污水的几十倍甚至几百倍。

b. 废水成分复杂且不易净化。工业废水常呈酸性或碱性，废水中常含有不同种类的有

机物和无机物，有的还含有重金属、氰化物、多氯联苯、放射性物质等有毒污染物。

c. 废水带有颜色或异味。某些工业废水具有刺激性的气味，或呈现出令人生厌的外观，如废水颜色较深，水面易产生泡沫，或漂浮着油类污染物等。

d. 废水水量和水质变化大。工业生产一般具有分班进行的特点，废水水量和水质常随时间发生变化，工业产品的调整或工业原料的变化也会造成废水水量和水质的变化。

e. 废水中含有大量废热。某些工业废水的水温较高，甚至能够达到40℃以上。

(2)非点源污染。

非点源污染主要指农村灌溉水形成的径流、农村中无组织排放的废水、地表径流及其他废水污水。农村废水一般含有有机物、病原体、悬浮物等污染物；畜禽养殖业排放的废水常含有很高浓度的有机物；由于过量地施加化肥、使用农药，农田地面径流中常含有大量的氮、磷等营养物质和有毒的有机物。分散排放的小量污水也可看作面源污染。大气中的污染物随降雨进入地表水体，也可认为是面源，如酸雨。此外，天然性的污染源，如水与土壤之间的物质交换，风刮起泥沙、粉尘进入水体等，也是一种面源。对面源污染的控制要比点源污染困难得多。值得注意的是，对于某些地区和某些污染物来说，面源污染所占的比重往往不小。例如，面源污染对湖泊富营养化的贡献常会超过50%。

8.1.2.2　地表水污染物分类

水体污染物，是指直接或者间接向水体排放的，能导致水体污染的物质。地表水中的污染物种类繁多，根据污染物的来源与种类及其对环境的危害程度，可大致分为悬浮污染物、耗氧有机污染物、酸碱污染物、植物性营养物、石油类污染物、毒性污染物、热污染物、病原微生物污染物、难降解有机物、放射性物质等。

(1)悬浮污染物。

悬浮污染物(Suspended pollutants)主要指悬浮在水中的污染物质，包括无机的泥沙、炉渣、铁屑，以及有机的纸片、菜叶等。水力冲灰、洗煤、冶金、屠宰、化肥、化工、建筑等工业废水和生活污水中都含有悬浮状的污染物，排入水体后除了会使水体浑浊，影响水生植物的光合作用，还会吸附有机毒物、重金属、农药等物质，形成危害更大的复合污染物沉入水底，长年累月后形成淤积，不仅会妨碍水上交通或减少水库容量，还会增加清淤负担。

(2)耗氧有机污染物。

生活污水和某些工业废水中含有糖类、蛋白质、氨基酸、酯类、纤维素等有机物质，这些物质以悬浮状态或溶解状态存在于水中，能在微生物作用下分解为简单的无机物，分解过程中氧气被消耗，水质变黑发臭，甚至导致水中鱼类及其他水生生物窒息，因此将此类物质统称为耗氧有机污染物(Oxygen-consuming organic pollutants)。当水中溶解氧降至

4 mg/L 以下时，将严重影响鱼类和水生生物的生存；当溶解氧降至零时，水中厌氧微生物占据优势，厌氧微生物降解过程会产生硫化氢、氨、硫醇等具有刺激性气味的物质，导致水体变黑发臭，从而完全丧失使用功能。耗氧有机物的污染是当前我国最普遍的一种水污染。由于有机物成分复杂，种类繁多，一般用生化需氧量（BOD_5）、化学需氧量（COD）或总有机碳（TOC）等综合指标表示耗氧有机污染物的量。

（3）酸碱污染物。

酸碱污染物排入水体会使水体 pH 发生变化，破坏水体自然缓冲作用。当水体 pH 小于6.5 或大于8.5 时，水中微生物的生长会受到抑制，致使水体自净能力减弱，并影响渔业生产，严重时还会腐蚀船只、桥梁及其他水上建筑。用酸化或碱化的水浇灌农田，会破坏土壤的理化性质，影响农作物的生长。酸碱污染物进入水体还会使水的含盐量增加，提高水的硬度，对工业、农业、渔业和生活用水都会产生不良的影响。

（4）植物性营养物。

植物性营养物（Plant nutrients）主要指含有氮、磷等植物所需营养的有机和无机化合物，如氨氮、硝酸盐、亚硝酸盐、磷酸盐以及含氮和磷的有机化合物。这些污染物排入水体，特别是流动较缓慢的湖泊、海湾，容易引起水中藻类及其他浮游生物大量繁殖，形成富营养化污染（一般认为当氮含量＞0.2 mg/L，磷含量＞0.02 mg/L，生化需氧量＞10 mg/L 时，水体处于富营养化状态）。富营养化会使水中溶解氧下降，严重时导致鱼类窒息而大量死亡，甚至导致湖泊的干涸；同时还会导致藻类大量死亡，水中 BOD_5 猛增，造成水体厌氧发酵，产生臭味，恶化水质；还会使饮用水源地的自来水处理厂运行困难，饮用水产生异味，危害人体健康。

（5）石油类污染物。

沿海及河口石油的开发、油轮运输、炼油工业废水的排放等，会使水体受到石油的污染，特别是在河口和近海水域，近年来这种污染十分突出。含有石油类产品的废水进入水体后会漂浮在水面并迅速扩散，形成一层油膜，阻止大气中的氧进入水中，使水生生物缺氧死亡，并妨碍水生植物的光合作用。同时，石油类物质的降解需要消耗水中的溶解氧，可造成水体缺氧，从而间接对水生动植物产生影响。部分石油类物质能够直接对水生动植物产生毒性，使鱼类等水生生物死亡。食用在含有石油的水中生长的鱼类，还会危害人体健康。漂浮在水面上的油层，可能会受水流和风的影响扩散，致使海滩休养地、海滨风景区被破坏，海洋鸟类的生活也遭到危害。

（6）毒性污染物。

毒性污染物（Toxic pollutants）是指那些直接或者间接被生物摄入体内后，可能导致该生物或者其后代发生病变、行为反常、遗传异变、生理机能失常、机体变形或者死亡的污染物。当天然水体中的酚类、氰化物、汞、镉、铅、砷等重金属元素等有毒物质超过一定

浓度时，就会产生生物致死作用；低浓度的有毒物质虽不能致死生物，但可在生物体内富集并通过食物链的作用逐级积累，最终影响人体健康。日本的公害病——水俣病就是因工厂将含汞废水排入海湾，经生物甲基化作用，再通过食物链多次富集后，人们长期食用含高浓度有机汞的海产品所致；骨痛病也是长期摄入含镉的水和粮食后造成骨骼中钙含量减少所引起的。这两种疾病最终都会导致人的死亡。

(7)热污染物。

热电厂、金属冶炼厂、石油化工厂等常排放高温废水，这些废水进入水体后会使水体温度升高，这种由大量废热引起的环境污染称为热污染(Thermal pollution)。热污染会影响水生生物的生存及水资源的利用价值。水温升高会使水中溶解氧减少，同时加快微生物的代谢速率，使溶解氧含量下降更快；还会使水体中某些毒物的毒性增加，最后导致水体的自净能力降低。水温的升高对鱼类的影响最大，甚至会引起鱼类死亡和水生生物种群的改变。

(8)病原微生物污染物。

废水中的绝大多数微生物是无害的，但有时可能含有少量的致病微生物。如生活污水中可能含有会引起肝炎、伤寒、霍乱、痢疾等疾病的病毒、细菌以及蛔虫卵等；屠宰肉类、食品加工等的污水中可能含有炭疽杆菌的钩端螺旋体等；医院污水中可能含有各种病菌、病毒、寄生虫等病原微生物。这些污水流入天然水体会传播各种疾病。用受到病原微生物污染的水灌溉农田时，会导致受污染地区疾病流行。

(9)难降解有机物。

难降解有机物(Refractory organic matter)是指那些难以被微生物分解的有机物，它们大多是人工合成的有机物。例如有机氯化合物、有机芳香胺类化合物、有机重金属化合物以及多环芳烃等。其特点是能在水中长期且稳定地存留，并通过食物链富集最后进入人体，显著危害人体健康。

(10)放射性物质。

放射性物质主要来自核工业和使用放射性物质的工业或民用部门。放射性物质能从水或土壤中转移到动物、植物或其他食物中，并发生浓缩和富集，最后进入人体，危害人体健康。

8.1.2.3 地表水污染危害

(1)影响人体健康。人体在新陈代谢过程中，把水中的各种元素通过消化道带入人体的各个部分。如果长期饮用不良水质的饮用水，必然会导致体质不佳、抵抗力减弱，引发疾病。据世界卫生组织(WHO)调查，人类80%的疾病和50%的儿童死亡率都与饮水水质不良有关。当水中含有有害物质时，对人体的危害更大。例如，长期饮用被汞、铬、铅及非金属砷污染的水，会使人发生急、慢性中毒或导致机体癌变；饮用含氟化合物的水时，化合物极易与蛋白质融合，融合后不易排出体外，会引起中毒反应。另外，由于含氟化合物的化学性质十分稳定，不易被破坏或降解，会危害人体全身脏器，抑制免疫系统，干扰酶活性，破坏细胞膜活性。

(2)影响产业活动正常进行。农业、工业、服务业的正常活动，不仅需要充足的水量，而且不同行业对水质也有一定的要求。如果水质污染，工业用水势必投入更多的处理费用，造成资源、能源浪费，甚至导致产品质量下降，造成经济损失。尤其是食品工业对用水要求更为严格，若水质不合格，生产的食品会危害人体健康。在农业上，如果长期使用污水灌溉农田，会使土壤的化学成分发生改变，导致土壤板结、龟裂、土质变硬、盐碱化等，有毒有害物质长期积累，影响农作物产量与质量。水环境质量对于渔业的影响更为直接，水体污染改变了水生生物的原有生存环境，会影响鱼类等水生生物的生长、繁殖乃至生存；同时，人如果食用了受污染的鱼类，也会损害健康。

(3)影响生态环境结构和功能。水污染会对生态环境造成严重影响。当含有大量营养物质和污染物的生活污水、工业废水进入河流或湖泊，超过水体的自净能力时，会引起水质污染、水环境恶化、溶解氧含量降低，水体发黑、发臭，不仅严重破坏河流或湖泊等水生生态系统的结构和功能，而且会影响到周围环境的空气质量。

8.1.3　地表水体污染修复

地表水环境质量(Environment quality of surface water)，是指地表水环境质量表征因子和环境要素指标对水体环境功能的适宜性。一般地，地表水环境质量是根据地表水环境功能和对应地表水环境质量标准进行符合性评价，确定具体的特定水域和水体环境的质量。地表水体污染后，水质不能满足水环境功能区、水功能区、保护目标的需要，或水生生态系统正常结构和功能受到威胁或破坏，需进行修复。地表水体污染修复是利用物理、化学、生物和生态的技术、方法和工程措施，减少或消除水体中有毒有害物质，使受污染的地表水体部分或完全地恢复到自然状态或达到地表水环境质量要求的过程。

8.1.3.1　修复原则

(1)地域性原则。根据水体的地理位置、气候特点、水体类型、功能要求、经济基础等因素，制定适当的水环境修复计划、指标体系和技术途径。

(2)生态学原则。根据水生生态系统自身的演替规律分步骤、分阶段进行修复，并根据生态位和生物多样性原则构建健康的水环境生态系统。

(3)最小风险和最大效益原则。水体修复是一项技术复杂、耗资巨大的工程，而且往往很难预计修复工程对生态环境是否会带来新的负面影响。因此，在水体修复过程中，要对

工程进行全面论证，以求将风险降到最低的同时获得最大的环境效益、社会效益和经济效益。

8.1.3.2 一般程序

地表水修复是一个综合修复的生态和工程以及污染源治理过程，任何一种简单的修复措施，即使可立即见效，也难以持续下去。一般情况下，地表水修复应当遵循"控源、截污、疏浚底泥、建立生态岸线、重建水生生态系统"的要求进行。针对特定的污染水体，尽管污染类型多样，污染特征各不相同，环境背景千差万别，但是需要综合考虑下面几个方面的内容，当然，在修复过程和技术组装中，不同阶段各有侧重和特色。

（1）"控源"，即截断目标污染物来源，特别是对于点源输入的污染物。通过改进工艺、关停排污口，减少和消除污染物向水体输入的主要来源。

（2）"截污"，即通过植物过滤带、截流沟、截污管网等措施综合的运用，减少和消除地表污染物和营养物质向水体的持续输送途径，便于开展下一步的修复工作。

（3）"疏浚底泥"，是通过工程措施将长期污染的或污染严重的河湖水体的表层底泥输出，彻底消除底泥中污染物和营养物质向水体中持续排放，降低修复难度。

（4）"建立生态岸线"，就是通过生态工程措施，在沿岸建立因地制宜的植物缓冲带、植物隔离带、人工湿地，逐步恢复自然生态过渡带的生态自维持和净化功能。这是河湖水体修复和景观修复技术运用的最重要的环节。

（5）"重建水生生态系统"，就是通过工程学途径，重建水体对水生生物的适宜性，如增氧、增加透明度。在此基础上，采用恢复生态学和生态工程学的手段和技术，重建完整的水生生态系统群落结构，恢复水生生态系统自维持的生态功能。最后，通过生态系统管理以及生物操纵，实现水环境质量的不断改善，以及水生生态系统结构与功能的稳定和维持。重建水生生态系统结构与功能，是水环境和水功能修复技术的质量和效果的具体实现。

8.1.3.3 修复特点

地表水修复一般不可能使地表水体完全恢复到原始状态，因此，地表水修复的目标是在保证地表水环境结构健康的前提下，满足人类社会可持续发展对地表水环境功能的要求。

水体修复不同于传统的环境污染控制工程，在传统的环境污染控制工程领域，处理对象是能够从环境中分离出来的废水、废气以及固体废物等，对于这类处理对象需要建造成套的处理设施，在短时间内以最快的速度和最低的成本，将污染物净化去除。而在水环境修复领域所修复的水体是环境的一部分，在修复过程中需要保护周围环境，不可能建造将整个修复对象包容进去的处理系统。如果采用传统的净化方法，即使修复了局部水体，也会产生巨大的运行费用。因此，水体修复过程是依靠水生生态系统的自我调节能力，辅以

人工措施，使超负荷的水生生态系统逐步恢复与重建的过程。

8.1.3.4 修复技术

水体污染修复技术是指人类修复污染水体时所采用的手段，依据采用的方法不同，水体污染修复技术可概括为物理修复技术、化学修复技术、生物修复技术和生态修复技术四类。

(1)物理修复技术是借助物理手段将污染物从水体中分离出来的技术。在水体的物理修复过程中常采用的方法有稀释、曝气、机械—人工除藻、底泥疏浚等。这些分离方法没有高度的选择性，工艺简单且费用低廉，一般来说，物理修复技术不能充分达到修复的要求，通常作为水体修复的初步技术。

(2)化学修复技术是通过向水体投加化学药剂，使污染物发生氧化还原、酸碱中和、分解合成以及络合沉淀等化学反应后浓度降低，或使污染物存在形态发生变化从而降低其危害的修复技术。水体修复常用的化学方法主要有化学沉淀、化学除藻、酸碱中和和钝化等。相较其他修复技术，化学修复技术较为成熟，是一种快捷、积极、对污染物类型和浓度不是很敏感的修复方法。这种方法虽简便易行、省时省力，但并不能从根本上改善水质。相反，随着药剂投加量的不断增加，药剂品种的不断更换，对环境的二次污染也在不断加重，从而使水生环境形成严重的恶性循环，如溶解氧含量下降、鱼类死亡、生物多样性降低等，严重地影响生态系统的结构和功能。

(3)生物修复技术是培育植物或培养、接种微生物后，利用它们的生命活动对水体中的污染物进行转移、转化及降解的修复技术，水体生物修复的最终结果是恢复水生生态系统的结构与功能特征。生物修复技术作为20世纪90年代迅速发展起来的一项污染治理工程技术，具有处理效果好，不需耗能或低耗能，工程造价相对较低，运行成本低廉等优点。另外，这种处理技术不向水体投放药剂，不会形成二次污染；还可以与绿化环境及景观改善相结合，在治理区建造休闲和体育设施，创造人与自然相融合的优美环境，从而成为当今污染水体的首选治理措施。这种廉价实用的技术适用于我国江河湖库大范围的污水治理。

(4)生态修复技术是停止对生态系统的人为干扰，以减轻负荷压力，依靠生态系统的自我调节能力与自我组织能力向有序的方向进行演化，或者利用生态系统的自我恢复能力，辅以人工措施，使遭到破坏的生态系统逐步恢复并向良性循环方向发展的修复技术。生态修复技术在营造景观水体时引入净水微生物、植物、浮游动物、鱼类和底栖动物，由此形成许多条食物链，食物链交叉构成纵横交错的食物网，此时人为地在各营养级之间保持适宜的数量比和能量比，即可建立良好的生态平衡系统。生态系统的动态平衡过程会消耗水中的营养成分，同时去除有机物、无机盐、藻类和细菌等污染物，因此能够促进水体的自净作用。传统的针对江河湖库等地表水体的生态处理技术一般包括生态塘处理技术、生物

处理技术、湿地处理技术和土地处理技术等。生态处理技术的特点在于原位治理、体现观赏性和应用前景广，它的优点是前期治本、节省土建、无须能耗且运行成本低廉。

8.2　河流水环境修复

8.2.1　河流水环境污染

河流污染(River pollution)是指直接或间接排入河流的污染物超过河流的自净能力，造成河水水质恶化、河流生物资源损害的现象，是破坏河流生态系统的重要因素。目前，我国河流污染主要以有机污染为主，主要污染指标是氨氮、生化需氧量、高锰酸盐指数和挥发酚等。根据污染物的来源，可把污染分为外部污染和内部污染。外部污染指外界排入河流的污染，如工业废水、生活污水等。内部污染是指河流内部向水体释放污染物，通常指河床底泥、藻类植物、水面漂浮物等。根据污染物的主要类型，可将河流水环境污染分为耗氧污染、富营养化污染和重金属污染三种污染类型。根据各类型污染指数计算方法，又将不同类型的河流污染划分为 5 个不同等级(无或低、轻度、中度、重度、极重度)。

世界上绝大多数大工业区和城市都建立在滨河地区，大量排放废水入河，河流受到不同程度的污染。河流污染的主要特点一般包括三个方面：①污染程度随径流量而变化。在排污量相同的情况下，河流径流量越大，污染程度越低，而河流的径流量又随时间、季节变化，因此污染程度也随时间和季节改变。②污染物扩散快，污染影响范围大。河流的流动性使污染的影响范围不限于污染发生区，上游遭受的污染会很快影响到下游，甚至一段河流的污染可以波及整个河道的生态环境(考虑到鱼的洄游等)。③污染危害大。河水是主要的饮用水源，污染物通过饮用水可直接毒害人体，也可通过食物链和农田灌溉间接危及人体健康。

8.2.2　河流水环境修复

河流水环境修复是指利用生态学理论，采用生态和工程技术手段，修复因人类活动干扰而退化的河流水体，并使其生态结构和服务功能恢复到接近原有状态的过程。在实际修复中，一般很难将河流恢复到完全没有受到人为干扰的状态。因此，一般只是适当修复，即恢复河流的生态功能，使其达到能够满足人类需求的水平。

从 20 世纪 50 年代开始，河流水环境修复经历了单一水质恢复、河流生态系统恢复、大型河流生态系统恢复以及流域尺度的整体生态恢复等若干阶段。目前，针对河流的修复已经把注意力集中在河流及流域的生态恢复上。河流修复的生态系统包括生物系统、广义水文系统和人工设施系统等。河流生态修复不能只限于某些河段的修复或河道本身的修复，而是要着眼于生态景观尺度的整体修复。

8.2.2.1 河流生态修复原则

（1）自然循环原则。自然循环原则是河流生态修复的基本原则。利用河流生态系统的自我调节能力，因势利导地采取适当的人为措施，尽可能恢复河流的纵向连续性和横向连通性，防止河床材料的硬质化，使河流系统朝着自然和健康的方向发展。通过水资源的合理配置维持河流生态需水量，水库的调度除了满足社会需求外，应尽可能接近自然河流的脉冲式的水文周期，最大限度地构造人类和河流融洽和谐的环境。河流自然循环受到众多条件的制约，如气候、地质地貌、植被条件、河流状况、土地利用、城市规划、人口社会、产业结构、污染特征和管理机制等，全面综合考虑这些因素方可查明河流受损的程度和原因，并据此明确河流治理的修复阶段和相应措施。

（2）主功能优先原则。河流系统各项功能在不同阶段和不同河段的重要程度有所不同，水功能区划和水环境功能区划也不同。对于一些经济发展迅速、开发过度、污染问题突出的地区，需要优先恢复其河流自净功能，达到水域环境功能区要求。对于经济发达但污染问题不突出的地区，可以优先考虑满足生态功能的需求，适当恢复河流水生生境及生物多样性，改善河流生态系统结构和服务功能。当各项服务功能不能同时满足时，可以优先考虑河流的水域环境功能，并依此来确定相应的功能指标。

（3）因地制宜，分时段考虑原则。在不同的时间尺度或不同时段，河流系统会因外部条件而改变或因各项功能主导作用的交替变化而具有不同的动态变化特征。从较长的时段来看，河流系统功能的生态修复不可一蹴而就，对于受损程度不同、约束条件不同的河流，应该根据实际情况明确河流当前所处修复阶段，因地制宜，合理规划治理修复进程。

（4）综合效益最大化原则。河流生态系统的复杂性决定了最终修复结果和演替方向的不确定性，河流生态修复具有周期长、风险大、投资高的特点。因此，需要从流域系统出发进行整体分析，将近期利益与远期利益相结合，通过费用效益分析对现有货币条件下的费用、效益进行比较，根据河流所处的治理修复阶段提出河流修复的最佳方案，以获得最大的河流修复成效，实现社会效益和生态环境效益的最大化。

（5）科学监测和管理原则。对河流的修复需要进行长期的科学监测，及时掌握河流生态系统的变化过程和变化趋势，进而制定科学的管理措施，保证修复效果。

（6）利益相关者有效参与原则。河流生态修复需要考虑大众的接受度、认同度和支持度。因此，在河流修复的全过程中都应贯穿利益相关者的有效参与，最大限度地反映不同利益相关者的需求，使各方面的利益得以有效协调，生态修复计划得以顺利实施，河流生态系统得以健康维护。

8.2.2.2　河流生态修复目标

河流生态修复的阶段目标是保障水域环境功能的基本需求，终极目标是建立健康的河流生态系统。河流生态修复是一个复杂的过程，不仅涉及技术层面上的问题，而且涉及公众参与、政府行为等诸多社会因素。河流管理不应将重点放在调整河流生态系统来适应人类的需要上，而应调整人类的开发行为来适应河流生态系统。河流修复的目的，是恢复河流的健康生命，依照河流健康的基本标准，在遵循自然规律的前提下，采用现有的工程和生物手段，尽可能地消除人类活动对河流环境带来的不利影响（如拆除硬化的河床及护坡），重建受损或退化的河流生态系统，恢复河流泄洪、排沙等重要的自然功能，维持河流的再生循环能力，促进河流生态系统的稳定和良性循环，实现人与水的和谐相处。

河流修复的任务是：①水文条件的恢复。这里所说的水文条件恢复是广义的，是指适宜生物群落生长的水量、水质、水温、水深和流速等水文要素的恢复。②生物栖息地的恢复。通过适度人工干预和保护措施，恢复河流廊道的生境多样性，进而改善河流生态系统的结构和功能。③生物物种的保护和恢复。特别是保护濒危、珍稀和特有物种，恢复乡土种。

河流修复规划就是制定河流修复的原则、目标、任务、指标控制、技术方案、总体布局、效益评估等方面的系统方案，主要内容包括 4 部分，即历史调查与现状分析、制定生态修复目标、提出修复对策、进行效益评估。

8.2.3　河流水环境修复技术

河流水环境修复技术是针对被人类污染的水体或底泥而提出的河流修复方法，主要分为重金属污染修复技术和有机物污染修复技术。

8.2.3.1　河流重金属污染修复技术

水体重金属污染是指含有重金属离子的污染物进入水体对水体造成的污染，常见的重金属离子有铬、镉、铜、汞、镍、锌、砷、铅等。矿冶、机械制造、化工、电子、仪表等生产行业排放的工业废水是水体重金属污染的主要来源，废水排放后用常规方法不易处理，通常只能改变它们的存在价态及形式。我国《污水排入城镇下水道水质标准》（GB/T 31962—2015)明确规定了排入城市下水道的重金属物质的最高允许浓度，超过此标准的含重金属的工业废水需要处理达标后排放。目前，重金属污染水体的修复主要有两种思路：一是改变重金属的存在形态，使其钝化脱离食物链，或使其价态改变降低毒性；二是利用植物吸收富集重金属离子，然后直接去除植物或淋洗并回收植物中的重金属，从而达到降低水体重金属和回收重金属的双重目的。

水体底泥可以直接反映水体的污染历史，也是河流或湖泊污染物的主要蓄积库。在水体修复过程中，河流底泥既是接受水体各种污染物的汇集点，又是污染河流水质的源。河流底泥中的重金属不仅对水体产生污染，危害河流的底栖生物，而且会对人类的生产生活带来影响。在环境条件发生改变时，底泥中的各种重金属、有机和无机污染物可以通过与上覆水体的交换作用重新溶于水中，成为制约河流水质的二次污染源。因此，采用合适的修复技术去除和降低河流和底泥中的重金属具有重要意义。国内外采用的方法一般可分为物理修复、化学修复、生物修复和生物—生态修复。

(1)物理修复。

底泥的物理修复主要分为原位修复和异位修复两种方法。原位修复主要包括填沙掩蔽、固化掩蔽、物理淋洗和引水等，原位吸收降解污染物不但可以节省大量疏浚费用，而且能减少疏浚带来的环境影响。异位修复主要包括底泥疏浚、固化填埋和用作建筑材料等。底泥疏浚是目前国内中小河道水环境整治中最常用的治理措施之一，可以有效地减少内源污染，改善河道水体水质、河道水动力学条件和环境景观。它通过将污染物从河道系统中清除出去，较大程度地削减底泥对上覆水体的污染贡献率，尤其能显著降低内源磷负荷，从而改善水质。但疏浚过深将会破坏原有的生态系统，且疏浚底泥以其量大、污染物成分复杂、含水率高而难以处理，处理不慎则会造成二次污染。

总体来说，物理修复方法虽然简单、见效快，但是工程量大、成本高，因此不是最理想的修复方法。

(2)化学修复。

化学修复是通过加入碱性物质将底泥的 pH 控制在 7~8，使重金属形成硅酸盐、碳酸盐、氢氧化物等难溶性沉淀物，将重金属固定在底泥中的修复技术。常用的碱性物质有石灰、硅酸钙炉渣、钢渣等，施用量的多少视底泥中重金属的种类、含量及 pH 的高低而定，但施用量不宜过多，以免对水生生态系统产生不良影响。化学修复常和物理修复结合进行，河流污染严重时可将上覆水体运送至就近的污水处理厂，然后向底泥中加入硫酸、硝酸或盐酸，浸提底泥中的重金属离子；或加入 EDTA、柠檬酸等络合剂来萃取分离底泥中的重金属。盐酸能够使浸提液对底泥重金属离子的浸提能力增加 20%，被认为是最有效、性价比较高的浸提剂，得到广泛应用。0.1 mol/L 的 EDTA 对 Zn 的最高去除率可达 70%，Pb 可达 30%，但由于成本较高应用受限。

化学修复的突出特点在于见效快，但施用的药剂也会产生很多副作用，可能造成二次污染，甚至对水生生态系统产生不良影响，因此研究重点应放在使用药剂的选择上。

(3)生物修复。

生物修复是指用微生物或植物来降解河流水体中的有机物或有毒有害物质，通过将重金属转变成有效性较低的低毒性形态或吸附于动植物体内然后移除，达到修复重金属污染的目的。生物修复具有运行成本低，不易引起河流二次污染的特点，主要分为植物修复、动物修复和微生物修复三种。

①植物修复。植物修复是利用植物的吸收和富集作用降低水体中重金属含量的修复技术，主要分为植物提取、植物稳定和植物挥发三种方法。藻类植物、草本植物和木本植物都可以用于水体重金属污染的修复，其中藻类植物常用于河流底泥的修复。植物对不同重金属的活化作用不同，如印度芥菜（*Brassica juncea*）能够富集 Zn、Pb 和 Cd 等，玉米（*Zea mays L.*）能够富集 Cu 和 Ni，遏蓝菜（*Thlaspi arvense*）能够富集 Zn、Pb 和 Cu 等，羽叶鬼针草（*Bidens maximowicziana Oett.*）能够富集 Pb 和 Cd，酸模（*Rumex acetosa L.*）能够富集 Zn 和 Pb。目前植物修复重金属污染的研究多集中在发现和培育超富集植物，以及缩短植物的生长周期上，因地制宜地选择植物对重金属污染的修复至关重要。

②动物修复。动物修复是利用某些低等动物吸收转化底泥中的重金属的修复技术。甲壳类和环节类等底栖动物对重金属具有富集作用，如三角帆蚌（*Hyriopsis cumingii*）和河蚌（*Unionidae*）能够富集 Cr、Pb 和 Cu 等重金属离子。虽然这些低等动物能够减轻水体中的重金属污染程度，但重金属在食物链的逐级累积会使高等动物及人类受到危害，加上动物修复所需时间长、成本高，故常用作重金属修复的辅助手段。

③微生物修复。微生物修复是利用微生物的生命代谢活动减少河流水环境中重金属含量的修复技术，主要分为生物氧化还原、生物吸附和生物淋滤三种方法。

a. 生物氧化还原是利用微生物改变河流重金属离子的价态，从而减少或消除重金属的毒性的技术。微生物氧化还原处理效率高，如硫酸盐还原菌（*Sulfate-Reducing Bacteria*）对一定浓度的 Ni^{2+}、Zn^{2+}、Cu^{2+} 混合液去除率可达 90% 及以上，但这一过程微生物还原产生的 H_2S 对水体其他生物具有毒害作用，并且会引起河流溶解氧的下降。因此利用微生物修复污染物时，需要同时对河流进行人工复氧，以达到较好的处理效果。

b. 生物吸附是利用微生物或其代谢产物与河流中的重金属发生螯合作用，以降低重金属浓度的技术。微生物吸附速度较快，如木霉菌（*Trichodermalhd*）在 12 h 内（pH=1.0，$T=28℃$）对 Cr^{5+} 的生物吸附去除率可达 99%。但生物吸附容易受到微生物种类及外在环境条件的影响，其机理研究不足，致使基于生物吸附原理的修复体系至今仍不完善。

c. 生物淋滤是利用微生物或其代谢产物的直接或间接作用，将河流中不溶态的重金属转化为可溶态，从而进行分离浸提的技术。生物淋滤可利用的细菌种类较多，包括硫杆菌属（*Thiobacillus*）、硫化杆菌属（*Sulfobacillus*）、酸杆菌属（*Acidianus*）、嗜酸菌属（*Acidiphilium*）、铁氧化钩端螺旋菌（*Leptospirillum ferrooxi-das*）和部分兼性嗜酸异养菌等多种细菌。这一技术在污泥重金属脱除中应用较多，如酸杆菌属在 14 d 的好氧消化后，对污泥中的 Cd、Cu、Ni、Zn 和 Pb 等重金属的去除率分别可达 38%、73.8%、54%、88% 和 20.1%；在温度为 37℃ 时，生物淋滤技术对底泥中 Cr、Cu、Ni 和 Zn 的去除率均高于

90%，Pb 的去除率也高达 60.4%。因其使用成本低，重金属去除效率高且对环境影响小等优点，生物淋滤技术在有色重金属环境污染治理领域得到了一定的研究和应用，是一种具有发展前途的重金属污染治理技术。但生物淋滤的滞留时间长，导致整体浸出效率低，故这一方法尚未得到产业化应用，今后生物淋滤技术的研究应多集中于减少淋滤滞留时间和进一步提高重金属去除效率上。

生物修复相较于其他方法具有明显的成本优势，并且对环境影响较小，目前已大规模应用于河流污染修复中。特别是微生物修复法因微生物生长周期短，繁殖速度快，适应性广的优点得到广泛应用。在生态环境综合治理的背景下，应以生物修复方法为主，以物理化学修复方法为辅，发挥各项技术的优点以达到更彻底的修复效果。

(4)生物—生态修复。

生物—生态修复是利用河流生态系统的自我恢复能力，辅以人工措施，使遭到破坏的河流逐步恢复，并向良性循环方向发展的修复技术。单一的修复技术对重金属污染的治理效果有限，而多种修复技术结合应用能更好地解决复杂的污染问题，从而加强河流对重金属的降解能力。如在植物—微生物共生体系中，高等植物能够为微生物提供充足的营养物质和附着场所，其根系分泌物还能增加微生物的降解活性，从而对微生物修复重金属污染起到强化作用；而微生物可以提供植物生长所需的无机盐，并在高等植物根系周围形成厌氧、缺氧和好氧微生物降解功能区，使植物能够更有效地降解重金属。

利用河流生态系统的自我修复能力，辅以生物修复技术为主的多种技术进行协同修复，不仅减少了二次污染，还可以形成一条高效低耗的可持续发展道路，具有很好的潜在应用前景。

8.2.3.2　河流有机物污染修复技术

河流中的有机物主要来源于人类排泄物和生产生活中的废弃物等，其主要成分是糖类、蛋白质、尿素和脂肪，由碳、氢、氧、氮和少量的硫、磷、铁等元素组成。工业废水也是少量水体有机物的来源之一，工业废水中有机物种类繁多、成分复杂，对生物有一定的毒害或抑制作用。有机物按照被生物降解的难易程度可分为两类：第Ⅰ类是可生物降解有机物(如碳水化合物、有机酸碱、蛋白质与尿素等)，第Ⅱ类是难生物降解有机物(如油类污染物、酚类物质、有机农药、有机卤化物与多环芳烃等)。第Ⅰ类有机物可被微生物直接氧化，第Ⅱ类有机物可被化学氧化或被经过驯化、筛选的微生物氧化。

水体中的有机物成分复杂，难以用具体的指标区分或定量。但由于有机物可被氧化，可采用氧化过程的耗氧量作为有机物总量的综合指标，常用的指标包括总需氧量(Total oxygen demand，TOD)、化学需氧量(Chemical oxygen demand，COD)、生化需氧量(Biochemical oxygen demand，BOD)和总有机碳(Total organic carbon，TOC)等。清洁水体中

BOD_5 含量应低于 3 mg/L，BOD_5 超过 10 mg/L 则表明水体已经受到严重污染。对水体有机物污染采用的修复方法一般分为物理修复、化学修复、生物修复和生物—生态修复四类。

（1）物理修复。

河流有机物污染的物理修复主要包括稀释、曝气和底泥疏浚三种方法。首先，通过引水来稀释污染水体，以降低水体中有机污染物浓度，提高水环境的容量；引水稀释过程也可增加水体的流动性，对沉积物—水体界面物质交换有积极影响；增加水体溶解氧含量，抑制底泥污染物的释放，有助于水体生态系统的恢复。其次，采取人工曝气使水体中溶解氧得以恢复，否则水体中大量有机物的分解会造成水体出现缺氧或厌氧状态，进而导致水体中鱼类死亡、溶解盐释放和恶臭产生；同时，曝气能使水体中溶解性铁、锰以及硫化氢、二氧化碳、氨氮等物质浓度大大降低，还可有效抑制底层水体中磷的活化和向上扩散，限制藻类的产生。通常底泥中所含污染物浓度比水体中高很多倍，在一定条件下，底泥中污染物能够重新向水体释放，导致水体污染。因此，污染严重时可采取措施疏浚底泥，以降低水体的内源污染负荷量和底泥污染物重新释放的风险，同时去除底泥中的持久性有机污染物。

稀释水体并没有从真正意义上去除污染物质，而且调水工程消耗大，并受到季节限制。河道曝气工艺可以充分利用河道原有工程设施，就地实现污水资源化，是投资少、见效快的环境污水处理工艺。但其缺点是对排放时间、地点与排放水质均不确定的污染源的反应能力弱，适合于具有固定污染源的河流。城区河道水面一般较窄，且河道中长年有水流动，因此城市河道清淤疏浚工作较为困难。特别是有些需要清淤的河道靠近闹市区，疏浚工作必须安排在夜间进行，这也会给施工带来一定的不便。因此物理修复只能作为修复过程的辅助技术。

（2）化学修复。

化学修复主要靠向河流投入化学修复剂与污染物发生化学反应，从而使污染物易降解或毒性降低。化学修复主要包括化学絮凝和化学除藻等方法。

化学絮凝是通过投入混凝剂等化学药剂去除水体中污染物以改善水质的污水处理方法，常用的药剂有：硫酸亚铁、氯化亚铁、硫酸铝、碱式氯化铝、明矾、聚丙烯酰胺、聚丙烯酸钠等。絮凝沉淀对于控制污染河流内源磷负荷，特别是河流底泥的磷释放，有一定的效果。但化学药剂的投入会明显增加河流底泥的含量，不是一种可持续的处理方法。

化学除藻能快速有效地控制藻类生长，可作为严重富营养化河流的修复应急措施，常用化学除藻剂有硫酸铜、西玛三嗪等。化学除藻操作简单，可在短时间内取得明显的除藻效果，提高水体透明度。但是该法不能将氮、磷等营养物质清除出水体，不能从根本上解决水体的富营养化。而且除藻剂的生物富集和生物放大作用对水生生态系统可能产生负面影响，长期使用除藻剂还会使藻类产生抗药性。因此，除非应急和健康安全许可，化学除藻一般不宜采用。

化学修复方法简单，在某些特殊的条件下对受污染严重的河流运用化学修复，能够起到控制和缓解污染的作用。但它同样是一种不可持续的技术手段，只能作为修复过程的辅助技术。

(3)生物修复。

生物修复是指用生物或生物菌群降解河流水体中的有机物或有毒有害物质(如 COD、BOD_5、有机氮、氨氮、石油类和挥发酚等)，或使这类物质变成无毒无害的物质(如二氧化碳、氮气或水等)，从而使河流水质得到改善，河流生态得到恢复或修复。按照生物修复中利用的生物种类，可以将其分为植物修复、动物修复和微生物修复等多种方法。

①植物修复。

植物修复是利用水生植物表面类似生物膜的净化功能和其在生长过程中可以吸收并同化水体及底泥中的氮、磷等物质的特性，降解水体中的有机污染物的修复技术。植物修复主要分为水生植被恢复和生物浮床技术两种方法。

水生植被的恢复，可以加速水体中悬浮物絮凝沉降，提高水体透明度，抑制藻类生长，同时为微生物的生长繁殖提供载体和养分，降低水体营养盐含量，增加水体溶氧，削减风浪，为其他生物的恢复创造条件。如芦苇具有很强的水质净化、紧缚土壤的能力，并且能够为动植物、微生物提供栖息生存空间；同时芦苇在景观美化和农业生态系统恢复方面都是一种非常重要的植物，其作为绿化浅水带和河岸缓冲带的植物材料，已在世界各地广泛应用。

生物浮床是一种像筏子一样的人工浮体。在浮体上钻出若干小孔后，将一些耐污并具有观赏效果的水生植物如美人蕉、旱伞草等种到里面，再将浮体连接起来，固定在水中特定位置和深度。生物浮床可以像船一样从深水区拉到浅水区，收割和栽种都很方便。其关键是利用生物治污原理，将原本只能在陆地上种植的植物移植到富营养化水体的表面，植物的根系扎在水中，会大量吸收水中的氮、磷等营养，在美化水域景观的同时，通过植物的吸附和吸收利用，削减水体中富含的氮、磷等，重建并恢复水生生态系统。据报道，利用生物浮床治理水华，建成 2 个月就能初步形成景观，水体的异味会得到控制，水体透明度得到大幅提高；3 个月后水华将得到有效控制。目前，国内许多城市，如北京、武汉、上海等已开始利用此技术处理富营养化水体。

②动物修复。

动物修复是利用水生动物的生命活动逐步改善河流水质状况的修复技术。如底栖动物螺蛳主要摄食固着藻类，同时分泌促絮凝物质，使湖水中的悬浮物质絮凝沉淀；滤食性鱼类如鲫鱼、鳙鱼等可有效去除水体中的藻类，使水体透明度增加，并摄食蚊、蝇及其他昆虫的幼虫。因此在有机污染河段投放适当的水生动物，可有效去除有机物，并控制藻类

生长。

③微生物修复。

微生物修复是利用河流土著微生物、外来微生物或基因工程菌，以特定方法混合培养成微生物复合体(以光合细菌、放线菌、酵母菌和乳酸菌为主)，通过人工投菌或相关工艺(生物滤池、生物转盘、生物流化床、接触氧化、生物膜法等)将河流污染物吸收转化成无毒或低毒物质，进而净化水质的一种修复技术。微生物修复过程中能够分解水中动植物残骸、底泥有机碳源及其他营养物，并将它们转化为菌体，相当于进行了一场低费高效的生物清淤。如脱氮微生物通过硝化和反硝化作用降低氨氮，硝化产生的硝态氮被植物吸收而退出水体循环，反硝化后的氮成为气体退出水体循环。另外，底泥经过硝化后可减少体积，使其物理、化学性质变得更加稳定。微生物修复能够降低内源污染，并且能使河流中80%的有机污染物得到有效去除，可广泛应用于有机污染河段及城市微污染饮用水源地。另外，为提高微生物对污染物的降解速度和修复效率，可采用适当的强化措施，如选择高温季节(15~25℃)进行修复，人工增加溶氧，选择高效复合菌以及补充投加营养物等方式。

(4)生物—生态修复。

生物—生态修复与单纯生物修复的区别在于：生物—生态修复是一种综合性修复技术，它以生物修复为基础，结合各种物理、化学修复手段以及工程技术措施，使污染修复具有最佳效果并且耗费最低。生物—生态修复涉及诸多方面的技术，如生物强化人工河道、自然河道生态塘、生态沟渠、生态修复耦合系统以及底泥污染控制等。

①生物强化人工河道及自然河道生态塘。生物强化人工河道，是指结合水系疏通工程和结构现状，构建以生物处理为主体的人工河道。如将水质净化设施主体设于河道内或河流一侧，形成多级串联式的生物净化系统，从而改善水环境条件。自然河道生态塘是以太阳能为初始能源，在塘中种植水生植物，进行水产和水禽养殖，形成人工生态系统；生态系统中多条食物链同时进行物质的迁移转化和能量的逐级传递，从而净化河水中的有机污染物。

②生态沟渠。生态沟渠，是指根据水生植物的耐污能力和生理特征，充分利用现有沟渠条件，在不同渠段选择利用砾间接触氧化、强化生物接触氧化等措施，逐级净化水质的方法。生态沟渠在达到分级净化水质功能的同时，能够将净化设施与地表景观融为一体，使河流景观更具观赏性。

③生态修复耦合系统。生态修复耦合系统，是基于人工湿地、微生物及水生动物的协同净化功能而设计的生态修复系统，可去除河流水体中的营养盐和有机物，从而达到修复河流水环境的目的。系统在利用湿地植物的同时，构建了新的水生植物系统；在美化景观的同时，合理配置生态系统营养级结构；在利用多种微生物净化水体的同时，构建了具有完整营养级结构的水生动植物群落；并利用动植物、微生物的协同作用改善河流水质。

④底泥的生物—生态修复。底泥的生物—生态修复是利用培育的植物或培养、接种的微生物，对底泥中的污染物进行转移、转化及降解，从而达到底泥修复目的的修复技术。底泥的生物—生态修复包括原位修复和异位修复，原位修复是指不经过疏浚，直接采用生物—生态技术对底泥进行修复，异位修复是指对疏浚后的底泥进行进一步的生物—生态修复。

a. 原位修复。对有机污染的底泥，最理想的办法是不疏浚，而是采用生物—生态修复技术在原地直接吸收、降解污染物。这样不但可以节省大量疏浚费用，而且能减少疏浚带来的环境影响。自然河道中有大量的植物和微生物，它们都具有降解有机污染物的作用，相互配合则能够取得更好的修复效果。研究表明，运用水生植物和微生物组成的生态系统能有效地去除多环芳烃。高等水生植物可提供微生物生长所需的碳源和能源，而根系周围数量众多的好氧菌向水中补充氧气，可使根系旁水溶性差的芳香烃，如菲、蒽及三氯乙烯被迅速降解。水生植物的根茎还能控制底泥中营养物质的释放，而根茎在生长后期又方便移除，可再次带走水体中的部分营养物。

采用生物—生态修复技术可以使河道整治由环境水利向生态水利转化，但该修复技术在应用中也暴露出以下缺点：一是速度慢。相对于底泥疏浚，底泥修复是一个缓慢的过程。生物—生态修复过程中水生植物的生长与季节有关，微生物的生长活性与温度、pH、溶解氧等诸多因素有关。二是河流水质的变化具有随机性。河流水质一般与进入河流的污染源排放特性相关，与河流周围居民的生活特性和工厂生产周期也相关，接纳污染物的不确定性对用于修复的生物种类提出了很高的要求。三是采用水生植物方法治理污染时，必须及时收割，以避免植物枯萎后腐败分解，重新污染水体。

b. 异位修复。异位修复技术需要与底泥疏浚技术同时使用，异位修复集疏浚和生物—生态修复技术的优点于一身，有着很好的应用前景。在很多时候，不得不通过疏浚底泥来修复水体污染，但疏浚后的底泥处理是一个难题。目前国内一般是将底泥施用于农田或进行填埋处理，但这样的处理方式使底泥的利用价值低，处理不彻底，还极易造成二次污染。底泥具有颗粒细、可塑性高、结合力强、收缩率大等特点，如何充分利用底泥并减少处置费用，使疏浚底泥变废为宝，是异位修复急需解决的问题。

总的来说，利用培育的微生物、植物或微型动物，对河流中的污染物进行转移、转化和降解，从而净化河流水体的生物或生态修复技术，具有处理效果好、工程造价相对较低、不需耗能或耗能低、运行成本低廉等优点。另外，这种处理技术不向水体投放药剂，不会形成二次污染，还可以与绿化环境和美化景观相结合，创造人与自然相融合的优美环境，比传统的物理、化学修复方法具有更好的经济性、景观功能和安全性。因此，生物修复技术和以生物修复技术为主的生态修复技术因其经济、高效，且有利于环境治理的可持续发展，而成为河流水环境修复的主要发展方向。

8.3 湖库水环境修复

8.3.1 湖库水环境污染

湖泊是地球表面重要的淡水蓄积库,地表水中可利用的淡水资源有 90% 都蓄积在湖泊中。湖泊与人类的生产生活密切相关,并且具有重要的社会、生态功能,如调水防洪、引水灌溉、水产养殖、生活水源地、运输和观光旅游等。同时,一些湖泊还是湿地生态系统的一部分,具有较为丰富的生物多样性,为各种生物提供了宝贵的栖息地。湖泊可分为自然湖泊和人工湖泊(水库)。

由于湖泊特定的水文条件,如流速缓慢、水面开阔等,使湖泊在水环境性质、物质循环、生物作用等方面与河流等水环境有不同的特征,这使湖泊的污染过程、机理,以及污染修复途径与河流相比,具有其自身不同的特点。湖泊污染(Lake pollution)是指由于污水流入使湖泊受到污染的现象。当汇入湖泊的污水过多而超过湖水的自净能力时,湖水发生水质变化,使湖泊环境严重恶化,出现富营养化、有机污染、湖面萎缩、水量剧减、沼泽化等环境问题。目前由于农业高强度围垦,水资源不合理开发利用,加上湖库水体受到污染,许多湖库日益干涸、萎缩或消失。湖库萎缩导致了生态结构受损,岸边带湿地破坏,湖库自净能力降低等,是世界许多地区面临的严峻问题。

8.3.1.1 污染来源

湖泊污染源可分为外源和内源,外源污染又包括点源污染和非点源污染(表 8—1)。湖泊外源污染的控制和治理一直是湖泊水环境修复的主要手段,经过多年的研究和实践,外源控制技术已取得了一定实效,但外源控制并没有实质性改变湖泊受污染的状况。研究表明,湖泊沉积物中污染物的释放造成了一定的湖泊污染,特别是内源磷释放造成的湖泊富营养化问题。目前,内源控制技术逐渐引起人们的重视。不同污染物的内源释放机制不同,如沉积物中氮释放主要与有机氮化合物的分解程度、速率以及随后细菌参与的无机形态氮的相互转化有关;沉积物中磷和重金属元素释放与沉积环境的氧化—还原条件有关;生产力高的富营养化湖泊表层有机质分解的磷释放可能是沉积磷活化更新的主要机制;而沉积物中的持久性有机污染物则与底栖生物造成的毒性暴露以及食物链传递有关。不同类型的湖泊中,污染物的影响方式和程度也不同,浅水湖泊中风浪引起的悬浮作用是沉积物中污染物释放的主要过程;而深水湖泊中污染物的释放主要与物质形态、湖泊季节性分层和理化性质有关。因此,不同类型、主要污染因子不同的湖泊,其内源控制技术及污染恢复技术不同。

表 8-1 湖泊、水库污染物的来源

污染源	污染类型
点源污染	生活污水、工业污水、养殖污水
非点源污染	农药、化肥冲刷、农田退水、水土流失、大气污物沉降、其他农业活动的无组织排放等
内源污染	底泥污染

8.3.1.2 污染影响因素

我国湖泊的污染比较严重，湖泊污染受到自然因素和人为因素的共同影响。其中自然因素有：①绝大多数湖泊水库为汇水洼地，各种污染物质随着地表径流和地下水进入湖体，因低洼区湖水流动缓慢，污染物在湖区滞留时间较长。②部分平原湖泊受季风气候影响，有阵发性过量降雨或干旱，前者带有较多污染物质，后者使水体 TN、TP 等含量升高。③部分高原深水湖泊由断陷形成，深部水体相对静止，水体更新时间长，因此污染物质排出的时间也相当长。如云南抚仙湖，水体更新一次需要 167 年。

人为因素有：①湖滩围垦。人口稠密区的湖泊大多被围垦，湖泊面积减少，增加湖体泥沙淤积，降低湖泊调节洪水能力。②人为排污。一些湖泊水库，特别是城市内湖泊污染与湖区大量工业和生活污水的排入有直接关系(据统计，玄武湖 84.6% 的 TN 和 86.5% 的 TP 由城市废水排放引起)。③过度使用化肥、围网养鱼，向湖泊投放饲料等，造成湖体的富营养化。④风景旅游区的湖泊存在大量游船，游船不仅可能产生严重的石油烃污染，还会在开动时搅动浅水湖底泥，使底泥中的部分氮和磷重新释放。

8.3.2 湖库污染修复技术

湖库污染修复技术是针对被人类污染的水体或底泥提出的修复方法，主要分为重金属污染修复技术和有机物污染修复技术。

8.3.2.1 湖库重金属污染修复技术

重金属进入湖库有两种途径：其一是重金属通过工业废水、农业排水等污染源直接进入水体；其二是工业生产和生活中使用各种能源产生的 SO_2、NO_x 被氧化后的酸性物质通过大气干湿沉降进入水体，当水体处于酸化状态时(pH 值小于 5.6)，沉积物、土壤中的有毒重金属元素活化，导致湖库水环境中重金属浓度升高和生物活性增强。

湖库水文等过程控制着重金属的迁移转化和环境毒性效应，如颗粒物沉积作用、沉积物再悬浮、泥—水界面反应等。颗粒物沉积作用主要发生在处于静水环境的湖库中，悬浮颗粒物吸附重金属沉积到底泥中，降低了水体中重金属的生物有效性。沉积物的再悬浮作用，主要发生在扰动强烈的湖库中，这一过程使重金属回到上覆水体，增加了水体中重金

属的生物毒性，成为污染内源。一般条件下，水环境中的重金属倾向于从溶解相转移到固相。湖库重金属污染修复技术主要有物理修复技术、化学修复技术、生物—生态修复技术。

(1)物理修复技术。湖泊沉积物疏浚被认为是降低湖泊重金属污染物负荷最有效、最直接的措施。但是，并不是所有的疏浚都能达到理想的效果。疏浚底泥的环境效果与疏浚方法有关，疏浚主要考虑降低沉积物中的重金属污染负荷。因此，要对沉积物中的重金属种类、含量分布、剖面特征、沉积速率、化学及生态效应有详细的调查和分析，确定疏浚的范围和深度。

引水稀释或冲刷也是一种常用的物理修复技术，由于引水加快了水体的交换频率，降低了重金属的浓度，从而使水质得到改善。同时，由于水的流动性加强，增加了湖泊水库下层水体的溶解氧含量，限制沉积物—水体界面物质交换，从而抑制沉积物中重金属的活化释放。另外，水体稀释或冲刷还能影响重金属向底泥沉积的速率，在高速率的稀释或冲刷过程中，重金属向底泥沉积的比例会减小，但是，如果稀释速率选择不当，污染物浓度反而会增加。

(2)化学修复技术。采用沉积物覆盖技术在污染沉积物表面覆盖一层物质，把沉积物和水体隔开，可达到控制重金属释放的目的。覆盖物可以是低污染的沉积物，如砂砾、铝盐、铁盐以及各种材料组成的复合层。反应机制主要是化学试剂的混凝沉淀作用以及颗粒物对重金属的吸附作用，可以减少水动力或生物扰动，覆盖层造成的无氧环境有利于某些厌氧细菌对污染物的降解。覆盖技术相比于其他控制技术，花费低，对环境的潜在危害小，适用于重金属和有机污染修复。但其工作量大，同时覆盖会增加底泥的量，使水体库容变小，因此不适用于湖库底泥的修复过程。

(3)生物—生态修复技术。湖库重金属污染的生物—生态修复主要是依靠一些挺水植物对重金属的吸收和耐受作用。挺水植物中，美人蕉(*Canna indica*)对 Cd 和 Cu 有较强的吸收能力，并且主要累积在地下部分，在 20 μmol/L 和 100 μmol/L 的 Cd 和 Cu 的处理下，美人蕉根部对 Cd 的吸收量分别达到 1.82 mg/kg 和 5.98 mg/kg，对 Cu 的吸收量分别达到 1.53 mg/kg 和 7.60 mg/kg；窄叶香蒲(*Typha angustifolia*)对 Cd、Cu 和 Pb 有较好的吸收净化能力，其根部对重金属的吸收量分别达到 4.67 mg/kg、35.6 mg/kg 和 13.6 mg/kg；荆三棱(*Scirpus yagara*)对 Cr 的吸收量能达到 13.3 mg/kg；旱柳(*Salix matsudana*)茎对 Cd 的吸收量能达到 2.65 mg/kg，并且主要累积在地上部分；高羊茅(*Festuca arundinacea*)对 Zn 的修复效率高达 55.03%，同样也累积在地上部分；黑麦草(*Lolium perenne*)对 Cd、Cu 和 Pb 的修复效率分别可达 31.68%、38.69% 和 17.12%，重金属主要累积在地下部分。此外，植物对不同重金属有不同的耐受机制，如美人蕉能够限制 Cu 往地上部分转移，使叶部重金属的含量维持在正常水平，从而提高对 Cu 的耐受性；并且能够在根部合成特殊物质，使 Cd 储存在液泡中，从而提高对 Cd 的耐受性。研究表明，应用窄叶香蒲、荆三棱、旱柳、高羊茅和黑麦草对湖泊疏浚底泥进行修复，能取得较好的修复效果。

8.3.2.2 湖库有机污染修复技术

工业废水和生活污水是湖泊和水库最大的有机物污染源，此外还包括农业中各种农药的大量使用。这些有机物通过地表径流、大气—水体交换、大气干湿沉降和地下水渗流进入湖库，在物理、化学及生物的作用下发生迁移和转化。而有毒有机污染物具有疏水性，可以在生物脂肪中富集，即使其在湖泊中含量很低，也可以通过水生生物的食物链造成持续性的毒性作用，最终危害人类健康。

有机物排放过多还会导致湖泊和水库的富营养化。富营养化是湖泊水体由于接纳过多的氮、磷等植物营养盐物质，使湖泊生产力水平异常提高的过程。导致湖泊富营养化的污染源和途径非常多，包括城市生活污水、工业废水、污水处理厂的排放、地表径流、农业生产排水和大气干湿沉降等。处于富营养化状态的湖泊水库的主要特征是：藻类过度增殖破坏水体中生态系统原有的平衡，并引起浮游生物种类组成的变化。藻类在水中聚集并覆盖水体表面，形成蓝绿色絮状物或胶团状物质，称为"水华"，水华会使水体失去表面复氧作用。同时，过量增长的浮游生物的呼吸作用，以及微生物分解沉积于底层的衰亡藻类的过程(包括好氧分解、硝化反应等)，都需要消耗大量的溶解氧，因此富营养化水体会严重缺氧。国内外很多资料报道过由于富营养水体严重缺氧而造成鱼虾大量死亡的事例。此外，具有一定水深的湖泊和水库，通常具有季节性温度分层的特点，这种季节性温度分层也将导致湖泊水库水的厌氧环境。我国著名的太湖、巢湖和滇池，目前都处于富营养化状态，具体表现为总氮、总磷浓度水平高，水体透明度差，叶绿素含量高。

目前，针对湖库有机污染的修复技术主要有以下几类。

(1)物理修复技术。

人工曝气增氧技术，可提高水中的溶解氧浓度，改善底泥界面厌氧环境，降低内源性磷的负荷。同时，水体中铁、锰、硫化氢、氨氮等离子性物质的浓度大为降低。人工曝气增氧技术包括机械搅拌、注入纯氧和注入空气三种方式。机械搅拌是将深层水抽取出来，在岸上或地面上进行曝气溶氧处理，然后将经过溶氧的水再回灌深层。这种技术的应用并不普遍，主要原因是空气传质效率较低，费用较高。注入纯氧就是向水体输入纯氧，这样可大大提高氧的传质效率，但容易引起深层水和表层水的混合。注入空气可分为全部提升注入和部分提升注入，全部提升注入是指用空气将水全部提升至水面然后释放，而部分提升注入仅是空气和深层水混合然后以气泡分离。实践表明，全部提升注入系统与其他系统相比成本最低，而且效果最好。

机械除藻也是常用的物理修复技术，即采用打捞船对藻类进行打捞。这种方法简单实用，可以快速除去水面藻类，恢复水体的表面复氧功能。其缺点是工作量大，治标不治本，

并且打捞必须在藻类数量达到一定程度，通常是藻华暴发后才能进行。

（2）化学修复技术。

化学沉淀法是指投加铁盐和铝盐与水体中的无机磷酸盐产生化学沉淀，以降低水体中磷的浓度，控制水体富营养化。投加的铁盐和铝盐，可以通过吸附或絮凝作用与水体中的无机磷酸盐共沉淀。沉淀的铁磷化合物在还原条件下有可能重新活化再次释放，而铝盐与磷酸盐结合相对牢固，可在变化范围较大的水环境中稳定存在，甚至在完全氧化的环境中也较稳定。如果铁盐或铝盐的加入量足够大，它们还能与水体中的 OH^- 产生氢氧化铁和氢氧化铝沉淀，氢氧化铁和氢氧化铝可在磷酸沉淀物表层形成"薄层"，从而阻止沉积磷的释放。

化学除藻法，是指向水体中投加各种化学试剂来去除水体中的藻类。以化学方法去除藻类效果显著，但存在改变生态环境的风险。因为除藻剂的化学成分为易溶性的铜化合物（硫酸铜）或螯合铜类物质，这些化合物会对鱼类、水草等生物产生一定程度的伤害甚至导致其他生物死亡，还可能产生一些其他不可预测的不良后果。因此，化学除藻剂在使用时要非常慎重，严格按照要求的用量操作，否则会造成严重后果。

（3）生物修复技术。

污染水体的生物修复是新近发展起来的一项低投资、高效益、便于应用、发展潜力巨大的新兴技术。生物修复技术利用特定生物（特别是微生物）对水体中的污染物进行吸收、转化或降解，以达到减缓或消除水体污染的目的。污染水体生物修复的最终目标是恢复水域生态系统的结构与功能特征。

①植物修复技术。植物修复技术，是利用适合湖库环境的水生植物及其共生的微环境来去除水体中的污染物质的修复技术。水生植物和浮游藻类在营养物质和光能利用上是竞争者，水生植物能有效抑制浮游藻类生长。人工构建适合水体特征的水生植物群落，能有效降低浮游藻类数量，提高水体透明度及溶解氧，为其他生物提供良好的生存环境，改善水生生态系统的生物多样性。但是水生植物有一定的生命周期，应适时适度收割调控，借以提高生物营养元素的输出，减少水生植物自然凋落腐烂分解引起的二次污染。

②微生物修复技术。目前我国规模化、高密度水产养殖业迅速发展，工业废水和生活污水大量排放，发展微生物修复前景广阔。光合细菌就是应用较为广泛的活菌制剂，它广泛分布于海洋、湖泊、水田、污泥等，能充分利用光能，以各种有机物为营养源，进行自身营养繁殖。其菌体在生长繁殖过程中能利用有机酸、氨、硫化氢、烷类及低分子有机物作为碳源和供氢体进行光合作用，降解去除水体环境中的有机物和有害物质，能够提高水体的溶解氧量，改善水生动物的生长环境，防治水体富营养化和净化水质。但目前存在菌种活性不高，菌体容易老化，需要频繁添加，以及成本较高等问题，迫切需要寻找高活性、高适应性的活菌菌种。研究发现沼泽红假单胞菌菌株 HZOI，对盐浓度具有广泛的适应性，

在盐度 0.1%～3%范围内均可生长。菌株 HZOI 对生长条件要求不苛刻，最适生长温度为 25℃～35℃，光照强度为 2000～3000 Lx，易于大量培养；添加蛋白胨有利于 HZOI 生长，最适添加量为 0.1%～0.3%，但沼泽红假单胞菌的实际应用效果尚有待进一步验证。

（4）生物—生态修复技术。

生物操纵法，是通过调控食物链控制藻类过量生长，从而改善湖库水质的一种生物—生态修复技术。通过对湖库生物群落结构的调整，保护和发展大型牧食性浮游动物，使整个食物网适合于浮游动物和鱼类对藻类的牧食。水体中的藻类除受营养物质的控制外，还受到浮游动物和鱼类的控制。

生物操纵的途径如下：

①人为去除鱼类。先将湖泊水库中的鱼类全部捕出或用鱼藤酮（Rotenone）杀灭后，重新投放以肉食性鱼类（如大嘴黑鲈和大眼狮鲈）为主的鱼类群落，控制浮游生物食性鱼类，保护浮游动物，进而控制藻华的发生。鱼藤酮毒性很大，在沿岸投放浓度达 0.25 mg/L 的鱼藤酮可杀死小鱼。鱼藤酮除无选择性地杀死鱼类外，也能杀死溞类（无脊椎动物，取食浮游植物，对控制淡水水体中的蓝绿藻有一定作用），会产生负面效应，一般不轻易采用。

②投放肉食性鱼类。引入肉食性鱼类控制浮游生物性鱼类，促进大型浮游动物的发展，抑制藻华的发生，是生物操纵的主要途径之一。许多试验表明，这种方法对改善水质有明显效果。引用的肉食性鱼类有河鲈、北方狗鱼、虹鳟和大嘴黑鲈等。虽然投放肉食性鱼类有明显效果，但在应用中也受到一定限制。因为只有浮游生物食性鱼类种群数量降到很低时才会有保护浮游动物的效果，而在这种情况下，肉食性鱼类会因食物不足难以长期存在。另外，一些浮游生物食性鱼类长大后，肉食性鱼类难以捕食它们。

③水生植被管理。国内外应用草鱼控制水草的工作有很多，已经证实这种方法长期有效，费用低并且对环境无害。草鱼专吃水草，食量大，生长快，耐低氧，是控制水草疯长的优良鱼种。应用草鱼控制水草的关键是放养量，放养太少起不了作用，放养太多水草又会被吃光，产生负效应。水草对净化水质、抑制藻类发展有重要作用，还可为大型浮游动物提供庇护场所，因此，单用草鱼控制水草保护水质的途径是不可取的。但浅水湖泊一般水草比较繁茂，放养少量草鱼是有益的，具体量度需要严格掌握，以不破坏水生植被为度。

④投放微型浮游动物。微型浮游动物直接以藻类为食，通过向水体中投放微型浮游动物，能够抑制藻类的过渡滋长。投放的微型浮游动物通常需在专门的水池中培养，然后投放到目标水域中。这个过程的主要内容包括食藻性微型动物的大规模培养和确定捕食速率、投放数量和方法等。目前，投放微型浮游动物还主要限于实验室规模的研究。

⑤投放细菌微生物。投放预先培养的细菌微生物，能够迅速吸收和转化水体中的氮磷污染物，抑制藻类疯长。这些细菌一般是专一性的或选择性的，不影响其他动物群落和植物群落，不破坏水质和设备。但目前该方法的研究主要还局限于实验室。

⑥投放植物病原体和昆虫。投放植物病原体和昆虫是一种有效的控制水生植物的方法。利用植物病原体和昆虫有如下优点：植物病原体多种多样，包括病毒、病菌、真菌、支原体和线虫等，达 10 万余种，而且大多数是有针对性的，容易散播，可维持自我繁殖。这种方法有应用的实例，能使水生植物的过度生长得到控制，效果一般较好。

生物和生物—生态修复技术，是当前水环境修复技术的研究热点。在人们极力倡导食品安全的今天，养殖水域、大型水库、河流等水生生态系统利用这种技术调控水质，无疑是一种极具潜力的可持续发展模式，也是今后环境保护发展的必然趋势。

污染水体的后期修复固然重要，但更应该加强前期防治，在规划的基础上稳步实施退田还湖还湿、退渔还湖，恢复河湖水系的自然连通。同时定期开展河湖健康评估，加强水生生物资源养护，提高水生生物多样性，强化山水林田湖系统治理。另外，要加大江河源头区、水源涵养区、生态敏感区保护力度，对三江源区、南水北调水源区等重要生态保护区实行更严格的保护。积极推进建立生态保护补偿机制，加强水土流失预防监督和综合整治，建设生态清洁型小流域。前期预防和后期修复同时进行，才能更好地维护河湖生态环境。

(5) 人工浮岛技术。

人工浮岛是一种生长有水生植物或陆生植物的漂浮结构，主要是利用无土栽培技术，采用现代农艺和生态工程措施综合集成的水面无土种植植物技术。人工浮岛的主要作用是在实施期间由植物吸收和富集水体中的营养物质及其他污染物，并通过最终收获植物体的形式，彻底去除水体中被植物累积的营养负荷等污染物。植物是浮岛生物群落及净化水体的主体，这些植物通常是当地水体或滨岸带的适生种，具有生长快、分株多、生物量大、根系发达、观赏性好等特点，兼具一定的经济价值。

浮岛材料及浮岛植物作为生态浮岛技术的重要组成，直接决定了人工浮岛技术的处理效果。目前，普遍用到的浮岛材料其抗风浪性、牢固性以及耐腐蚀性并不理想，如塑料块、泡沫板等材料的抗风浪能力较差，基本不能被重复利用。浮岛植物普遍存在根茎容易腐烂的问题，如美人蕉、千屈菜和菖蒲的根茎长期淹没在水下容易出现腐烂；浮岛植物的根系长度有限，较难对深部水体进行有效净化；此外，由于人工浮岛只重视水质处理效果，而缺乏后期维护及相应技术措施，导致植物秸秆、根茎不能及时处理，成为又一个污染难题。研发结构稳、质地轻的新型浮岛材料，寻找耐寒、耐水的水生植物，以及建立完整可行的人工浮岛配套技术措施，将是影响人工浮岛技术突破性发展的重要因素。

8.4 湿地环境修复

湿地（Wetlands），是指沼泽、泥炭地，以及具有天然的或人工形成的、永久的或季节性的、静止的或流动的淡水、微咸水或咸水水域，包括低潮时水深不超过 6 m 的海域（潮间带）。湿地是介于陆地和水体间的一种特殊的生态交错带，是陆地生态系统的重要组成部分。湿地具有两个基本特征：一是在重要植物的生长期内，水位至少接近于地表；二是在土壤水处于饱和的时段内，遍布喜湿性植物。湿地生态系统与土壤圈、大气圈、水圈的绝大部分生物地球化学过程有关。

自 20 世纪 70 年代以来，湿地就成为国际环境科学和生态学的关注热点。湿地具有其他生态系统无法替代的生态服务功能，包括削减洪峰、均化径流过程、水源补给（地表水和地下水）、截流和降解污染物、净化水质、保护生物多样性、调节区域气候、碳汇（泥炭地）、文化娱乐等。泥炭湿地作为全球重要的碳汇，退化和演变可能成为大气 CO_2 含量升高的重要因素，湿地生态系统排放的 CH_4 作为温室气体的效应潜力，在全球气候变化中也发挥着重要作用。

湿地可以分为河流、湖泊、沼泽、海岸与近海等类型。据估算全球湿地总面积为 1210 万平方千米，约占全球表面积的 1%。我国湿地面积约 66 万平方千米（6600 万公顷）。由于湿地有很高的生产力及氧化还原能力，使其成为极为重要的环境生物地球化学场所。由于气候变迁和人类经济活动，全球湿地面积迅速减少，从 1970 年到 2015 年间全球自然湿地面积减少了 35%。湿地作为一个国家或地区重要的战略性生态资源，对生态环境保护和经济社会发展的影响巨大，湿地破坏、退化和消失，将严重威胁生态环境安全。

我国湿地约有 69% 面临着干旱萎缩、过度放牧、污染、围垦、功能退化等威胁。湿地排干过度放牧、湿地农业开垦、改变天然湿地用途和城市开发占用天然湿地，干扰了湿地生态系统正常的水循环与有机物和无机物的循环过程，尤其是湿地开垦为农田后，植物残体及沉积泥炭分解速率提高，碳释放量增加，改变了湿地生态系统碳循环的模式。在面临生物资源过度利用威胁的湿地中，湖泊湿地占 40.7%，近海与海岸湿地占 26.4%，沼泽湿地占 19.8%，特别是在沿海湿地、长江中下游湖区、东北沼泽湿地。

湿地环境污染也是我国湿地面临的最严重威胁之一，不仅对湿地生物多样性造成严重危害，也使湿地结构和功能恶化。湿地的污染因子包括工业废水、生活污水的排放，油气开发等引起的漏油、溢油事故，以及农药、化肥淋失的面源污染、水土流失导致的严重泥沙淤埋等，而且环境污染对湿地的威胁正随着城市化和工业化进程而发展。我国面临环境污染的湿地中，湖泊湿地占 39.8%，近海与海岸湿地占 24.5%，库塘湿地占 24.5%，沿海地区湿地、长江中下游湖区以及东部人口密集区的库塘湿地面临的压力更大。

湿地被称为"地球之肾"，尤其是河湖湿地、城市湿地以及人口稠密区的天然和人工湿地，其最重要的生态服务功能就是通过吸纳净化输入地表水体中的氮、磷等营养物质，截流和降解污染物，实现净化水环境和改善水生态。在面临湿地萎缩和地表水环境恶化的情况下，近年来政府和科研部门及社会公众对湿地环境现状、湿地恢复和建设给予了越来越多的关注，城市河流和湖泊湿地、天然景观湿地和农村湿地也越来越多地得到恢复和重建，河流源区湿地、泥炭湿地和水源地湿地重建和保护日益受到重视。很多地区通过湿地恢复重建，有效地改善了湿地生境及其生态系统的服务功能，改善了区域生态空间格局和生物多样性状况，有效减少了地表水体氮、磷负荷和消减了水环境污染，实现了区域水环境质量和生态功能的持续改善。

湿地环境修复的主要思路是通过对湿地生态系统结构（物种结构、环境结构、时空结构）的恢复和重建，实现湿地的生态服务功能（净化水环境、改善水生态、增强湿地景观功能、保育生物多样性、调节区域气候等）改善和恢复。湿地修复技术包括人工湿地、生物操纵以及生物稳定塘等。

8.4.1　人工湿地

人工湿地（Artificial wetlands）是人工建造的、可控制和工程化的净化功能强化的湿地系统。污水在其中沿给定方向流动的过程中，通过土壤、人工介质、植物、微生物的物理、化学、生物协同作用，被过滤、沉淀、生物降解，从而显著降低其中有机物污染物、氮、磷和重金属的含量。人工湿地的主要优点是缓冲容量大、处理效果好、运转维护管理方便、工程基建和运行费用低、对负荷变化适应能力强等，缺点是占地面积大。人工湿地系统净化污水的作用机理见表 8−2。

表 8−2　人工湿地系统净化污水的作用机理

作用机理		对污染物的去除与影响
物理过程	沉降	可沉降固体在湿地及预处理的酸化（水解）池中沉降去除，可絮凝固体也能通过絮凝沉降去除，从而使 BOD、N、P、重金属、难降解有机物、病原生物等去除
	过滤	通过颗粒间相互作用，及植物根系的阻截作用，使可沉降及可絮凝固体被阻截而去除
化学过程	沉淀	磷及重金属通过化学反应形成难溶解化合物，或与难溶解化合物一起沉淀去除
	吸附	磷及重金属被吸附在土壤和植物表面而被去除，某些难降解有机物也能通过吸附去除
	分解	通过紫外辐射、氧化还原等反应过程，使难降解有机物分解或变成稳定性较差的化合物
生物过程	微生物代谢	通过悬浮的、底泥的和寄生于植物上的细菌的代谢作用，将凝聚性微生物代谢固体、可溶性固体进行分解；通过生物硝化—反硝化作用去除氮；微生物也将部分重金属氧化并经阻截或结合将其去除
	植物代谢	通过植物对有机物的代谢而去除，植物根系分泌物对大肠杆菌和病原体有灭活作用
	植物吸收	相当数量的氮、磷、重金属及难降解有机物能被植物吸收而去除

按照系统布水方式的不同或水体在系统中流动方式的不同，一般可将人工湿地分为表面流湿地、水平潜流湿地和垂直流湿地。

8.4.1.1　表面流湿地

　　表面流湿地是指湿地纵向有坡度，底部不封底，土层不扰动，但表层需经人工平整置坡。污水投入湿地后，在流动过程中与土壤、植物，特别是植物根茎部生长的生物膜接触，通过物理、化学及生物反应过程得到净化。表面流湿地类似于沼泽(图 8－1)，不需要砂砾等物质作填料，因而造价较低。它操作简单、运行费用低，但占地面积大，水力负荷小，净化能力有限。湿地中的氧气来源于水面扩散和植物根系传输，系统受气候影响大，夏季易滋生蚊蝇。在此基础上，人工湿地结合实际情况，做了很多改进。

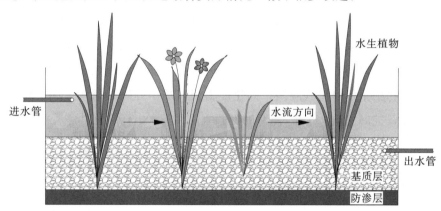

图 8－1　表面流人工湿地剖面示意图

8.4.1.2　水平潜流湿地

　　水平潜流湿地由挺水植物(如芦苇、香蒲等)和微生物组成，见图 8－2。湿地床底有隔水层，纵向有坡度。进水端沿床宽构筑有布水沟，内置填料。污水从布水沟一端投入床内，沿介质下部潜流呈水平渗滤前进，从另一端出水沟流出。在出水端砾石层底部设置多孔集水管，可与能调节床内水位的出水管连接，以控制、调节床内水位。水平潜流湿地可由一个或多个填料床组成，床体填充基质，床底设隔水层。水力负荷与污染负荷较大，对 BOD、COD、SS 及重金属等处理效果好，氧气来源于植物根系传输，少有恶臭与蚊蝇现象，但控制相对复杂，脱氮除磷效果欠佳。

8.4.1.3　垂直流湿地

　　垂直流湿地实质上是水平潜流湿地与渗滤型土地处理系统相结合的一种新型湿地(图 8－3)。垂直流湿地采取地表布水，污水经水平渗滤，汇入集水暗管或集水沟流出。通

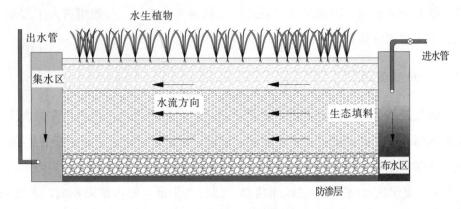

图8-2 水平潜流人工湿地剖面示意图

过地表与地下渗滤过程中发生的物理、化学和生物反应使污水得到净化。一般来说，土壤的垂直渗透系数大大高于水平渗透系数，在湿地构筑时引导污水不仅呈垂直方向流动，而且呈水平方向流动，在湿地两侧地下设多孔集水管以收集净化出水。此类湿地可延长污水在土壤中的水力停留时间，从而提高出水水质。垂直流湿地床体处于不饱和状态，氧气通过大气扩散与植物根系传输进入湿地，硝化能力强，适于处理氨氮含量高的污水，但处理有机物能力欠佳，控制复杂，落干/淹水时间长。

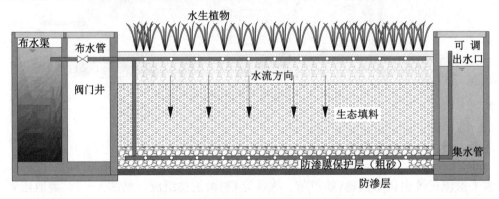

图8-3 垂直流人工湿地剖面示意图

人工湿地修复技术作为传统污水处理技术的替代和补充工艺，近年来越来越受到重视，尤其适合广大农村、中小城市的污水处理。它是从生态学原理出发，模拟自然生态系统，人为地将土壤、沙、石等材料按一定比例组合成基质，并栽种经过选择的耐污植物，培育多种微生物，组成类似于自然湿地的新型污水净化系统。按照湿地中主要高等植物的类别，人工湿地可分为浮水植物系统、挺水植物系统和沉水植物系统。沉水植物系统的主要应用领域在于初级处理和二级处理后的深度处理，更多的是应用于水体生态修复和受污染地表水的净化。浮水植物系统主要用于去除氮、磷和提高传统稳定塘效率。目前，一般所说的人工湿地处理系统都是指挺水植物系统。按照水流方式，人工湿地处理系统主要可分为表面流湿地和潜流湿地两类。表面流湿地与潜流湿地通常均由一个或者几个池体或渠道组成，池体或渠道间设隔墙分隔，底部铺设防水材料防止污水下渗。池中一般填有土壤、沙或者其他合适的介质材料供水生植物固定根系。表面流湿地水流缓慢，通常以水平流的流态流经各个处理单元。潜流湿地污水在介质间渗流，水面低于介质表面，呈潜流状态。

潜流湿地又分为水平潜流湿地和垂直潜流湿地两种。水平潜流湿地就是污水从一端进入湿地，以水平流动的方式经过湿地中的基质孔隙，从另一端流出的湿地。污水在基质间流动的过程中，污染物质在植物、微生物以及基质的共同作用下，通过一系列复杂的物理、化学和生物作用得以去除。垂直流湿地是在水平流湿地之后发展起来的，由于其系统内部的充氧更充分，有利于好氧微生物的生长和硝化反应的进行，因此对氮、磷的去除率较高。垂直流人工湿地又可分为下行流人工湿地和上行流人工湿地两类。其中常见的是下行流人工湿地，污水从湿地表面流入，从上到下流经湿地基质层，从湿地底部流出。上行流人工湿地则与之相反，污水从湿地底部流入，从顶部流出。

8.4.2　生物操纵

生物操纵是利用生态系统食物链摄取原理和生物相生相克关系，通过改变湿地生物群落结构来达到改善水质、恢复生态平衡的目的。生物操纵控藻理论主要指的是通过改变捕食者(如鱼类)的种类组成或操纵植食性浮游动物的群落结构，促进滤食效率高的植食性大型浮游动物特别是枝角类种群的发展，进而降低藻类生物量，提高水的透明度，改善水质。经典生物操纵法的修复对策是：放养食鱼性鱼类控制捕食浮游动物的鱼类，以促进浮游动物种群的增长，然后借助浮游动物遏制藻类，使藻类的叶绿素含量和初级生产力显著降低。

在采用生物操纵技术后，湿地的浮游生物群落和水质都能够得到预期中的变化和改善，水体透明度大大提高，且浮游植物量及 TP 浓度能大幅度地降低，是一项很有应用前景的技术。在实际应用中，生物操纵的操作难度较大，条件不易控制，生物之间的反馈机制和病毒的影响很容易使水体又回到原来的以藻类为优势种的浊水状态。

水生动物作为湿地生态系统的一个重要组成成分，其作用也将较大地影响生态系统净化的效果。利用水生动物进行水体净化，必须考虑生物种群的关系，主要是因为水体中生物种类和数量的改变会影响到其他生物种群和数量的变化，对整个水体生物的稳定发展和运行产生不利因素。目前，由于国内针对水生动物修复水体技术的研究相对较弱，未能广泛应用到湿地修复实际应用中，因此需要从生态位和食物链的角度，选择适合生态系统发展，不会造成重大破坏的动物种群和种类。良性的水体生态循环是保证和提高湿地生态系统结构和功能的重要前提。

8.4.3　生物稳定塘

稳定塘(Stabilization pond)，通常是深度为 1.0～1.5 m 的浅塘，通过各种好氧、厌氧

 环 境 修 复 学

过程和食物链处理受污染水体。生物稳定塘是高效性、集中性污水处理技术，但目前稳定塘技术存在较多不足，如处理周期较长、占地面积较大、积累污泥严重、容易散发臭味和滋生蚊蝇等，导致稳定塘有效池容量较小。另外，稳定塘的处理效果受气候条件变化影响较大。随着研究和实践的逐步深入，在原有稳定塘技术的基础上，已发展出更多新型稳定塘技术和组合塘工艺，比如水解酸化＋稳定塘工艺、气浮＋氧化沟＋稳定塘工艺、微电解＋接触氧化＋稳定塘工艺、混凝＋生物膜曝气池＋氧化塘等多种组合工艺技术。这些技术不断出现，进一步强化了稳定塘的优势，也弥补了原有技术的不足。

◆作业◆

概念理解

地表水体；地表水环境质量；人工湿地；潜流湿地；表面流湿地。

问题简述

(1)地表水体污染的主要来源有哪些？

(2)简述地表水体污染修复的原则。

(3)水体污染修复技术有哪些？

(4)湖泊的主要污染特征有哪些？简述湖泊污染主要的修复技术。

(5)简述河流污染的特点。污染河流修复技术有哪些？

(6)简述人工湿地处理技术的组成及类型。

系统阐述题

(1)系统分析人工湿地技术在地表水环境修复和改善中的应用。

(2)系统分析农业面源对地表水环境质量的影响及其控制与修复技术。

◆进一步阅读文献◆

生态环境部.人工湿地污水处理工程技术规范:HJ 2005—2010[S].北京:中国环境科学出版社,2011.

谷超,梁隆超,陈卓.4种牧草植物对红枫湖底泥中重金属污染的植物修复研究[J].环境工程,2015,33(7):148-151.

何光俊,李俊飞,谷丽萍.河流底泥的重金属污染现状及治理进展[J].水生态学杂志,2007,27(5):60-62.

李会东,彭智辉,康健,等.木霉生物吸附重金属铬机理的研究[J].激光生物学报,2010,19(3):353-356.

李明明,甘敏,朱建裕,等.河流重金属污染底泥的修复技术研究进展[J].有色金属科学与工程,2012,3(1):67-71.

彭祺,郑金秀,涂依,等.污染底泥修复研究探讨[J].环境科学与技术,2007,30(2):103-106.

苏冰琴,李亚新.硫酸盐生物还原和重金属的去除[J].工业水处理,2005,25(9):1-4.

吴灵琼.湖泊重金属污染的植物修复研究[D].中国科学院水生生物研究所,2008.

张自杰,林荣忱,金儒霖,等.排水工程[M].4版.北京:中国建筑工业出版社,2000.

Horwitz P. Australian freshwater ecology: Processes and management[J]. Restoration Ecology, 2015, 23 (5):719-720.

Bhatia M, Goyal D. Analyzing remediation potential of wastewater through wetland plants: A review[J]. Environmental Progress & Sustainable Energy, 2014, 33(1):9-27.

Cherry J A. Ecology of wetland ecosystems: Water, substrate, and life[J]. Nature Education Knowledge, 2011, 3(10):16.

Comín F A, Sorando R, Darwiche-Criado N, et al. A protocol to prioritize wetland restoration and creation for water quality improvement in agricultural watersheds[J]. Ecological Engineering, 2014, 66(3):10-18.

Fazi S, Amalfitano S, Casentini B, et al. Arsenic removal from naturally contaminated waters: A review of methods combining chemical and biological treatments[J]. Rendiconti Lincei, 2016, 27(1):51-58.

Harris G P, Heathwaite A L. Why is achieving good ecological outcomes in rivers so difficult? [J]. Freshwater Biology, 2012, 57(s1):91-107.

Hering D, Borja A, Carvalho L, et al. Assessment and recovery of European water bodies: Key messages from the WISER project[J]. Hydrobiologia, 2013, 704(1):1-9.

Hughes R M, Dunham S, Maas-Hebner K G, et al. A review of urban water body challenges and approaches: (1) rehabilitation and remediation[J]. Fisheries, 2014, 39(1):18-29.

Pander J, Geist J. Ecological indicators for stream restoration success[J]. Ecological indicators, 2013, 30: 106-118.

Schlager E. Rivers for life: Managing water for people and nature[J]. Ecological Economics, 2005, 55(2): 306-307.

Lamouroux N, Gore J A, Lepori F, et al. The ecological restoration of large rivers needs science-based, predictive tools meeting public expectations: An overview of the Rhône project[J]. Freshwater Biology, 2015, 60 (6):1069-1084.

Lamers L P M, Vile M A, Grootjans A P, et al. Ecological restoration of rich fens in Europe and North America: From trial and error to an evidence-based approach[J]. Biological Reviews, 2015, 90(1):182-203.

Land M, Granéli W, Grimvall A, et al. How effective are created or restored freshwater wetlands for nitrogen and phosphorus removal? A systematic review protocol[J]. Environmental Evidence, 2013, 2(1):1-8.

Mitsch W J, Zhang L, Stefanik K C, et al. Creating wetlands: Primary succession, water quality changes, and self-design over 15 years[J]. Bioscience, 2012, 62(3):237-250.

Moreno-Mateos D, Power M E, Comín F A, et al. Structural and functional loss in restored wetland ecosystems[J]. PLoS-Biology, 2012, 10(1):45.

Matamoros V, Arias C A, Nguyen L X, et al. Occurrence and behavior of emerging contaminants in surface water and a restored wetland[J]. Chemosphere, 2012, 88(9):1083-1089.

Manderü, Tournebize J, Kasak K, et al. Climate regulation by free water surface constructed wetlands for

wastewater treatment and created riverine wetlands[J].Ecological Engineering,2014,72:103-115.

Mccready S,Birch G F,Taylor S E.Extraction of heavy metals in Sydney Harbour sediments using 1M HCl and 0.05M EDTA and implications for sediment-quality guidelines[J].Journal of the Geological Society of Australia,2003,50(2):249-255.

Nystroem G M,Pedersen A J,Ottosen L M,et al.The use of desorbing agents in electro-dialytic remediation ofharbour sediment[J].Science of the Total Environment,2006,357:25-37.

Palmer M A,Hondula K L,Koch B J.Ecological restoration of streams and rivers:Shifting strategies and shifting goals[J].Annual Review of Ecology,Evolution,and Systematics,2014,45:247-269.

Palmer M A,Filoso S,Fanelli R M.From ecosystems to ecosystem services:Stream restoration as ecological engineering[J].Ecological Engineering,2014,65:62-70.

Simpson G L,Hall R I.Human impacts:Applications of numerical methods to evaluate surface-water acidification and eutrophication[C]//Tracking environmental change using lake sediments[J].Springer Netherlands,2012:579-614.

Sharpley A,Jarvie H P,Buda A,et al.Phosphorus legacy:Overcoming the effects of past management practices to mitigate future water quality impairment[J].Journal of Environmental Quality,2013,42(5):1308-1326.

Semeraro T,Giannuzzi C,Beccarisi L,et al.A constructed treatment wetland as an opportunity to enhance biodiversity and ecosystem services[J].Ecological Engineering,2015,82:517-526.

Tesh S J,Scott T B.Nano-composites for water remediation:A review[J].Advanced Materials,2014,26 (35):6056-6068.

Tsai L J,Yu K C,Chen S F,et al.Effect of temperature on removal of heavy metals from contaminated river sediments via bioleaching[J].Water Research,2003,37(10):2449-2457.

Verdonschot P F M,Spears B M,Feld C K,et al.A comparative review of recovery processes in rivers, lakes,estuarine and coastal waters[J].Hydrobiologia,2013,704(1):453-474.

Vymazal J.Plants used in constructed wetlands with horizontal subsurface flow:A review[J].Hydrobiologia,2011,674(1):133-156.

Vymazal J.Enhancing ecosystem services on the landscape with created,constructed and restored wetlands [J].Ecological Engineering,2011,37(1):1-5.

Williams K M,Turner A M.Acid mine drainage and stream recovery:Effects of restoration on water quality,macroinvertebrates,and fish[J].Knowledge and Management of Aquatic Ecosystems,2015 (416):18.

第9章 地下水环境修复

地下水作为水资源的重要组成部分，对社会经济、生态、环境等各方面具有重要影响，特别是在干旱和缺水地区。目前地下水正受到人类活动越来越广泛的影响，尤其是过度开采和水体污染。与地表水相比，地下水污染危害更加深远，治理经济成本更高，治理技术难度更大，治理时间周期更长。污染地下水修复技术包括物理、化学和生物修复，很多情况下地下水修复是多种修复技术的综合运用。

9.1 概述

9.1.1 基本概念

地下水(Groundwater)是指赋存于地面以下岩石空隙中的水，狭义上是指地下水面以下饱和含水层中的水。在国家标准《水文地质术语》(GB/T 14157—93)中，地下水是指埋藏在地表以下各种形式的重力水。一般而言，地下水水位较为稳定、水质较好，是干旱区和缺水区城市和工农业用水的主要水源之一，但在一定条件下，地下水的变化也会引起沼泽化、盐渍化、滑坡、地面沉降等不利自然现象。在我国，地下水资源地域分布十分不均，呈现南高北低的状态，拥有全国总面积64%的北方地区仅占有全国地下水资源总量的30%；而占全国总面积36%的南方地区则占全国地下水资源总量的70%。

地下水一般是根据其某一特征进行分类，也可以根据其若干特征进行分类。例如，按矿化程度不同，地下水可分为淡水、微咸水、咸水、盐水、卤水。按含水层性质不同，地下水可分为孔隙水、裂隙水、岩溶水。根据地下埋藏条件的不同，地下水又可分为上层滞水、潜水和承压水三大类。

9.1.1.1 上层滞水(Perched water)

在包气带中存在局部隔水层时，其上部可积聚具有自由水面的重力水，称之为上层滞水。上层滞水接近地表，补给区和分布区一致，可受当地大气降水及地表水的入渗补给，

环 境 修 复 学

并以蒸发的形式排泄，在雨季可获得补给并储存一定的水量；而在旱季则逐渐消失甚至干涸，其动态变化显著，且由于地表至上层滞水的补给途径很短，极易受到污染。

9.1.1.2　潜水(Phreatic water)

饱水带地下水面以下的岩土空隙全部为液态水所充满，既有结合水，也有重力水。在饱水带中，由于含水层所受隔水层限制的状况不同，其又分为力潜水和承压水。

潜水是地表以下埋藏在饱水带中第一个具有自由水面的重力水，潜水没有隔水顶板，或只具有局部的隔水顶板。潜水的自由水面称为潜水面。潜水面上任一点的高程为该点的潜水位。潜水面到地表的铅垂距离为潜水的埋藏深度。潜水在重力作用下从高处流向低处称潜水流。在潜水流的渗透途径上，任意两点的水位差与该两点的水平距离之比，称潜水流在该处的水力梯度，潜水流的水力梯度一般都很小，常为万分之几至百分之几。

潜水含水层的分布范围称为潜水分布区，大气降水或地表水入渗补给潜水的地区称为补给区。由于潜水含水层上面不存在连续的隔水层，可直接通过包气带与大气相通，因此在其全部分布范围内可以通过包气带接受大气降水、地表水或凝结水的补给，即在通常情况下，潜水的分布区与补给区基本一致。由于潜水埋藏位置一般较浅，大气降水与地表水入渗补给潜水的途径较短，加之潜水含水层上部又无连续的隔水层，故潜水易受到污染。

潜水出流的地区称排泄区。潜水的排泄方式有两种：一种是潜水在重力作用下从水位高的地方向水位低的地方流动，当径流到达适当地形处，以泉、渗流等形式泄流出地表或流入地表水体，这便是径流排泄。另一种是通过包气带和植物蒸腾作用进入大气，这便是蒸发排泄。排泄方式不同，引起的后果也不一样。蒸发排泄时，只排泄水分，不排泄盐分，结果会导致潜水水分消耗，盐分累积，甚至改变水的化学性质。许多干旱盆地中心，之所以会形成高含盐量的盐水，即为蒸发排泄的结果。而径流排泄时，因水分和盐分同时消耗，故不会引起潜水化学性质的改变。

9.1.1.3　承压水(Confined water)

承压水是充满于两个隔水层之间的含水层中具有静水压力的重力水，如未充满水则称为无压层间水。承压含水层有上、下两个稳定的隔水层，上面的隔水层称为隔水顶板，也叫限制层；下面的隔水层称为隔水底板，顶、底板之间的距离为含水层的厚度。凿井时，如未穿透上部的隔水顶板，则井内见不到承压水。穿透隔水顶板后，则承压含水层中的水由于其承压性将上升到含水层顶板以上某个高度后稳定下来，稳定水位高出含水层顶板面的垂直距离称承压水头(压力水头)。井内稳定水位高程称承压水在该点的测压水位，亦称承压水位。当测压水位高出地表时，承压水将喷出地表，形成自流水。

承压性是承压水的一个重要特征。图9－1表示一个基岩向斜盆地。由于隔水顶板的存在，含水层分布范围内能明显区分出补给区、承压区和排泄区三个部分。含水层从出露位置较高的补给区获得补给，向另一侧排泄区排泄，当水进入中间承压区时，由于受到隔水顶板的限制，含水层充满水，水自身承受压力，并以一定压力作用于隔水顶板，压力越高，揭穿顶板后水位上升越高，即承压水头越大。

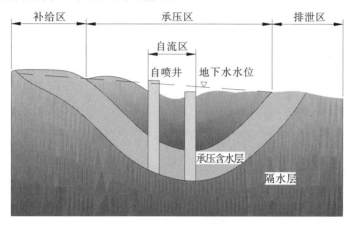

图9—1 承压水示意图

注：a—隔水层；b—承压水含水层；c—自喷井；H—承压水头(压力水头)；M—含水层厚度

由于受隔水层的限制，气候、水文因素的变动对承压水的影响较小，因此形成承压水动态较稳定的特征，一旦被污染，承压水资源将难以补充和恢复。但由于承压含水层厚度一般较大，故往往具有良好的多年调节性。

承压水的水质变化很大，从淡水到含盐量很高的卤水都有，主要取决于承压水参与水循环的程度，在承压含水层的补给区，地下水接近潜水，水循环较强烈，故多分布碳酸盐类的淡水；而越往承压区深部，水循环越慢，水的含盐量越高，多为硫酸盐类甚至卤化物类的高含盐量的水。

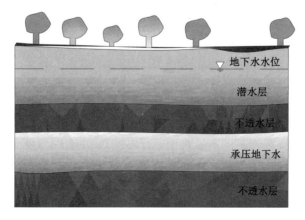

图9—2 地下水结构示意图

 环 境 修 复 学

9.1.2　地下水物理性质

9.1.2.1　温度

通常根据温度将地下水划分为：过冷水（<0℃）、冷水（0℃～20℃）、温水（20℃～42℃）、过热水（>100℃）。地下水温度对水中盐类含量影响很大。一般情况下，水温升高，化学反应速度和盐的溶解度也升高，如钠盐和钾盐。由于钙盐的溶解度随温度升高而降低，因此，冷水常是钙质的，而热水、温水常是钠质的。

9.1.2.2　颜色

地下水一般是无色的，但有时由于含有某种离子较多，或者富集了悬浮物和胶体物质，可显示出各种颜色，如含硫化氢的地下水呈现翠绿色，含低价铁的地下水呈浅灰绿色，含高价铁的地下水呈黄褐色或锈色，含硫细菌的地下水呈现红色，含黏土的地下水呈淡黄色，含腐殖酸的地下水呈暗黑或黑黄灰色，等等。

9.1.2.3　透明度

地下水的透明度取决于水中固体与胶体悬浮物的含量，含量越多，其对光线的阻碍程度越大，水越不透明。按透明度可将地下水分为四级：透明、微浊、混浊和极浊（表9—1）。

表9—1　地下水透明度类型

分级	鉴定特征
透明	无悬浮物及胶体，60 cm水深可见3 mm粗线
微浊	有少量悬浮物，大于30 cm可见3 mm粗线
浑浊	有较多的悬浮物，半透明状，小于30 cm水深可见3 mm粗线
极浊	有大量悬浮物或胶体，似乳状，水很浅也不能清楚看见3 mm粗线

9.1.2.4　气味

地下水通常是无气味的，但当其中含有某些离子或气体时，则会产生特殊气味。气味的强弱与温度有关，一般在低温下不易判别，而在40℃左右时气味最显著。故在测定地下水气味时，应将水稍稍加热，以使气味明显易辨。

9.1.2.5　导电性

地下水的导电性取决于其中所含溶解电解质的数量和质量，即取决于多种离子的含量与其离子价。离子含量越多，离子价越弱，水的导电性就越强。此外，由于水温影响电解

质的溶解，从而也会影响水的导电性。

9.1.2.6　放射性

地下水的放射性取决于其中所含放射性元素的数量。地下水或强或弱都具有放射性，但一般极微弱。贮存和活动于放射性矿床以及酸性火山岩分布区的地下水，其放射性相应有所增强。

9.1.3　地下水化学性质

9.1.3.1　酸碱性

地下水的酸碱度主要取决于水中氢离子的浓度，常用 pH 值表示。根据 pH 值的大小，可将地下水分为：强酸性水(pH<5)、弱酸性水(pH 5~7)、中性水(pH 7)、弱碱性水(pH 7~9)、强碱性水(pH>9)五类。

9.1.3.2　总矿化度

地下水中所含各种离子、分子与化合物的总量，称为地下水的总矿化度，以每升水中所含克数表示(g/L)。为便于比较，以 105℃~110℃时将水灼干所得的干涸残余物总量表示，也可以将化学分析所得阴离子和阳离子的含量相加，求得理论干涸残余物。为与水灼干时的残余物质量相对应，故对由阴离子和阳离子相加所得的 HCO_3^- 只取其质量的一半表示。按地下水的总矿化度划分的地下水水质类型，参见表9-2。

表9-2　地下水按矿化度划分的水质类型

类型	淡水	微咸水	咸水	盐水	卤水
总矿化度(g/L)	<1	1~3	3~10	10~50	>50

9.1.3.3　硬度

水的硬度是指水中含有的能与肥皂作用生成难溶物，或与水中某些阴离子作用生成水垢的金属离子，其中最主要的是 Ca^{2+}、Mg^{2+}，其次还有 Fe^{2+}、Mn^{2+}、Al^{3+} 等。但由于天然水中后三种离子的含量甚少，对硬度影响不大，故常以 Ca^{2+}、Mg^{2+} 的含量来表示水的硬度。硬度的单位用毫克当量/升(Ca^{2+}、Mg^{2+} 的浓度)或毫克/升(CaO 或 $CaCO_3$ 的质量浓度)来表示。表9-3 为按地下水硬度所划分的地下水类型，德国度为每升水中 CaO 当量 10 mg，浓度大致相当于 CaO 浓度 10 ppm。

环 境 修 复 学

表 9-3　按硬度划分的地下水类型

类型	极软水	软水	微硬水	硬水	极硬水
德国度(°d)	<4.2	4.2~8.4	8.4~16.8	16.8~25.2	>25.5

9.2　地下水污染

　　地下水污染（Groundwater pollution），是指由于人类活动使地下水的物理、化学和生物性质发生改变，因而限制或妨碍它在各方面的正常应用。目前，我国约90%城市的地下水遭受不同程度的有机和无机污染，已呈现由点向面、由浅到深、由城市到农村不断扩展和污染程度加重的趋势。近年来，我国118个大中城市地下水监测结果显示，污染较重的城市占64%，污染较轻的城市占33%；我国地下水质量分布规律是：南方地下水质量优于北方，东部平原区地下水质量优于西部内陆盆地，山区地下水质量优于平原，山前及山间平原地下水质量优于滨海地区，古河道带的地下水质量优于河间地带，深层地下水质量常常优于浅层地下水。

　　地下水污染主要来源于工矿企业废水的直接排放，城市垃圾填埋场渗滤液的泄漏、化肥和农药的过量使用、生活污水的直排和工业有害固体废弃物的渗滤也是主要原因。污染使地下水中的有害成分如酚、铬、汞、砷、放射性物质、细菌、有机物等的含量增高。受污染的地表水侵入地下含水层中，由于地下水自净能力较弱，一旦受到污染，将难以恢复，会对生态环境造成严重影响，直接对人类及其活动产生危害。

　　地下水污染与地表水污染有明显的不同。由于污染物进入含水层后运移较缓慢，污染往往是逐渐发生的，若不进行专门监测，很难及时发觉。发现地下水污染后，确定污染源也较困难。更重要的是地下水污染不易消除，排除污染源采取修复措施后，地表水可以在较短时期内达到修复效果，而地下水即便排除污染源进行修复，已经进入含水层的污染物仍可能长期产生影响。

9.2.1　污染物来源

　　进入地下水的污染物按照自然属性可分为自然污染源和人为污染源。自然污染源主要是由于地下水所处的土壤、岩层等环境条件，地下水的补给、反补给等运动以及生物和微生物的生化作用等自然过程造成的。人为污染源包括生活污染源、工业污染源、农业污染源、矿业污染源、石油污染源等。

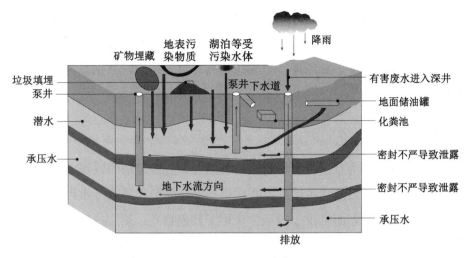

图 9-3　地下水污染来源

9.2.1.1　工业污染源

工业污染源主要指对地下水造成污染的未经处理或无效处理的工业三废。工业废气如二氧化硫、氮氧化物等，对大气产生严重的一次污染，而这些污染物又会随降雨落到地面，随地表径流下渗对地下水造成二次污染；工业废水如电镀工业废水、工业酸洗污水、冶炼工业废水、石油化工有机废水等有毒有害废水渗入地下水中，造成地下水污染；工业废渣如高炉矿渣、钢渣、粉煤灰、硫铁渣、电石渣、赤泥、洗煤泥、硅铁渣、选矿场尾矿，以及污水处理厂的淤泥等，如没有合理处置贮存或意外泄漏，经风吹、雨水淋滤，有毒有害物质随径流直接渗入地下水，或随地表径流往下游迁移过程下渗至地下水中，形成地下水污染。

9.2.1.2　农业污染源

农业污染源污染地下水的途径广泛。农药和化肥对地下水的污染较轻，且仅限于浅层，但长期过量施用农药和化肥，其残留在土壤中并随雨水淋滤渗入地下，会造成大范围地下水的硝酸盐含量增高等，引起地下水污染；利用污水灌溉农田时，将造成污水中的有毒有害物质污染土壤，通过入渗作用这些污染物也会使地下水受到影响；农业耕作活动可促进土壤有机物的氧化，如有机氮转化为无机氮（主要是硝态氮），随渗水进入地下水；海水入侵会污染地下淡水等。

9.2.1.3　生活污染源

生活污染源是指源于社会生活功能的各项人类活动向环境中排放污染物的场所、设施

和装置。城市化程度越高、城市越大、人口越集中，生活源污染地下水的风险越高。生活污水在严重污染地表水的同时，通过下渗也对地下水造成了不同程度的污染。生活污染源不仅会使地下水的总矿化度、总硬度、硝酸盐和氯化物等污染物浓度升高，有时也可能造成病原体污染。

9.2.2　污染方式

地下水污染方式可分为直接污染和间接污染两种。直接污染的特点是污染物直接进入含水层，在污染过程中，污染物的性质不变。间接污染的特点是地下水污染并非由于污染物直接进入含水层引起的，而是由于污染物作用于其他物质，使这些物质中的某些成分进入地下水造成的。间接污染过程复杂，污染原因易被掩盖，要查清污染来源和途径较为困难。

9.2.3　污染途径

地下水污染途径是多种多样的，大致可归为四类：

(1)间歇入渗型。大气降水或其他灌溉水使污染物随水通过非饱水带，周期性地渗入含水层，主要是污染潜水。淋滤固体废物堆引起的污染即属此类。

(2)连续入渗型。污染物随水不断地渗入含水层，主要也是污染潜水。废水聚集地段(如废水渠、废水池、废水渗井等)和受污染的地表水体连续渗漏造成地下水污染即属此类。

(3)越流型。污染物是通过越流的方式从已受污染的含水层(或天然咸水层)转移到未受污染的含水层(或天然淡水层)。污染物或者是通过整个层间，或者是通过地层间半透水层，或者是通过破损的井管，污染潜水和承压水。地下水的开采改变了越流方向，使已受污染的潜水进入未受污染的承压水。

(4)径流型。污染物通过地下径流进入含水层，污染潜水或承压水。污染物通过地下岩溶孔道进入含水层即属此类。

9.2.4　污染类型

我国地下水污染可划分为以下四种类型：①地下淡水的过量开采导致沿海地区的海(咸)水入侵；②地表污(废)水排放和农耕污染造成的硝酸盐污染；③石油和石油化工产品的污染；④垃圾填埋场渗漏污染。其中，农耕污染具有量大面广的特征，淋失的氮肥在经过地层时通过生物或化学转化成硝酸盐和亚硝酸盐，长期饮用这种污染的地下水将可能导致氰紫症、食道癌等疾病的发生。

9.3 地下水污染修复

地下水污染修复（Groundwater remediation），是采用物理、化学或生物等工程措施与方法，降解、吸附、转化、转移场地地下水中的污染物，将有毒有害的污染物转化为无害物质，或使其浓度降低到可接受水平，满足相应的地下水环境功能或使用功能的过程。地下水污染风险管控，是通过采取阻隔、制度控制等工程措施或非工程措施与方法，阻止地下水污染进一步扩散，或阻断其暴露途径，防止对周边环境敏感点产生影响的过程。一般情况下，地下水污染修复与风险管控的程序可分为6步。

(1)确认场地条件。在编制污染场地地下水修复和风险管控方案前，需要踏勘现场情况，通过现场走访调查、与场地管理方沟通、简单水文地质测绘、异常气味辨识、摄影和照相等现场踏勘方式，关注场地及周边环境是否发生变化，如周边地下水型饮用水源地等环境保护敏感目标的变化情况，是否影响前期场地调查和风险评估的结果。地下水污染修复和风险管控工作需要对场地前期的土壤和地下水环境调查、模拟预测评估及健康风险评估等资料进行核实。

(2)构建场地概念模型。在结合前期确定场地条件、特征污染物、污染程度及污染范围等相关场地资料的基础上，分析场地水文地质条件、污染物的理化参数、空间分布特征及其迁移途径、周边环境敏感点等，构建场地概念模型，重点关注地下水污染羽的变化情况。（地下水污染羽是指污染物随地下水移动从污染源向周边移动和扩散时所形成的污染区域。）

(3)确定地下水修复和风险管控的目标与范围。根据污染物种类、场地特征、地下水规划、地下水使用功能和地下水质量要求，确定地下水污染修复的目标与范围或风险管控的目标与范围。

(4)筛选地下水修复和风险管控技术。根据污染场地的水文地质条件、地下水污染特征和确定的修复及风险管控模式等，从适用目标污染物、技术成熟度、修复效率、成本、时间和环境风险等，分析比较现有地下水修复及风险管控技术的优、缺点和适用性，初步筛选一种或多种修复和风险管控技术。

(5)制定修复和风险管控技术方案。根据场地地下水修复和风险管控模式、技术筛选的结果，结合场地管理要求等因素，制定技术优化集成的技术路线。技术路线应反映地下水污染修复和风险管控的总体思路、方式、工艺流程等，还应包括工程实施过程中二次污染物的处理等。

(6)修复和风险管控工程设计施工。在修复和风险管控技术方案基础上，开展修复和风险管控工程设计及施工。确定工艺参数，计算工作量，核算成本效益。工程设计一般包括初步设计和施工图设计；工程施工包括施工准备、施工过程和环境管理及二次污染防治等。

9.4 地下水污染修复技术

目前较典型的地下水污染修复技术已经有十多种，根据技术原理可分为四类，即物理法、化学法、生物法和联合修复法。其中，物理法和化学法分别是用物理和化学的手段对受污染地下水进行治理的方法，包括屏蔽法、被动收集法、混凝沉淀法、氧化还原法、离子交换法和中和法等；生物法是利用微生物降解地下水中的污染物，将其最终转化为无机物质的修复方法。与物理、化学法相比，生物法有其独特的优势，表现在：①现场进行，从而减少运输费用和人类直接接触污染物的机会；②生物修复经常以原位方式进行，可使对污染位点的干扰或破坏降到最小；③使有机物分解为二氧化碳和水，可永久地消除污染物和长期的隐患，无二次污染，不会使污染物转移；④可与其他处理技术结合使用，处理复合污染；⑤降解过程迅速、费用低，费用仅为传统物理、化学修复法的30%～50%。生物法的缺点是不能降解所有污染物，仅对易降解污染物效果明显。

根据修复方式不同，地下水污染修复技术可分为异位修复和原位修复。异位修复主要包括被动收集和抽出处理（Pump and treat，P&T），是将污染的地下水先用收集系统或抽提系统抽取到地面上，进行净化处理，最后经表面土壤反渗回地下水中的方法。原位修复是指在基本不破坏土体和地下水自然环境的条件下，对受污染对象不做搬运或运输，而在原地进行修复的方法。原位修复不但可以节省处理费用，还可以减少地表处理设施的使用，最大限度地减少污染物的暴露和对环境的扰动，因此有着广阔的应用前景。

9.4.1 原位修复技术

9.4.1.1 渗透反应墙（PRBs）修复技术

渗透反应墙（Permeable reactive barriers，PRBs）技术是近年来发展迅速的用于原位去除污水中污染物的方法。PRBs是一个填充有活性材料的被动反应区，当受污染的地下水通过时，其中的污染物质能够被降解、吸附、沉淀或去除，从而使污水得以净化。

PRBs修复技术能够处理单一或多种混合污染物，对于地下水中的难溶性污染物质，也能有效治理。相较于目前应用比较广泛的抽出—处理技术（P&T），渗透反应墙具有更高的优越性，因为它不需要泵抽和地面处理系统，且投资较小。但PRBs反应介质易被堵塞，须及时更换反应材料，更换周期一般是20～30年。另外，地下水氧化还原电位等天然环境条件易遭破坏；装置布点易受地层岩性限制，工程措施及运行维护相对复杂；双金属系统、纳米技术成本较高。

针对我国地下水以石油烃类、TCE、氯苯、亚硝酸盐氮、硝酸盐氮和重金属等污染最为严重的实际情况，PRBs 技术是一个较好的选择。未来关于 PRBs 技术的研究应该集中在两个方面：一是零价铁型的 PRBs，解决纳米零价铁（NZVI）的失活问题和研究金属催化剂去除污染物的机理将成为活跃的研究领域，如怎样抑制地下水体中溶解氧和其他氧化物对 NZVI 表面的钝化，弄清金属催化作用的机理和最佳催化剂用量等。二是微生物降解型的 PRBs，未来利用基因工程技术，培养纯化特效降解菌，从而提高修复效率，以及如何解决反应墙生物淤堵问题，以延长反应墙体的使用寿命等，都将成为重要的发展方向。

一般情况下，PRBs 使用的反应材料与污染物组分及修复目的有关。根据填充介质的不同，PRBs 可分为 4 类。

(1)化学沉淀反应墙。介质为沉淀剂(如羟基磷酸盐、$CaCO_3$ 等)，能使水中的微量金属沉淀。但要求沉淀剂的溶解度高于所形成沉淀物的溶解度。

(2)吸附反应器。介质为吸附剂，吸附无机成分的吸附介质包括颗粒活性炭、沸石、黏土矿物等。地下水中的有机污染物主要吸附在有机碳上，因此增加反应介质中的有机碳含量可有效去除水中的有机污染物。吸附反应墙的主要缺点是吸附介质的容量是有限的，一旦介质吸附容量饱和，污染物就会穿透 PRBs。因此，使用这类反应墙时，必须确保有清除和更换这种吸附介质的有效方法，如果不能很好解决的话，则费用较高。

(3)生物降解反应墙。介质分为两类：一类是含释氧化合物(如 MgO、CaO)的混凝土颗粒，其形态为固态的过氧化合物，它们通过向水中释氧，为好氧微生物提供氧源和电子受体，使有机物好氧降解；一类是含 NO_3^- 的混凝土颗粒，向水中释放 NO_3^- 作为电子受体，使有机物在反硝化条件下厌氧降解。

(4)氧化还原反应墙。介质为还原剂，通过本身被氧化，使污染物参与氧化还原反应，从而达到污染物被沉淀(固化)或气化的目的。或者说墙中的反应介质为沉淀剂，它们可使无机污染物还原为低价态，并产生沉淀。目前常见的反应介质主要为零价铁、二价铁矿物及双金属。

9.4.1.2 原位曝气技术

原位曝气技术(Air sparging *in situ*，AS)是指在一定压力条件下，将一定体积的压缩空气注入含水层中，通过吹脱、挥发、溶解、吸附—解吸和生物降解等作用去除饱水带地下水中可挥发性或半挥发性有机物的一种有效的原位修复技术。从结构系统上来说，原位曝气系统包括以下几个部分：曝气井、抽提井、监测井、发动机等。从机理上分析，地下水曝气过程中污染物去除机制包括主要三个方面：①对可溶挥发性有机污染物的吹脱；②加速存在于地下水位以下和毛细管边缘的残留态和吸附态有机污染物的挥发；③注入氧气使得溶解态和吸附态的有机污染物发生好氧生物降解。

Johnston 等将原位曝气法和土壤蒸气抽提法相结合，去除砂质地下含水层中的石油烃，结果表明与单独使用土壤蒸气抽提法相比，将原位曝气技术与土壤蒸气抽提法联用，28天后石油烃去除量提高1.9倍，同时原位曝气还为地下水中残留的轻非水相液体（Light non-aqueous phase liquids，不与包气带及潜水面以下的水发生混合的液体。其中密度比水小的叫作轻非水相液体）去除创造了更加有利的条件。AS技术在可接受的成本范围内，能够处理较多的受污染地下水，系统容易安装和转移，容易与其他技术联合使用。但是对于既不容易挥发又不易生物降解的污染物处理效果不佳，且对土壤和地质结构要求较高。

表9-4　原位曝气技术优缺点一览表

优势	缺点
设备易安装，操作成本低 对现场破坏较小 修复效率高，处理时间短 对地下水无须抽出、储藏和回灌处理 可提高SVE对土壤修复的去除效果 更适合消除难以移动的污染物（如重非水相溶液，DNAPL）	对于非挥发性污染物不适合 不适合在低渗透率或高黏土含量的地区使用 若操作条件控制不当，可能引起污染物的迁移

9.4.1.3　原位化学修复技术

原位化学修复技术（Chemical oxidation in situ）是指在受污染区域建立活性反应区域，同时将周围的污染物随地下水迁移至活性反应区进行分解或钝化固定的修复技术。需注意的是，活性反应物质必须能在活性区域均匀分布，且本身对环境无害。该技术能对污染物就地处置和降解，安装施工比较容易，操作维护较便宜，可以用于深层污染的修复和处置。同时，反应活性区可以用来截留处于流动状态的地下水中的污染物，避免其向更远的距离扩散迁移。

原位化学修复技术包括原位化学氧化和化学沉淀两种类型。原位化学氧化修复具有所需周期短、见效快、成本低和处理效果好等优点。常用的氧化剂包括Fenton试剂、臭氧、高锰酸盐和过硫酸盐等。

（1）Fenton高级氧化技术。

传统的Fenton试剂是一种通过Fe^{2+}催化分解H_2O_2产生的羟基自由基OH·进攻有机物分子夺取氢，将大分子有机物降解为小分子有机物或者矿化为CO_2和H_2O等无机物的方法。OH·可通过脱氢反应、不饱和烃加成反应、芳香环加成反应和杂原子氮、磷、硫的反应等方式，与烷烃、烯烃和芳香烃等有机物进行氧化反应。

传统的Fenton试剂反应须控制在pH＝3的条件下，Fe^{2+}不易控制，极易被氧化为Fe^{3+}，且该pH条件下会破坏生态环境。因此，研究人员对传统Fenton进行了改进。改性Fenton修复技术在传统Fenton试剂（Fe^{2+}/H_2O_2）法基础上不断改良，通过改变和耦合反应条件，改善反应机制，可以得到一系列机理相似的类Fenton试剂。Fenton试剂法能够氧化大多数有机物，具有无选择性、处理彻底(甚至矿化为 CO_2 和 H_2O)、操作简便、反应条件温和、无二次污染等特点。同时，残存的 H_2O_2 可自然分解成氧气，为微生物繁殖提供电子受体。因此，Fenton 试剂法成为最有前景的原位修复技术之一。

(2)臭氧处理技术。

臭气(O_3)通过注射井进入污染区。O_3 的氧化途径包括直接氧化和自由基氧化。直接氧化是指 O_3 直接加成在反应分子上，形成过渡型中间产物，再转化为反应产物(比如 O_3 与烯烃类物质)。自由基氧化是指 O_3 先被分解为 OH·自由基，再发生自由基氧化。另外，O_3 修复还可与生物修复联合使用。

原位臭氧修复具有以下优点：①该法可用于处理大分子及多环类污染物，也可用于处理柴油、汽油、含氯溶液等许多物质。②臭氧在水中的溶解度是氧气的 12 倍，可快速进入土壤水分中。③臭氧自身分解产生的氧气可供微生物利用。④臭氧反应迅速，效率高，能有效减少成本。

(3)高锰酸钾氧化技术。

高锰酸钾($KMnO_4$)作为固体易于运输、储存。此外，高锰酸钾适用范围广，对三氯乙烯、四氯乙烯等含氯溶液和烯烃、酚类、硫化物及甲基叔丁基醚等污染物的处理去除有很好的效果。高锰酸钾氧化技术的优、缺点见表 9-5。

表 9-5 高锰酸钾氧化技术优、缺点

优点	缺点
受 pH 影响小，具有很高的处理效率 不受 HO·自由基影响 还原产物不会造成二次污染 对微生物无毒，可与生物修复法联用	对柴油、汽油及 BTEX 类污染物处理效果有限 遇铁离子、锰离子或有机质时需加大剂量

(4)过硫酸盐高级氧化技术。

原位化学氧化(ISCO)技术近年来发展迅猛，国内外已有较多的研究和现场实例。而将过硫酸盐用于 ISCO 技术成为最有前景的原位修复技术。其机理是在热、光(紫外线 UV)、过渡金属离子(Fe^{2+}、Ag^+、Ce^{2+}、Co^{2+} 等)等条件的激发下，过硫酸盐活化分解为硫酸根自由基·SO_4^{2-}。SO_4^{2-} 中有一个孤对电子，其氧化还原电位 $E=+2.6$ V，远高于 $S_2O_8^{2-}$ ($E=+2.01$ V)，接近羟基自由基·$OH(E=+2.8$ V)，具有较高的氧化能力，理论上可以快速降解大多数有机污染物，将其矿化为 CO_2 和无机酸。其氧化过程可通过从饱和碳原子上夺取氢和向不饱和碳上提供电子等方式实现。其中过硫酸钠(EPS)为常用的过硫酸盐。EPS 可施入渗透性较低的土壤地下水环境，进行原位修复。它的氧化修复一般需要 3 个要素：注入井、氧化剂、活化方式。

通常在有机污染的现场，将氧化剂通过井注入受污染区域，借助射频探头等方式对

EPS 加热活化，或通过注入含 Fe 盐的催化剂溶液对其进行化学激活。EPS 及其产生的高活性氧化物在参与有机污染物降解的过程中，除将有机物氧化甚至矿化外，还在地下水中残留了大量的 SO_4^{2-} 和 H^+。长期饮用含高浓度 SO_4^{2-} 的地下水会引发急性感染疾病，如痢疾等。目前主要通过加入石灰生成难溶的石膏来降低水中 SO_4^{2-} 的含量。此外，原位过硫酸盐活化对地质和生态环境的改变(如有机质的氧化对土壤的组成和结构的改变)也是值得深入探讨的问题。

9.4.1.4　电化学动力修复技术

电化学动力修复技术(Electrokinetic remediation)，是利用电动力学原理对土壤及地下水环境进行修复的一种绿色修复新技术，通过将电极插入受污染的地下水区域，在施加低压直流电后，形成直流电场。由于土坡颗粒表面具有双电层，孔隙水中粒子或顺粒带有电荷，引起水中的离子和顺粒物质沿电场方向进行定向运动，可以用来清除一些有机污染物和重金属离子，具有环境相容性、多功能适用性、高选择性、适于自动化控制、运行费用低等特点。在电动修复过程中，金属和带电荷的离子在电场作用下发生定向迁移，然后在设定的处理区进行集中处理；同时在电极表面发生电解反应，阳极电解产生氢气和氢氧根离子，阴极电解产生氧气和氢离子。而对于大多数非极性有机污染物，则通过电渗析的方式去除。

近年来电化学动力修复技术越来越多地和其他技术或辅助材料相结合。例如 Ha Ik Chung 等将电化学动力修复技术与超声技术联用，分别处理污染土壤中的铅和菲，结果表明单独使用电化学动力修复技术修复污染土壤，铅和菲的去除率分别为 88% 和 85%，技术联用后，污染物去除率分别提高 3.4% 和 5.9%。Thuy 等将电化学动力修复技术与超声技术联用，用于修复土壤中的持久性有机物，发现单独使用电化学动力修复技术，对六氯联苯、菲和荧蒽的平均去除率分别为 63%，84% 和 74%，技术联用后，平均去除率分别提高 11%，4% 和 16%，这说明电动超声联用技术能够增强土壤及地下水修复的效果。Jian 等将新型的活性吸附材料竹炭用于电动修复过程中，结果表明每隔 24 h 改变电极极性方向可以同时去除土壤中 75.97% 的镉和 54.92% 的 2，4—二氯酚。这预示着电化学动力修复技术在同时去除土壤和地下水中的有机物和重金属方面将有新的发展。

未来的原位生物修复技术最新的发展趋势是将电化学动力修复技术与现场生物修复技术优化组合，克服各自的缺点，从而提高有机污染物的降解效率。Acar 和 Marks 分别研究了用电化学动力修复技术为微生物输送营养元素，例如氨氮和容易摄取的碳等，结果显示在高岭土中，当氨氮和硫酸根离子浓度分别是 100 mg/L 和 200 mg/L 时，其迁移速度大约是每天 10 cm。

9.4.1.5 监测自然衰减技术

监测自然衰减技术(Monitoring and natural attenuation),是基于污染场地自身理化条件和污染物自然衰减能力进行污染修复,达到降低污染物浓度、毒性及迁移性等目的,另外还须根据污染区域的治理目标,采用相应的监测控制技术,对地下水的自然修复过程进行监测评价。监测自然衰减技术适用于含氯有机溶剂、石油燃料、多环芳烃、苯系物、金属、放射性核素、爆炸物、木材防腐剂、农药、杀虫剂等各种污染物。该技术适用范围较窄,对区域环境和污染物自然衰减能力要求高,一般仅适用于污染程度较低、污染物自然衰减能力较强的区域,且前期需要对场地进行详细勘察,修复周期长,但修复费用远远低于其他修复技术。

9.4.1.6 阻隔技术

阻隔技术,通常是利用土壤、膨润土和其他材料混合,形成泥浆墙,阻隔受污染的地下水流动,阻止其向下游扩散。阻隔技术适用于污染物总量较大,且可溶性和可移动的污染组分含量高,可能会对地下水源造成影响的情况。该技术只能将污染物阻隔在一个特定的区域中,而不能将污染物从地下环境中去除,只能起到应急控制作用。

9.4.1.7 生物曝气

生物曝气(Biospanging,BS),是AS(原位曝气技术)的衍生技术,两者的系统组成部分完全相同。该技术将空气(氧气)和营养物注射进饱和区以增加土著微生物的生物活性。为了保证处理区能充分氧化,同时又具有较高的有氧生物降解速率,与AS系统相比较,BS曝气速率较低。在实际应用中,不论AS还是BS都有不同程度的挥发和生物降解发生。AS系统一般与气相抽提系统联合使用,而BS系统一般并不需要气相抽提系统来处理土壤气相。AS与BS的异同见表9-6。

表9-6 生物曝气与原位曝气技术的异同

共同点	差异
组成部分完全相同 在实际应用时,都有不同程度的挥发和生物降解发生	BS强化了有机污染物的生物降解 BS系统曝气速率相对较低 AS系统一般与SVE系统联用

9.4.1.8 微泡法

微泡法(Microbubble-aided oxidation),是利用混合的表面活性剂水溶液和空气,在高速旋转的容器里,生成气—水—表面活性剂的微气泡。微气泡具有很高的比表面积和溶氧

量，从而大大降低有机污染物与水之间的表现张力，使有机物更容易黏附于气泡表面并向内部扩散，对有机物氧化降解有潜在利用价值。该法具有效率高、经济适用等特点。

9.4.1.9　固态释氧技术

固态释氧技术(Oxygen releasing compounds，ORC)，利用过氧化物能够与水反应并缓慢释放出氧气，从而促进地下水中有机污染物的好氧生物降解。ORC对地下水的生物修复主要通过两种方式进行：①与水混合成浆状，由高压泵注入土壤饱和区，通过扩散和对流作用分散进入含水层中；②以滤袋的形式放入氧源井中，当释氧材料耗尽时，可以取出并替换新滤袋。ORC与水反应除放出氧气外，只有微溶的氢氧化镁或氢氧化钙生成，不会对地下水造成二次污染。该法能耗低，价格低廉，产品不造成二次污染，操作和后期监测简单。其缺点在于修复时间长，对微量污染物修复效果有限，需要长期监测。

9.4.2　抽出—处理修复技术

抽出—处理修复技术(Pump-treat，P&T)是最早出现的地下水污染修复技术，也是地下水异位修复的代表性技术。P&T技术根据地下水污染范围，在污染场地布设一定数量的抽水井，通过水泵和水井将污染了的地下水抽取上来，然后利用地面净化设备进行地下水污染治理。在抽取过程中，水井水位下降，在水井周围形成地下水降落漏斗，使周围地下水不断流向水井，减少了污染扩散。最后根据污染场地的实际情况，对处理过的地下水进行排放，可以排入地表径流、回灌到地下或用于当地供水等，其概念模型见图9—4。

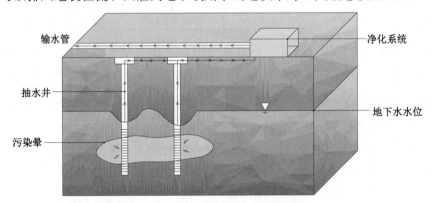

图9—4　P&T修复技术概念模型

当地下水被抽出后，临近的地下水位就会下降并产生压力梯度，使周围的水向井中迁移，离井越近压力梯度越大，形成一个低压区。在解决地下水污染问题时，评估抽提井低压区是关键，因为它能表征抽提井所能达到的极限。抽出—处理修复技术的优、缺点见表9—7。

表9-7 抽出一处理修复技术的优、缺点

优点	缺点
适用范围广 修复周期短 技术设备简单, 易于安装和操作 地上污水净化处理工艺比较成熟 对有机污染物中的轻非水相液体去除效果 明显	开挖处理工程费用昂贵 地下水抽提或回灌对修复区干扰大 需要持续能量供给以确保地下水抽出和水处理系统运行 要求对系统定期进行维护和监测 对于重非水相液体来说, 治理耗时长且效果不明显 在不封闭污染源的情况下停止抽水会导致拖尾和反弹现象

9.5 土壤一地下水联合修复技术

9.5.1 土壤气体抽提—原位曝气/生物曝气联合修复(SVE-AS/BS)

土壤气体抽提(SVE)是利用物理方法去除不饱和土壤中挥发性有机物(VOC),用引风机或真空泵产生负压驱使空气流过污染的土壤孔隙,从而夹带 VOC 流向抽取系统,抽提到地面,再进行收集处理的方法,适用于粒径均匀且渗透性适中的土壤。AS/BS 主要用于去除潜水位以下的地下水中溶解的有机污染物质。土壤气相抽提与原位曝气/生物曝气修复技术联合使用(SVE-AS/BS 技术)适用于挥发和半挥发石油污染物对粒径较均匀且渗透率适中土壤及地下水污染的处理。

SVE-AS/BS 联合修复系统示意图如图9-5所示。

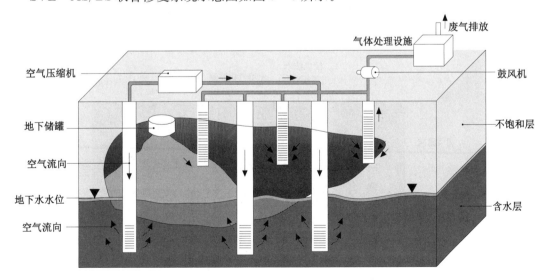

图9-5 SVE-AS/BS 联合修复系统示意图

该系统一般包括空气注入井、抽提井、地面不透水保护盖、空气压缩机、真空泵、气/水分离器、空气及水处理设备等,抽出的污染物或需在地上处理。该系统利用垂直井或水平井,用气泵将空气注入水位以下,通过一系列传质过程使污染物从土壤孔隙和地下水中挥发进入空气中。含有污染物的悬浮羽状体在浮力作用下上升,达到地下水水位以上非饱和区域,通过 SVE 系统处理从而除去污染物。SVE－AS/BS 去除污染物是多相传质过程,各个修复方法的影响因素见表 9－8。

表 9－8　SVE－AS/BS **各修复方法的影响因素比较**

方法名称	SVE	AS	BS
特点	只对非饱和区域土壤进行处理	依赖于曝气所形成的影响区域大小	主要考虑微生物降解
影响因素	土壤渗透性、土壤湿度、地下水深度、土壤结构和分层以及土壤层结构各向异性、气相抽提流量、蒸气压和温度	土壤类型、粒径大小、土壤的非均匀性和各向异性、曝气压力和流量及地下水流动	土壤的气体渗透率、土壤的结构和分层、地下水温度、地下水 pH、营养物质和电子受体类型、污染物浓度及可降解性、微生物种群

9.5.2　生物通风—原位曝气/生物曝气联合修复(BV－AS/BS)

生物通风技术(BV)是一种生物增强式 SVE 技术,将空气或氧气输送到地下环境以促进生物的好氧降解作用。SVE 的目的是使空气抽提速率达到最大,利用污染物的挥发性将其去除。BV 技术通过优化氧气的传送和使用效率,创造好氧条件来促进原位生物降解。BV－AS 技术比 SVE－AS 技术处理对象范围广,BV 能去除 SVE 无法去除的低浓度可生物降解的化合物,且能降低尾气处理成本,适于对土壤中挥发性、半挥发性和不挥发性可降解有机污染物进行处理。BV－AS/BS 修复示意图如图 9－6 所示。

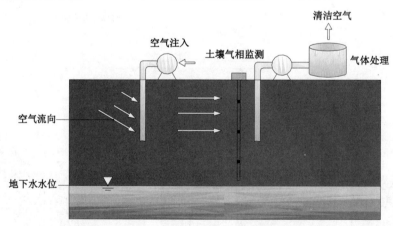

图 9－6　BV－AS/BS **联合修复系统示意图**

BV－AS/BS 技术主要用于包气带、饱和带中可生物降解有机污染物的联合修复,使用时根据需要加入营养物质添加井,需注意污染物初始浓度太高会对生物产生毒害作用。该技术不适用于低渗透率、高含水率、高黏度的土壤。该技术通常会设计一系列的注入井或抽提井,将空气以极低的流速通入或抽出,并使污染物的挥发降到最低,且不影响饱和层的土壤。

9.5.3 双相抽提(DPE)

双相抽提(Dual-phase extraction,DPE)是指同时抽出土壤气相和地下水这两种污染介质,对污染场地进行处理的一种技术,相当于土壤 SVE 与地下水抽提技术的结合。DPE 作为一种创新技术,一般在饱和区和不饱和区都有修复井井屏的情况下使用。处理对象包括饱和区和非饱和区的污染物,以及残留态、挥发态、自由态和溶解态的污染物。

DPE 工艺根据污染物质是以高流速双相流从单一泵中抽出还是气液两相从不同泵中抽出可分为单泵双相抽提和双泵双相抽提,也有增加一个泵辅助抽取漂浮物质的三泵系统,其结构与双泵系统基本一致。单泵与双泵 DPE 系统比较见表 9—9。

表 9—9 单泵与双泵 DPE 系统比较

名称	单泵 DPE 系统	双泵 DPE 系统
适用对象	适用于低渗土壤,不需要井下泵	地下水位波动大或土壤渗透性范围较大场地
优点	借助气体抽提减少地下水费用	经过许多条件下验证的现成设备
缺点	大量地下水需处理,要求专业设备和高端控制技术	气体处理较贵
共同点	可应用于建筑物底下无法挖掘的区域,对场地扰动低、处理时间短,可显著增加地下水抽提率,可用于受自由移动性 NAPL 污染的场地	

9.5.4 表面活性剂增效修复处理技术(SER)

表面活性剂增效修复处理技术(surfactant enhanced remediation,SER)利用了表面活性剂溶液对憎水性有机污染物的增溶作用和增流作用来驱除地下含水层中的非水溶相液体和吸附于土壤颗粒上的污染物。SER 技术适用于处理多种地下非水相液体(NAPL)污染,可以在较短时间内快速去除污染物。

SER 技术修复土壤及地下水中的 NAPL 污染的工艺示意图见图 9—7。在地面混合罐中配制表面活性剂与助剂(如醇、盐等)的水溶液,将其由注入井注入地下。待水溶液在地下介质与 NAPL 污染物反应后由抽提井抽至地面。在地面处理单元中需分离 NAPL 污染物,再将回收的表面活性剂和经处理的水送回混合罐循环使用。

选取适当的表面活性剂和助剂,并调配合适的微乳液体系是 SER 技术的关键。选择表面活性剂时考虑的主要是表面活性剂本身的性质和现场应用时的因素。表面活性剂分为阴离子表面活性剂、阳离子表面活性剂、两性表面活性剂及非离子表面活性剂 4 种类型。应当注意,阴离子型和阳离子型的表面活性剂一般不能混合使用,否则会发生沉淀而令表面活性剂失效。现场应用时一般需考虑土壤类型、水和污染物界面张力、污染物溶解度、污染物类型等因素。

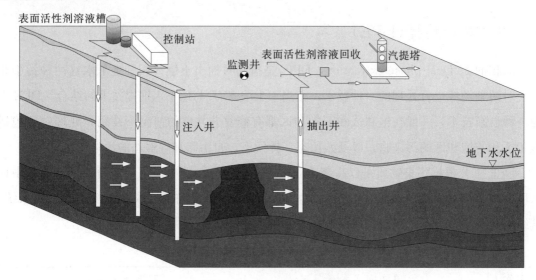

图 9—7　SER 工艺示意图

◆作业◆

概念理解

地下水；地下水污染修复；承压水；潜水。

问题简述

(1)地下水污染的来源主要有哪几个方面？

(2)简述地下水的垂直分布情况。

(3)地下水污染修复与风险管控的一般程序是什么？

(4)地下水污染的原位修复技术方法主要有哪几种类型？

(5)简述主要的土壤—地下水联合修复技术。

◆进一步阅读文献◆

白玉娟,殷国栋.地下水水质评价方法与地下水研究进展[J].水资源与水工程学报,2010,21(3):115-123.

陈慧敏,仵彦卿.地下水污染修复技术的研究进展[J].净水技术,2010,29(6):5-8,89.

程荣.活性渗滤墙技术与地下水污染修复[M].北京:世界图书出版公司,2013.

陈思莉,易仲源,王骥,等.淋洗—抽提技术修复柴油污染土壤及地下水案例分析[J].环境工程,2020,38

(1):178-182.

陈文浩,许国辉,张严严.围隔污染场地淋洗修复的注抽水井优化布设研究[J].环境工程.2020,http://kns.cnki.net/kcms/detail/11.2097.X.20200608.1921.046.html.

代朝猛,王泽雨,段艳平,等.过硫酸盐高级氧化技术在土壤和地下水修复中的研究进展[J].材料导报,2020,34(S1):107-110.

董家麟,付双,周昊,等.纳米过氧化钙对地下水中硝基苯的类Fenton降解效果[J].中国环境科学,2019,39(11):4730-4736.

郭丽莉,康绍果,王祺,等.渗透式反应墙技术修复铬污染地下水的研究进展[J].环境工程,2020,38(6):9-15.

侯泽宇,王宇,卢文喜.地下水DNAPLs污染修复多相流模拟的替代模型[J].中国环境科学,2019,39(7):2913-2920.

卢斌,邵军荣,张源,等.裂隙地下水中残留LNAPL物理驱替冲洗实验[J].中国环境科学,2020,40(1):182-189.

吕永高,蔡五田,杨骊,等.中试尺度下可渗透反应墙位置优化模拟——以铬污染地下水场地为例[J].水文地质工程地质,2020,47(5):189-195.

钱程,张卫民.PRB反应介质材料在地下水污染修复中的应用研究进展[J].环境工程,2018,36(6):1-5.

莫京倚,张卫民.PRB技术处理地下水污染物的长效性研究进展[J].环境工程,2019,37(8):16-20.

蒲生彦,陈文英,王宇,等.可控缓释技术在地下水原位修复中的应用研究进展[J].环境化学,2020,39(8):2237-2244.

隋红.有机污染土壤和地下水修复[M].北京:科学出版社,2013.

生态环境部.地下水环境监测技术规范[S].HJ/T 164.

生态环境部.环境影响评价技术导则 地下水环境[S].HJ 610.

生态环境部.污染地块地下水修复和风险管控技术导则[S].HJ 25.6.

唐诗月,王晴,杨淼焱,等.共代谢基质强化微生物修复四氯乙烯污染地下水[J].环境工程学报,2019,13(8):1893-1902.

陶静,李铁纯,刁全平.我国地下水污染现状及修复技术进展[J].鞍山师范学院学报,2017,19(4):51-57.

滕应,骆永明,沈仁芳,等.场地土壤—地下水污染物多介质界面过程与调控研究进展与展望[J].土壤学报,2020.

王平,韩占涛,张海领,等.某氨氮污染地下水体抽出—处理系统优化模拟研究[J].水文地质工程地质,2020,47(3):34-43.

于东雪,董军,刘艳超,等.EVO(乳化油)—Mg(OH)₂双功能缓释剂强化修复三氯乙烯污染地下水[J].环境工程学报,2019,13(4):885-893.

赵科锋,王锦国,曹慧群.含单裂隙非饱和带中轻非水相流体修复的数值模拟[J].水文地质工程地质,2020,47(5):43-55.

周文武,陈冠益,旦增,等.垃圾填埋场区域地下水铅的修复方案比选:以拉萨市为例[J].环境工程,2020,

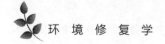
38(6):88-93.

周启星,宋玉芳.污染土壤修复原理与方法[M].北京:科学出版社,2004.

赵胜勇.地下水污染场地的控制与修复[M].北京:科学出版社,2016.

Avdalovi J,Mileti S,Ili M,et al.Monitoring of underground water:Necessary step in determining the method for site remediation[J].Zastita Materijala,2016,57(3):389-396.

Kanematsu H,Barry D M.Environmental problems:Soil and underground water treatment and bioremediation[C]//Biofilm and materials science.Springer International Publishing,2015:117-123.

Obiri-Nyarko F,Grajales-Mesa S J,Malina G.An overview of permeable reactive barriers for *in situ* sustainable groundwater remediation[J].Chemosphere,2014,111:243-259.

Tosco T,Papini M P,Viggi C C,et al.Nanoscale zerovalent iron particles for groundwater remediation:A review[J].Journal of Cleaner Production,2014,77:10-21.

Wilkin R T,Acree S D,Ross R R,et al.Fifteen-year assessment of a permeable reactive barrier for treatment of chromate and trichloroethylene in groundwater[J].Science of the Total Environment,2014,468:186-194.

第 10 章 空气环境修复

空气环境污染主要分为室外空气环境污染和室内空气环境污染，本章主要介绍室内空气环境污染物来源、类型及修复技术。空气环境污染问题不容乐观，防治措施主要以工程设备治理和产业转型升级为主。修复更多的是针对室内空气环境质量保护与改善，尤其是 VOCs 等室内空气污染修复。目前室内空气环境修复以微生物修复技术为主，兼顾植物利用等方法。

10.1 空气环境污染

10.1.1 空气环境污染现状

空气环境污染（Air pollution），是由于人类活动或自然过程引起某些物质进入大气中，呈现足够浓度，达到足够时间，并因此危害了人体的舒适、健康和福利或环境的现象。空气环境污染根据污染性质可划分为两大类。一类是还原型（伦敦型）：主要污染物为 SO_2、CO 和颗粒物，在低温、高湿度的阴天、风速小并伴有逆温的情况下，一次污染物在低空集聚生成还原型烟雾。另一类是氧化型（洛杉矶型）：污染物来源于汽车尾气、燃油锅炉和石化工业。主要的一次污染物包括 CO、氮氧化物和碳氢化合物。这些空气污染物在阳光照射下能引起光化学反应，生成二次污染物——臭氧、醛、酮、过氧乙酰硝酸酯等具有强氧化性的物质，对人类眼睛黏膜组织能引起强烈刺激。从我国空气污染排放量来看，2000—2011 年，工业废气排放量年均增速为 19.06％，由 2000 年的 138145 亿标立方米增长至 2011 年的 674509 亿标立方米，11 年间增长了 2.39 倍。空气污染治理由于易受天气影响并且会在不同地域间转移，因此一直以来治理难度较大。随着华北地区出现大量雾霾天气，空气污染防治备受关注。自 2002 年以来，我国出台了各项政策，加大节能减排力度，如 2002 年 1 月 30 日发布了《燃煤二氧化硫排放污染防治技术政策》，政策从能源合理利用、煤炭生产加工和供应、煤炭燃烧、烟气脱硫、二次污染防治等方面进行了详细规定。2012 年 8 月，我国发布了《节能减排"十二五"规划》，对电力与非电力行业脱硫脱硝效率提出了具体的发展目标。

10.1.1.1 空气污染源

空气污染源主要分为两大类：一类是自然界各种活动过程中产生的，即"自然源"，主要包括火山喷发排放的 H_2S、CO_2、CO、HF、SO_2 及火山灰等颗粒物；森林火灾排放的 CO、CO_2、SO_2、NO_2、HC 等；森林植物释放出的萜烯类碳氢化合物及主要为硫酸盐与亚硫酸盐的海浪飞沫颗粒物。另一类是人类各种活动过程中产生的，即"人工源"。由于人工源造成的污染影响远远超过了自然源，且引起公害的往往是人为污染物，因此这里主要讨论人工源。

空气污染的人工源可分为工业污染源、交通运输污染源、生活污染源、农业污染源等。研究污染物在大气中迁移扩散的规律时，常常根据污染源的特征分类，如按源的几何形状可分为点源、线源、非点源等；按源的排放高度可分为高架源、地面源；按源排放的时间特点可分为瞬时源、连续源；按源的运动状态可分为移动源、固定源等。在实际工作中，人们常常根据需要交替或同时使用这些分类，例如电厂的烟囱可称为高架连续点源。

（1）工业污染源。

工业企业在生产过程中产生和排放的空气污染物是空气污染的重要来源，这类污染源的特点是排放量大而集中。据统计，我国工业企业排放的烟尘和 SO_2 占全国总排放量的 80% 以上，特别是火力发电、钢铁、有色金属冶炼、石油化工等。

工业生产过程中燃料燃烧产生的污染物占有相当比重。煤是主要的工业燃料之一，其在燃烧过程中产生大量的 SO_2、NO_x 和烟尘。工业生产过程中排放的空气污染物与工业企业的性质有密切关系，各类企业在生产的各个环节产生不同的污染物。例如，钢铁厂在炼焦过程中，产生含 SO_2、CO、苯、酚、粉尘等废气；高炉炼铁过程中排放的废气中有大量粉尘，除主要含有 Fe、C、SiO_2 外，还含有 CO 等；平炉、转炉炼钢时产生大量粉尘（主要是 Fe_2O_3）及氟化物。

（2）交通运输污染源。

汽车、火车、轮船和飞机等交通工具排放的废气也是重要的空气污染源。污染主要源于石油系列制品（汽油、柴油等）的燃烧，主要污染物为氮氧化物、一氧化碳及碳氢化合物等。随着汽车数量的增加，汽车尾气造成的空气污染日趋严重，一些发达国家汽车排放的空气污染物占城市排放污染物的一半以上，美国洛杉矶甚至占到了 70%。

（3）农业污染源。

农业生产常常受到空气污染的影响和危害，但农业生产过程也会污染大气环境。特别是随着农业现代化、集约化程度不断提高，农用化学物质使用量增加，农业生产活动也成为空气污染的一个重要因素。例如，田间施用农药时，一部分农药会以粉尘等颗粒物形式飘散到大气中，残留在作物体上或黏附在作物表面的仍可挥发到大气中。进入大气中的农药可以被悬浮的颗粒物吸收，并随气流向各地输送，造成大气农药污染。此外，化肥使用也是空气污染的一个重要来源。氮肥会在土壤中发生一系列生物和生化过程，产生 N_2、NH_3、N_2O、NO、NO_2 等，进入大气中。据估计，进入大气的氮占农业用氮总量的 $10\% \sim 50\%$。

(4)生活污染源。

在生活中也会产生大气污染物，其中最主要的是生活能源燃烧。区域采暖、集中供热、家庭炉灶和取暖小锅炉等，排放大量 SO_2 及烟尘，一度是造成城市空气环境质量恶化的重要原因。

10.1.1.2 空气污染物种类

空气污染物种类很多，已发现的有害物质就有一百多种，其中大部分是有机物。在环境科学中，通常按下列两种方法对其进行分类。

空气污染物按其形成过程不同，分为一次污染物和二次污染物。一次污染物(Primary pollutant)是指直接从污染源排放到大气中的有害物质，最常见的一次污染物有 SO_2、CO、NO_x(主要是 NO 和 NO_2)及颗粒物，颗粒物还包含重金属、强致癌物 $3,4-$苯并吡(BaP)以及其他碳氢化合物等多种物质。二次污染物(Secondary pollutant)是指排入环境中的一次污染物，在物理、化学因素或生物的作用下发生变化，或与其他物质发生反应，所形成的物理、化学性状与一次污染物不同的新污染物，如一次污染物 SO_2 在环境中氧化成硫酸盐溶胶，无机汞通过微生物的作用转变成甲基汞等。

根据空气污染物的存在状态又可将其分为两类：分子状污染物和粒子状污染物。许多物质，如 SO_2、CO、NO_x、HCN 等，由于它们的沸点都很低，在常温下只能以气体分子形式存在，因此当它们从污染源散发到大气中时，仍然以单分子气态形式存在。有些物质(如苯和汞等)的沸点虽然比上述物质高，在常温下是液体，但因其挥发性强，受热时容易形成蒸气进入大气中。粒子状污染物(即颗粒物)是分散在大气中的液体和固体颗粒，粒径大小为 $0.01 \sim 100~\mu m$，是一个复杂的非均匀体系，通常根据颗粒物在重力下的沉降特性分为降尘和飘尘。粒径大于 $10~\mu m$ 的颗粒物 PM_{10} 在重力作用下能较快地沉降到地面上，称为降尘；粒径小于 $10~\mu m$ 的颗粒物，则可长期飘浮在大气中，称为飘尘。由于粒径小于 $10~\mu m$ 的颗粒物还具有胶体的一些特性，故又称气溶胶，它包括通常所说的雾、烟和尘。其中，动力学当量直径小于 $2.5~\mu m$ 的颗粒物称为细颗粒物($PM_{2.5}$)，对空气环境质量和人体健康影响更加显著。

10.1.1.3 主要空气污染物

(1)颗粒物。

颗粒物(Particulates)又称尘，是气溶胶体系中均匀分散的各种固体或液体微粒，粒径

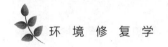

多在 $0.01 \sim 100~\mu m$。一般情况下，颗粒物可分为一次颗粒物和二次颗粒物。一次颗粒物是由直接污染源释放到大气中造成污染的颗粒物，例如土壤粒子、海盐粒子、燃烧烟尘等。二次颗粒物是由大气中某些污染气体组分（如二氧化硫、氮氧化物、碳氢化合物等）之间，或这些组分与大气中的正常组分（如氧气）之间通过光化学氧化反应、催化氧化反应或其他化学反应转化生成的颗粒物，例如二氧化硫转化生成硫酸盐。

当前已引起人们重视的颗粒物分为两类，即 $PM_{2.5}$（细颗粒物）和 PM_{10}（可吸入颗粒物）。$PM_{2.5}$ 富含大量的有毒有害物质，且在大气中的停留时间长、输送距离远，由于可进入呼吸道的部位较深，对人体健康的危害更大。欧盟《环境空气质量指令》中 $PM_{2.5}$ 限量值为年平均浓度 $25~\mu g/m^3$，世界卫生组织的指导原则建议 $PM_{2.5}$ 和 PM_{10} 的年平均值分别为 $10~\mu g/m^3$ 和 $20~\mu g/m^3$。

（2）硫氧化物。

硫氧化物（Sulfur oxides），主要指二氧化硫（SO_2）和三氧化硫（SO_3），用 SO_x 表示。其中 SO_2 是大气中分布最广、影响最大的污染物，也是作为空气污染的指标之一。大气中的硫氧化物主要源于煤和石油等燃料的燃烧、金属冶炼、硫酸制备等过程。

（3）氮氧化物。

氮氧化物（Nitrogen oxides），是 N_2O、NO、NO_2、N_2O_4、N_2O_5 等的总称，比较重要的人为污染物是 N_2O 和 NO，用 NO_x 表示。大气中 95% 的 NO_x 源于自然发生源。据估计，每年全世界自然源排放的 NO_x 达 500×10^6 t，人为源排放的 NO_x 为 53×10^6 t。人为源中 99% 来自煤和石油产品的燃烧，其余则来自天然气和其他燃烧过程排放。

（4）碳氧化合物。

碳氧化合物（Carbon oxides），主要指 CO_2 和 CO，CO_2 是大气中的正常组成成分，大气中自然含量为 0.033%，目前大气中的 CO_2 浓度每年平均上升 $0.7~\mu g/L$。CO 则是大气中排放量最多的污染物。全球碳排放量在 2013 年就已达到 360 亿吨，其中全世界每年 CO 总排放量约为 340×10^6 t，有 274×10^6 t 属人为源排放，193×10^6 t（总量的 55.3%）来自汽油的燃烧，大气对流层中的 CO 主要来源于此。CO 的主要来源是含碳物质的不完全燃烧和植被破坏所释放。

（5）碳氢化合物。

碳氢化合物（Hydrocarbon），包括烷烃、烯烃和芳烃等复杂多样的含碳和氢的化合物。全世界碳氢化合物总的排放速率为每年 1858.7×10^6 t，其中绝大多数为天然来源的甲烷（约为总量的 86%）。人类活动排放的烃类约为总量的 5%，主要包括汽油燃烧（38.5%）、焚化（28.3%）、溶剂蒸发（11.3%）、石油蒸发与运输损失（8.8%）和精炼损耗（7.1%）。大气中还存在大量有明显致癌作用的多环芳烃，其中 3,4-苯并芘被公认是强致癌物。

（6）光化学烟雾（Photochemical smog）。

排入大气的氮氧化物、一氧化碳、碳氢化合物、二氧化硫、烟尘等在太阳紫外线照射下，发生一系列光化学反应而形成以臭氧为主的二次污染物的混合物被称为光化学烟雾，其主要成分是氮氧化物、对流层臭氧、挥发性有机物、过氧乙酰硝酸酯（PAN）、醛类和酮类等。

10.1.2　室内空气环境污染

室内空气环境污染（Indoor air pollution），主要是由于室内空气中存在的多种挥发性有机物而对室内环境造成污染的现象。美国已将室内空气污染归为危害人类健康的 5 大环境因素之一。世界卫生组织也将室内空气污染与高血压、胆固醇过高症以及肥胖症等共同列为人类健康的 10 大威胁。据统计，全球近一半的人处于室内空气污染中，室内环境污染已经引起 35.7% 的呼吸道疾病，包括 22% 的慢性肺病和 15% 的气管炎、支气管炎和肺癌。我国相继制定了一系列有关室内环境的标准，从建筑装饰材料的使用到室内空气中污染物含量的限制，全方位对室内环境进行严格的监控，以确保人民的身体健康。

10.1.2.1　室内空气污染物及其来源

从检测分析，室内空气污染物的主要来源有以下几个方面：建筑及室内装饰材料、室外污染物、燃烧产物和人本身活动。其中，室内装饰材料及家具释放的空气污染物是造成室内空气污染的主要来源。国家卫生、建设和环保部门曾经进行过一次室内装饰材料抽查，结果发现具有毒气污染的材料占 68%，这些装饰材料会挥发出 300 多种挥发性的有机化合物。

室内空气污染物，主要有挥发性有机污染物（Volatile organic compound，VOCs）、半挥发性有机污染物（Semi-volatile organic compound，SVOCs）、氮氧化物（NO_x）、一氧化碳（CO）、颗粒物及细菌等，其中 VOCs 和 SVOCs 是导致室内环境污染和影响人体健康的主要污染物。VOCs 对人体的神经、心血管、呼吸和免疫系统等会产生明显的危害，可导致白血病、肿瘤和淋巴瘤等疾病，且有一定的致癌风险。SVOCs 具有"三致"毒性，对人体的生殖功能、胚胎健康、身体发育、免疫功能等都会产生影响，还会引起人体过敏、哮喘和癌症病变等疾病。国外很早就开始重视并研究室内空气中的有机污染问题，而国内对于室内空气有机污染的研究起步相对较晚，但进展迅速。

（1）挥发性有机污染物。

挥发性有机污染物（VOCs），是指熔点低于室温而沸点在 50℃～260℃ 的所有易挥发性有机化合物的总称（WHO），包括苯、甲苯、乙酸丁酯、乙苯、对（间）二甲苯、苯乙烯、邻二甲苯、十一烷等。目前已有 500 多种 VOCs 被相继检出，其中甲醛是一种典型的 VOCs，

易溶于水,甲醛的室内污染源众多,并且在室内环境中的浓度较高。除甲醛外,其他各种VOCs组分的浓度不高,但多种VOC联合作用时产生的环境污染问题和人体健康风险不容忽视。由于TVOC(Total volatile organic compounds)便于化学测定,因此常用总挥发性有机化合物表示室内挥发性有机化合物总的质量浓度。

室内空气中VOCs的主要污染源有黏合剂、塑料制品、纺织行业中的染料、油漆、建材中的涂料等,另外VOCs还可以被广泛应用于各类家具、家居用品及消费品中。除室内源外,室内外气体之间的交换也使一部分室外VOCs污染迁移至室内环境中。主要的室外VOCs来源包括石油和天然气燃烧、交通排放和生物排放等。与室外环境相比,室内VOCs的含量通常较高,室内源对VOCs污染的影响较大。

(2)半挥发性有机污染物。

半挥发性有机污染物(SVOCs),是指沸点在240℃～400℃,挥发性较低,比VOCs更稳定的一类污染物。目前国内外研究较多的典型的SVOCs主要有邻苯二甲酸酯(Phthalate esters,PAEs)、多溴联苯醚(Poly brominated diphenyl ethers,PBDEs)和多环芳烃(Polycyclic aromatic hydrocarbons,PAHs)等。邻苯二甲酸酯又被称作酞酸酯,是目前应用范围最广、产量用量最大、品类最多的一类增塑剂,并且目前经过各国相关法规认证的增塑剂全都属于PAEs。PAEs具有难溶于水、易溶于有机试剂、沸点高不易挥发等特点,由于其独特的理化性质且污染源众多,使得PAEs成为室内环境空气中主要的污染物。多环芳烃是指分子中苯环数≥2的碳氢化合物,沸点在240℃～400℃,熔沸点高,蒸气压较低,难溶于水,辛醇—水分配系数比较高。PAHs在环境中广泛存在,在环境空气中可以同时存在于气相和颗粒相中,气态PAHs中以小分子量组分为主,颗粒态PAHs中以小分子量组分为主。室内环境中的PAHs主要来源于燃料燃烧、抽烟、烹饪、熏香和艾灸等过程,另外室外的PAHs污染也对室内PAHs有一定的影响。PBDEs是一类性能优异的阻燃剂,在室温条件下,其蒸气压较低,且PBDEs中的溴原子数越多,其蒸气压越低。在室内环境中,PBDEs主要来源于家具、电器、泡沫制品、电线电缆等产品中,这些产品中PBDEs的含量占5%～30%。

(3)氨。

氨是一种无色而有强烈刺激气味的气体。室内氨气主要来源于混凝土防冻剂、膨胀剂、早强剂等外加剂、防火板中的阻燃剂等,其对眼、喉、上呼吸道有强烈的刺激作用,可通过皮肤及呼吸道引起中毒,轻者引发充血、肺水肿、支气管炎、分泌物增多、皮炎,重者可发生喉头水肿、喉痉挛,也可引起呼吸困难、昏迷、休克等,高含量的氨气甚至可引起反射性呼吸停止。

(4)放射性元素。

室内装修带来的放射性污染物主要指元素氡及其子体,源于装饰用石材及其建筑材料本身。氡（^{222}Rn、^{220}Rn、^{219}Rn）可由其母元素镭（^{226}Ra、^{224}Ra、^{223}Ra）继续衰变为钋（^{218}Po、^{214}Po），直至衰变为氡的子体铅核素（^{214}Pb、^{206}Pb）。

氡是世界卫生组织（WHO）公布的 19 种主要致癌物质之一，是目前引起类肺癌仅次于香烟的第二大元凶。流行病学研究显示，低剂量的放射性污染物氡长期作用是人群肺癌发生的因素之一，有研究表明室内环境中氡浓度升高与肺癌的发病率有密切关系，同时，也有研究表明室内氡浓度与白血病发病率也存在一定的相关性。氡及其子体 90％以上吸附于空气中的气溶胶粒子，随呼吸进入人体内。动物实验表明，氡的生物学效应主要表现为引起呼吸道肿瘤和其他癌症（白血病）的发生、肺纤维化、肺气肿和寿命减少。室内空气中的氡及其子体被人体吸收后（氡在脂肪中有较高的溶解度）会聚集在脂肪较多的器官中，并衰变产生氡子体，对人体造成危害。

（5）粉尘颗粒物。

室内的激光打印机、复印机、传真机、激光一体机等设备在运行时会产生臭氧、粉尘效应及电磁辐射。英国过敏症基金会的研究报告指出，办公室中的激光打印机、复印机等输出设备工作时，在高压静电场作用下，激光头扫描硒鼓表面的高压电荷时会与空气中的氧气发生电离作用生成臭氧，同时产生苯并芘、二甲基亚硝胺以及苯、甲苯、苯乙烯等排放到空气中，这些有机气体都是致病、致畸、致癌的"三致"物质。

打印机在工作中，墨粉经加热后形成一种颗粒非常小的粉末状物质排放到室内空气中，墨粉中含有微量硝基芘，能够改变染色体的正常结构而导致肿瘤，被人体呼吸带入肺中，还可刺激呼吸道，引起鼻炎、咽炎、支气管炎等上呼吸道炎症，危险的可能会引发各类癌症和心血管疾病。由于芳烃类的沸点较低而易挥发，通风不良时会对长期接触者产生危害。

复印纸尤其是高档复印纸都含有酚醛树脂化合物，这种化合物具有相当强的毒性，长期接触会导致中毒反应，如皮肤发红、周身发痒、嗓子肿疼等症状。另外，当室内外空气进行通风交换时，室外的颗粒物会进入室内，粒径大的颗粒物可能暂时发生沉降，随后由于室内人员的活动或者室内清扫，又飞散到空气中，形成室内扬尘。

（6）环境烟草烟雾。

环境烟草烟雾（Environmental tobacco smoke，ETS）是抽吸烟草制品在空气中产生的一类物质，主要包括两次抽吸之间从燃烧堆释放的烟气（侧流烟气）和吸烟直出的主流烟气，烟气中包括烟草生物碱及其衍生化合物、CO、CO_2、氮氧化物、NH_3、多环芳烃、酚类物质、羰基化合物和挥发性有机物等。

很多权威机构将环境烟草烟雾认定为一种重要的空气污染源，是室内环境危险暴露物质之一。美国环保局（EPA）研究数据表明，ETS 与肺癌、心脏病以及下呼吸道感染等疾病有密切联系。目前已在 ETS 中发现 4500 多种化学物质，醛类不饱和脂肪族类化合物是已知或潜在的动物致癌物，氯代烃、脂肪烃和芳香烃能够影响人的免疫机能。其中苯并芘是

已知的最强致癌物，苯为 A 类致癌物，而1,3—丁二烯的毒性是苯的30倍。

10.1.2.2　室内空气危害

近些年，随着国内经济建设发展和人民生活水平的日益提高，人们对家居、工作、休闲场所装修水平的要求也随之提高，但同时也加大了装修装饰材料中甲醛、苯系物对人体健康的危害程度。室内的环境质量直接影响人体健康状况。室内环境污染对人们的健康造成了严重损失。据相关统计，我国每年由室内空气污染引起的超额死亡数达 11.1 万人，超额门诊数达 22 万人次，超额急诊数达 430 万人次。

10.2　室内空气净化技术

10.2.1　吸附技术

吸附技术是利用某些有吸附能力的物质作为吸附剂吸附空气中的有害成分，从而达到消除有害污染物的目的。吸附技术是目前去除室内挥发性有机物最常用的控制技术，在净化器内安装吸附剂，污染空气通过吸附剂层，污染物就被吸附在吸附剂上，达到净化空气的目的。

吸附技术常用的吸附剂有活性炭、沸石、分子筛、多孔黏土矿石、活性氧化铝及硅胶等。其中，活性炭在去除碳氢化合物、多种醛、有机酸、二氧化氮方面具有很高的效率。活性炭是利用木炭、木屑、椰子壳一类的坚实果壳、果核及优质煤等做原料，经过高温炭化，并通过物理和化学方法，采用活化、酸化、漂洗等一系列工艺制成的黑色、无毒、无味的物质，其比表面积一般为 $500\sim1700$ m^2/g，高度发达的孔隙结构—毛细管构成一个强大的吸附力场，当气体污染物碰到毛细管时，活性炭孔周围强大的吸附力场会立即将气体分子吸入孔内，达到净化空气的作用。虽然活性炭具有良好的吸附性能，但由于它是将异味和臭气等从一种状态转化为另一种状态，而不能彻底地将其除去，从而会对环境造成二次污染。

此外，浸了高锰酸钾的氧化铝(PIA)对硫的氧化物、甲醛、氮氧化物、硫化氢及低浓度的醛和有机酸有很高的去除效率。PIA 经常与活性炭联合起来使用，以提高过滤器的效率，其缺点是只能把污染物从气相转移到固相中去，而不能从根本上消除污染，随着使用时间的延长，吸附剂最终会失去作用。

10.2.2　负离子技术

负离子对 PM$_{2.5}$ 的净化作用较为突出。负离子技术是利用施加高电压产生负离子，借助凝结和吸附作用，使其附着在固相或液相污染物微粒上，形成大粒子并沉降下来。空气中的负离子极易与空气中的尘埃结合，成为带电的大离子而沉降。除此之外，负离子也能够使细菌蛋白质表层两极发生颠倒，起到杀菌和清新空气的作用，但对附着在室内家具、墙壁等物品上的污染物，则不能清除或将其排出室外。

10.2.3 过滤技术

过滤技术是目前最为主流的净化手段之一，主要净化对象为空气中的颗粒物。用于空气过滤的材料主要有超低阻高效过滤器、纤维素过滤器、多孔玻璃、多孔陶瓷等。膜分离技术是现在的研究热点，物质的不同组分在压力推动下透过膜的传质速率不同而实现分离。用于气体分离的膜可分为有机膜和无机膜。有机膜应用于室内空气净化的研究目前尚少，无机膜因具有热稳定性好、化学性质稳定、不被微生物降解、容易控制孔径尺寸等特点在室内空气净化方面有很大的应用潜力。膜过滤技术具有很高的除尘能力，因此在空气过滤领域具有广泛应用。

10.2.4 光催化技术

光催化是利用紫外光照射光催化剂反应装置，将太阳能转变为化学能，使室内有害气体及异味气体等分解为无臭无害的产物。国内外大量研究表明，纳米 TiO_2 光催化技术可以很好地降解室内 NH_3、甲醛和甲苯等主要污染物，降解率达 90% 以上。在室内装修污染治理领域，磷蓝钛和磷灰石复合型光催化产品已经得到应用，这种复合型光催化产品可在自然光或灯光等可见光环境下发生光催化反应，而在夜间无光环境下，通过光催化产品表面负载的磷灰石涂层，可先将有害气体吸附在涂层表面，等到白天有光环境下再进行光催化反应，这样就保证夜间环境空气质量仍可达到安全标准。

10.2.5 低温等离子体

低温等离子体净化废气的原理，是利用低温等离子体产生的具有高氧化性的臭氧，在催化剂的作用下，使有机废气在较低的温度下完全转化。该技术可应用于冰箱和空调的杀菌、除臭，以及溶剂厂、印染厂、油漆厂等有机废气的处理。近几年，低温等离子体成为一个新兴的热点技术，被广泛应用于污染控制方面，包括脱硫脱硝、去除挥发性有机化合物、净化汽车尾气、治理有毒有害化合物等。但是，该技术不能彻底降解污染物，易引起二次污染。有些学者把低温等离子体技术和光催化技术结合起来，使低温等离子体技术得到了优化。

10.2.6 纳米光催化技术

纳米光催化技术的净化原理，是光触媒在紫外线的照射下，会产生类似光合作用的光

催化反应，释放出氧化能力极强的自由氢氧基和活性氧，具有很强的光氧化还原功能，可氧化分解各种有机化合物和部分无机物，能破坏细菌的细胞膜和固化病毒的蛋白质，可杀灭细菌和分解有机污染物，把有机污染物分解成无污染的水（H_2O）和二氧化碳（CO_2），因而具有极强的杀菌、除尘、防霉、防污自洁、净化空气的能力。

自 20 世纪 70 年代以来，纳米光催化技术的研究进入极为迅速的阶段，尤其在环境科学领域取得了飞速发展，目前研究最多的是硫族化合物半导体材料，如 TiO_2、ZnO、CdS、WO_3、SnO_2 等。由于 TiO_2 的化学稳定性高、耐光腐蚀并且具有较宽的耐受等级，可使一些吸热的化学反应在被光辐射的 TiO_2 表面得到实现和加速，加之 TiO_2 对人体无毒，因此 TiO_2 的光催化研究最为活跃。TiO_2 有三种形态：锐钛矿型、金红石型和板钛矿型，其中含 70%锐钛矿型和 30%金红石型的晶体粒子的光催化活性最佳。

纳米光触媒对不稳定化合物有很好的降解作用，对绝大部分病毒有很好的杀灭作用。例如纳米 TiO_2 催化技术，在室内空气污染物净化方面也得到了较好的应用，用于去除室内无机废气、异味、VOCs 及消毒杀菌等。

(1)去除无机废气。光催化剂能氧化空气中较低浓度的二氧化硫、氮氧化物、硫化氢和氨。TiO_2 光催化氧化去除氮氧化物效果比较理想的浓度范围是 $(0.01 \sim 10) \times 10^{-6}$，超过 100×10^{-6} 时，则难以去除。

(2)去除异味。室内异味物质主要是含硫化合物和含氮化合物，如硫醇、硫醚、胺类。异味(臭气)成分多种多样，浓度极低，但散发的臭气却令人感到非常不适。将 TiO_2 与臭氧或其他催化剂组合，去除臭气的效果较好。利用纳米级 TiO_2 作光催化剂，再用复氧化锌进行表面处理，吸附和去除甲硫醇的能力获得明显的改善，在紫外线照射下光催化氧化分解甲硫醇的效率获得大幅度提高。

(3)去除 VOCs。对于室内空气中的 VOCs，TiO_2 在紫外线照射条件下具有较强的氧化分解能力，效率比氧气和臭氧都高。TiO_2 在清除 VOCs 方面具有独到之处，尤其适用于低浓度污染物的去除。通过光催化氧化，可分解室内空气中的 VOCs，其主要成分有苯、甲苯、甲醛、甲醇，还有乙酸、苯酚、吡啶、丙酮、氯苯、氯甲烷等。

10.3 空气环境的植物修复

空气环境的植物修复，就是通过栽植具有空气污染物吸收和净化能力的乔木、灌木和草本植物，以净化空气污染的一种修复手段。许多植物能在保持正常生理状态的情况下，吸收空气中的污染物，并在体内代谢、降解或富集，使空气污染得到净化。植物还能通过其枝叶的散射和阻隔，吸附颗粒物和消减环境噪声。一些植物在生长发育过程中，挥发的分泌物还具有良好的杀菌作用。

10.3.1　空气污染的植物修复机理

植物修复空气污染的主要过程是持留和去除，持留包括植物截获、吸附、滞留等；去除涉及植物吸收、降解、转化、同化、富集等。

10.3.1.1　植物吸附与吸收

植物可以有效吸附空气中的悬浮物（如雾滴、浮尘等）及其附着的污染物，已证明植物表面可以吸附亲脂性有机污染物，如 PCB 和 PAH，吸附过程是植物从大气中清除亲脂性有机污染物的第一步。吸附主要发生在植物地上部分的表面及叶片的气孔，与植物表面的结构，如叶片形态、粗糙程度、叶片着生角度和表面分泌物有关。

此外，植物还能吸收金属粉尘。植物对空气污染物的吸收主要通过气孔和皮孔完成，叶片表面和枝干表面的其他部位也具有一定的吸收功能，并通过植物微管系统进行运输和分布。对于可溶性污染物，随着污染物在水中溶解性的增加，植物对其吸收速率也会相应增加，湿润的植物表面可显著增加对水溶性污染物的吸收。光照条件可显著影响植物的生理活动，尤其是控制叶片气孔的开闭，因而对植物吸收污染物具有较大影响。对于挥发性或半挥发性有机污染物，污染物本身的物理化学性质（包括相对分子量、溶解性、蒸汽压和辛醇－水分配系数等）都会直接影响植物吸收，气候条件也是影响植物吸收污染物的关键因素。

目前对植物从空气中吸收重金属机理的认识，多来源于土壤或水体吸收重金属的研究结果，对植物如何从空气中吸收重金属的机理性认识还很有限。另外，对于已进入植物体的污染物，有些可以被植物代谢或转化，有些可以被植物固定或隔离在液泡中，虽然有一部分被植物吸收的污染物或被转化的产物会通过释放重新回到大气中，但这一过程是次要的，不至于构成新的空气污染源，如何防止植物体中的重金属和其他有毒有害物质通过另外的途径进入环境中，是一个需要关注的问题。

10.3.1.2　植物降解

植物降解是指植物通过代谢过程来去除污染物，或通过植物自身的物质（如酶）分解外来污染物的过程。Giese 等（1994）研究 ^{14}C 标记的甲醛在吊兰属植物（*Chlorophytum spp.*）体内的代谢降解过程，证实甲醛被转化为有机酸、糖、氨基酸等植物组织的组分。一般植物也能在体内对甲醛和挥发性有机物进行代谢，去除空气中的污染物。Sandermann 认为植物含有一系列代谢异生素（存在于环境中，可能以某种途径进入生物机体的化学物质）的专性同工酶及相应基因，其代谢的主要途径与动物相似，但往往更加复杂，一个显著的不同点是植物将代谢产物以被隔离的状态保存。参与代谢异生素的酶主要包括细胞色素 P450、过氧化物酶、加氧酶、谷光苷肽 S—转移酶、羧酸脂酶、O—糖苷转移酶、N—糖苷转移酶、O—丙二酸单酰糖苷转移酶、N—丙二酸单酰糖苷转移酶等，直接降解有机物的酶类主要有脱卤酶、硝基还原酶、过氧化物酶、漆酶、腈水酶等。研究表明，在生长季节，植物树冠的吸收作用可以使空气中的 H^+、NH_4^+ 和 NO_3^- 减少 50%～70%，NH_3 几乎全部被吸收。对一些在植物体内较难降解的污染物如多氯联苯(PCB)，将微生物体内能降解这些污染物的基因转入植物体内，通过基因工程的方法加以解决，不仅能提高植物降解有机污染物的能力，还可使植物修复具有一定的专一性和选择性。

在植物转基因工程方面还需要做很多基础性的研究工作，如选择合适的外源基因和宿主，如何使转基因植物持续高效地表达外源基因以及生物安全问题等。在利用转基因植物修复污染环境时，污染物可能进入食物链。为了使植物吸收的污染物不在果实和种子中富集，如何让植物组织或器官特异表达功能启动，使外源基因只在特定组织或器官表达等技术还需解决。

10.3.1.3　植物转化

植物转化是利用植物的生理过程将污染物由一种形态转化为另一种形态的过程。植物转化与植物降解有一定的区别，因为转化后的污染物分子结构不一定比转化前的更简单，可能比转化前的物质具有更高或更低的毒性，但一般对植物本身无毒或低毒。对于这两种不同的转化结果，毒性提高的可称之为植物增毒作用，毒性降低的可称之为植物解毒作用。如何防止植物增毒和强化植物解毒，是利用植物转化修复空气污染的关键。利用植物将有毒有害污染物转化为低毒低害或无毒无害物质应是植物转化修复技术的主攻方向。最为典型的植物转化修复就是植物通过光合作用吸收大气中的二氧化碳，释放出氧，同时合成碳水化合物。

通常，植物不能将有机物彻底转化为二氧化碳和水，而是经过转化后将之隔离在细胞的液泡中，或与不溶性细胞结构结合。也有研究认为，有机污染物进入植物体，首先进行的是木质化过程，因此植物转化是植物保护自身不受污染物影响的重要生理过程。植物转化需要植物体内多种酶的参与，其中包括乙酰化酶、巯基转移酶、甲基化酶、葡糖醛酸转移酶、磷酸化酶等，例如极性的外来化合物可与葡糖醛酸发生结合反应。

10.3.1.4　植物同化和超同化

植物同化，是指植物对含有植物营养元素的污染物进行吸收并同化到自身物质组成中，促进植物体自身生长的现象。除上面提到的二氧化碳外，含有植物营养元素的污染物主要是指含硫化合物和含氮化合物。植物可以有效吸收空气中的 SO_2 和 NO_2，并迅速将其分别转化为亚硫酸盐、硫酸盐和亚硝酸盐，再加以利用。超同化作用与同化作用类似，是指超同化植物可将含有植物营养元素的空气污染物作为营养物质源高效吸收与同化，同时促进自身生长的现象。其中，超同化植物是指具有超吸收和代谢空气污染物能力的天然或转基因植物。从天然植物中筛选，或通过转基因工程手段培育超同化植物，是一个重要而有应用前景的研究工作。

在转基因超同化植物的培养中，可能会发生基因漂移和杂草化的现象，在实验室里可以通过对实验条件的严格控制，避免转基因生物对其他生物的影响。但是一旦进入自然环境中，限制被解除，转基因将通过各种渠道进行转移、扩散，大面积种植转基因作物，会发生该种作物与其临近的同种同属近缘野生植物发生杂交，将部分基因转移给它们，改变其部分生存特征，如通过授粉，转基因植物可将一些抗病虫、抗除草剂或对环境胁迫具有耐性的基因转移给野生近缘种或杂草，使杂草获得转基因植物的抗逆性状，变成超级杂草，进而严重威胁其他作物的正常生长与生存，出现杂草化。

10.3.2 植物对空气污染的物理净化

10.3.2.1 滞尘作用

空气污染物除有毒气体外，还包括粉尘。森林和城市中各种类型的绿地都具有滞尘作用，一是由于树木枝冠茂密能降低风速，随着风速降低，空气中携带的较大颗粒灰尘会在重力作用下降落到地面；二是植物有巨大的叶表面积，可以截获大量灰尘；三是植物覆盖了地表，减少了地面扬尘。据测定，每公顷森林一年的滞尘量，云杉为 32 吨，松树为 34.4 吨，水青桐为 68 吨。

植物滞尘效果与植物种类、种植面积、密度、生长季节等因素有关。一般情况下，高大、树叶茂密的树木比矮小、树叶稀少的树木滞尘效果好，植物的叶型、着生角度、叶面粗糙程度等也对滞尘效果有明显的影响。此外，不同结构和配置的植物除尘效果也明显不同。例如，在由乔木林、灌木林、乔灌木林、乔草林和乔灌草林等组成的块状林中，以乔木林的滞尘效果最差，乔灌草林的滞尘效果最好。

10.3.2.2 削减噪声作用

利用绿化植物削减噪声，在国内外已得到普遍应用。绿化植物之所以能削减噪声，一是因为投射到植物枝叶上的声波可被反射，二是因为植物对声波具有一定的吸收作用。单株或稀疏的植物对声波的反射作用很小，但郁闭的树木和绿篱能有效地反射声波，起到类似隔声板的作用。据测定，郁闭度为 0.6~0.7 的松林或杂木林，可使声波衰减达 1dB(A)/10m，声音的分贝值与林带宽度呈线性增加的关系。

另外，声波入射可引起枝叶间空气的振动，并与枝叶产生摩擦，部分声能转化为热能，

从而衰减。植物的这种吸声作用可有效减小混响，使噪声降低。一般接收点的声音包括直达声和地面反射声两部分，草坪的吸收作用可使反射系数变小，降低反射声的声能，使接收点的噪声降低。

植物对噪声的防治效果与林带宽度、高度、长度以及和声源的距离有关，还和林带的结构和配置有关，组成林带的树木越密集、连续，对噪声削减的效果越好。

10.3.2.3 对放射性物质的吸收

植物可阻止放射性物质的传播与辐射，特别是对放射性尘埃有明显的吸收与过滤作用。据测定，在每平方米含有 3.7×10^{10} Bq(1 mC$_i$)放射性 ^{131}I 的条件下，某些树木叶片在中等风速时每千克叶片每小时能吸收 3.7×10^{10} Bq 放射性 ^{131}I，其中 1/3 的 ^{131}I 进入叶组织，其余被阻滞在叶面上。许多植物在较高剂量的辐射条件下仍能正常生长，如栎树在 γ 射线辐射下，吸收 15 Gy[①] 的中子辐射后仍然生长良好。

10.3.3 植物对大气生物污染的净化作用

空气中存在着许多细菌，有研究显示，城市空气中存有杆菌约 37 种，球菌约 26 种，丝状菌约 20 种，芽生菌约 7 种。就数量而言，商场内细菌数可达 400 万个/立方米，闹市区细菌数为林区的 72 万倍。城市绿化具有很好的杀菌作用：一方面，植物的滞尘作用使空气得到净化，减少细菌在大气中的附着物，使细菌数量减少；另一方面，许多植物能分泌具有杀菌效果的挥发性物质，也具有一定的杀菌能力。由于植物的滞尘作用和抑菌作用，在绿化较好的地区，细菌数量比绿化较差地区明显降低。在无绿化街道，含菌数高达 44050 个/立方米，而绿化较好街道则为 5000～7000 个/立方米，相差 6～8 倍。绿地公园含菌数可降至 1000 个/立方米，仅是绿化较差街道的 1/44。

10.4 空气污染的微生物修复

利用微生物处理废气已有较多实际应用，但用于大范围的空气污染治理的例子还较少，主要是难以集中大量空气通过微生物处理系统。但微生物修复技术经过改进后可应用于特定区域的空气污染治理，如畜禽养殖场、污水处理厂、垃圾填埋场等。下面分别就气体无机污染和有机污染的微生物修复加以论述。

---

① Gy 为辐射剂量单位。对于普通人来说，每年受到自然界本底辐射(来自阳光、空气、食物、土壤等)大约为 2.4 mSv，一个普通人如果活 400 年受到的辐射约为 1 Gy。

10.4.1 无机废气的微生物修复

工业生产产生的无机废气一般为 SO_2、NO_x 等，而微生物在大范围处理污染环境中的无机废气方面还比较困难，因此重点应从全过程控制要求出发，推行清洁生产，减少尾气中的 SO_2 和 NO_x 含量，以达到控制污染的目的。目前，煤的微生物脱硫和化石燃料的微生物脱氮应用较多。

10.4.1.1 煤的微生物脱硫(Microbial desulfurization)

煤中的硫分为不燃硫和可燃硫，不燃硫主要是硫酸盐，可燃硫又分为无机硫和有机硫，可燃硫经燃烧生成硫氧化物随烟气进入大气，是引起酸雨的主要物质。黄铁矿(FeS_2)是煤炭中无机硫存在的主要形式，约占 60%～70%，有机硫则以二苯噻吩和硫醇的形式存在，约占 30%～40%，而硫酸盐的含量极少且易洗脱。

煤脱硫的方法分为燃烧前脱硫、炉内脱硫和烟气脱硫。目前的工业化技术多为物理和化学方法，其中最成熟的是烟气湿法脱硫，脱硫率可达 90% 以上。尽管这些方法效率高，但缺点是设备及运行费用很高，特别是废液的二次处理问题突出。微生物脱硫能选择性除去煤中的有机硫和无机硫，反应条件温和，设备简单，投资少，可减少环境污染。煤的微生物脱硫是由生物湿法冶金技术发展而来的，是在常温常压下，利用微生物代谢过程的氧化还原反应达到脱硫目的。目前，对黄铁矿的脱硫率可达 90%，有机硫的脱除率达 40%。

(1)微生物浸出脱硫(Microbial Leaching desulfurization)。

微生物浸出脱硫的原理是利用某些嗜酸耐热菌在生长过程中消化吸收 FeS 等的作用，促进 FeS 氧化分解与脱除，即在微生物的作用下，把 FeS 分解为铁离子和硫酸。该法是在煤上使用含有微生物的溶液，实现微生物脱硫，生成的硫酸在底部从煤中除去，装置简单，经济，操作容易，但处理时间长。

为了更有效地浸出脱硫，可采取空气搅拌式反应器。这种装置是把粉碎了的煤与含微生物的反应溶液在空气泡中进行搅拌脱硫，这比机械搅拌对微生物的损伤小，同时因为能迅速供给微生物生长所必需的二氧化碳和氧，所以可以加快浸出速度及增强浸出效果，缩短了处理时间。但在实际使用时，必须注意装置的腐蚀、废液的处理、营养成分的循环以及菌株的稳定性等许多问题。目前，微生物菌种使数十微米大小的黄铁矿完全溶解需1～2周的时间。

(2)微生物助浮脱硫(Microbial floating desulfurization)。

浸出法脱硫溶解黄铁矿需要 1～2 周的时间，要求煤粒细小，故不适用于大型火力发电厂的煤脱硫。为了处理大量的煤，必须把脱硫的时间缩短，为此研究出将煤的物理洗选技术浮选法和微生物处理相结合的方法。

环 境 修 复 学

微生物浮选法在浮选设备内进行，该方法是把煤粉碎成微粒与水混合，在其悬浊液的下面吹进微气泡，使煤和黄铁矿的微粒浮在水中，附着在气泡上。由于空气的浮力，两者一起浮在水面上不能分开，此时将微生物放入溶液中，微生物不仅能附着在黄铁矿上，而且使黄铁矿的表面变成亲水性，能溶于水，从而难以附着于气泡上而下沉到底部，这样就把煤和黄铁矿分开。利用该法可以只处理黄铁矿的表面，脱硫只需要数分钟，于是大幅度缩短了处理时间。此外，该法在对煤中的黄铁矿脱硫时，灰分也可同时沉底，因此也具有脱去灰分的作用。

像其他物理分离方法一样，微生物助浮脱硫法要求黄铁矿完全从煤中分离。因此，该方法对于细煤粒具有重要意义。目前许多工作都集中在煤粒直径 0.1 mm 以下的分选，其中最好的工艺为浮选柱浮选。由于浮选柱同其他浮选设备相比，具有浮选剂用量少甚至可以不用浮选剂的优点，因此微生物浮选法脱硫几乎都在浮选柱中进行。工艺路线如图 10-1 所示。

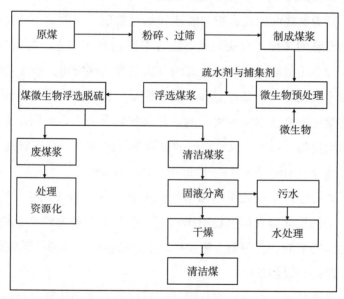

图 10-1　煤微生物浮选脱硫工艺路线

(3)存在的问题及发展动向。

微生物脱硫技术尽管已取得突破性进展，但进行工业化应用还存在一定的距离，将生物技术用于煤炭加工还存在一系列的困难和问题有待解决。例如，加工前破碎煤的费用高；微生物繁殖慢，反应时间长，一般需要几天至几周，而细菌浸出可达几个月，难以保证脱硫工艺的稳定性，需要开发高效率的连续工艺，并提高微生物稳定性；微生物和生物催化剂对温度十分敏感，在大规模生产中，传热是一个非常棘手的问题；脱硫后的硫氧化产物需进一步处理，且费用高；煤是一种非均质的物质，对于煤中有机硫的检测还缺乏一种确定的方法；煤中某些杂质对微生物有毒性，会抑制微生物的生长和作用。针对以上问题，考虑从以下几个方面来解决：如选育驯化高效脱硫菌，利用遗传工程学的原理构建对脱硫有特殊效果的工程菌等，同时对脱硫液进行综合处理回收，实现无废排放，防止二次污染。

微生物脱硫的焦点主要集中在菌种的筛选培育方面。目前的方向是通过遗传工程来改进微生物和酶的性质，使之能承受更高的重金属含量、更高的盐浓度、更宽的 pH 值和温度范围，更能适应低溶解度反应物的反应，还要简化制备方法，降低成本。

10.4.1.2　化石燃料的微生物脱氮（Biological denitrification）

化石燃料中的含氮化合物在燃烧过程中，会形成氮氧化物，造成空气污染，形成酸雨，并且在原油提炼过程中导致催化剂中毒而影响产量。因此，利用微生物降解脱除化石燃料中的含氮化合物，对于解决上述问题至关重要。

原油总氮含量平均为 0.3%，其中包括含硫、含氮的杂环芳香族化合物，该类化合物的存在会影响和限制原油的应用。原油中的含氮化合物分为两类：一类是非碱性分子，包括吡咯、吲哚类，它们大多与咔唑的烷基衍生物混合；另一类是碱性分子，大部分是吡啶和喹啉的衍生物。

含氮的芳香化合物可用高温、高压氢化处理工艺将其从石油中除掉，但这个过程既昂贵又危险，而且会改变原油中许多其他成分。利用微生物去除原油中的含氮芳香化合物，可在常温常压下进行。目前关于微生物降解含氮化合物的研究，主要集中在降解石油中的非碱性化合物，特别是咔唑及其烷基衍生物方面，一是因为它们是氮的主要成分，二是碱性氮化合物可以很容易地通过萃取除去。

关于生物降解含氮芳香族化合物的研究报道不多，已有研究表明，可以从废水污泥、被各种废水和烃污染的土壤、煤和页岩气液化工厂污泥中，分离出能够降解石油中含氮物质的微生物。目前，几种能降解咔唑及其烷基衍生物的假单胞菌已被分离出来。

10.4.2　有机废气的微生物修复

10.4.2.1　微生物净化有机废气的原理

微生物技术被认为是目前处理有害污染物和含中低等浓度 VOC 及废气最佳的方法，因为与其他物理和化学技术相比，微生物技术具有更高的成本效益和环境友好性。有机废气的生物净化是利用微生物，以废气中的有机组分作为其生命活动的能源或其他养分，经代谢降解，转化为简单的无机物（CO_2、H_2O 等）及细胞组成物质。废气中的有机物质，首先要由气相转移到液相（或固体表面液膜），然后在液相（或固体表面生物层）被微生物吸附降解。

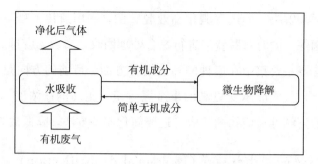

图 10-2　微生物净化有机废气模式图

由于气液相间有机物浓度梯度、有机物水溶性以及微生物的吸附作用，有机物从废气中转移到液相(或固体表面液膜)中，被微生物捕获、吸收，在此条件下，微生物对有机物进行氧化分解和同化合成，产生的代谢产物一部分溶入液相，一部分作为细胞物质或细胞代谢能源，还有一部分(如 CO_2)则进入空气中。废气中的有机物通过上述过程不断减少，从而得到净化。

10.4.2.2　有机废气生物处理的工艺研究与应用

根据微生物在有机废气处理过程中存在的形式，可将处理方法分为生物吸收法(悬浮态)和生物过滤法(固着态)两类。生物吸收法(生物洗涤法)即微生物及其营养物配料存在于液体中，气体中的有机物接触悬浮液后转移到液体中而被微生物降解。生物过滤法是研究最早的微生物净化废气的工艺，这种方法是让微生物附着生长于固体介质(填料)上，废气通过由介质构成的固定床层(填料层)时被吸附或吸收，最终被微生物降解。

(1)生物吸收法(Bioabsorption)。

生物吸收法的过程是微生物悬浮液(循环液)自吸收室顶部喷淋而下，使废气中的污染物和氧转入液相(水中)，实现转移，吸收了废气组分的生物悬浮液流入再生反应器(活性污泥池)中，通入空气充氧再生，被吸收的有机物通过微生物氧化作用，最终被再生池中的活性污泥悬液除去。在生物吸收法中，气、液两相的接触方法除采用液相喷淋外，还可用气相鼓泡。一般情况下，若气相阻力较大可采用喷淋法；反之，若液相阻力较大，则用鼓泡法。鼓泡法与污水生物处理技术中的曝气相似，废气从池底通入，与新鲜的生物悬浮液接触而被吸收，许多文献中将生物吸收法分为洗涤式和曝气式两种。生物吸收法处理有机废气的去除效率不仅与污泥的 MLSS 浓度、pH 值、溶解氧等因素相关，还与污泥是否驯化、营养盐投加量及投加时间有关。生物吸收法装置由一个吸收室和再生池构成，如图 10-3所示。

生物吸收法已应用到去除有机物环节，如染料、回收高价值蛋白质、类固醇、药物、富含微量元素生物饲料补充剂和肥料等生产中。日本某污水处理厂用含有臭气的空气作为曝气空气送入曝气槽，同时进行废水和废气处理，脱臭效率达 99%；冯冰杰等采用生物洗涤净化生活垃圾中产生的有机废气，包括三甲胺、甲硫醇、二硫化碳、苯乙烯等。实验表明，当气液比、停留时间及微生物浓度（Mixed liquor suspended solids，MLVSS）分别为 10~15、12~15s 和 1500~2000 mg/L时，VOCs 去除率可达 70%以上，符合国家排放标准。

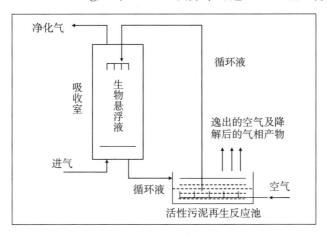

图 10-3　生物吸收法示意图

（2）生物滤池法。

生物滤池（Biofilter/Biological filter），是指依靠废水处理构筑物内填料的物理过滤作用，以及填料上附着生长生物膜的好氧氧化、缺氧反硝化等生化作用联合去除废水中污染物的人工处理技术，常见的有低负荷生物滤池法、高负荷生物滤池法、塔式生物滤池法以及曝气生物滤池法。生物滤池的填料层为具有吸附性的滤料（如土壤、堆肥、活性炭等），适合处理大流量、低浓度的废气污染物，因其较好的通气性、适度的通水和持水性，以及丰富的微生物群落，能有效地去除丙烷、异丁烷、对酯及乙醇等烷烃类化合物，对生物易降解物质的处理效果更佳。现已开发出能提供更高氧气传递的旋转生物过滤器（RBF），用于更高浓度气态挥发性有机化合物（VOCs），如 BTEX（苯、甲苯、乙苯和二甲苯）混合气体的去除。生物滤池处理有机废气的工艺流程如图 10-4 所示。

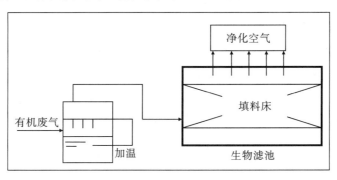

图 10-4　生物滤池处理有机废气的工艺流程

环境修复学

20世纪70年代初，Jennings等提出生物滤池中单组分、非吸附性、可生化降解气态有机物的去除率数学模型。随后，Ottengraf等依据吸收操作的传统双膜理论在Jennings的数学模型基础上，进一步提出了目前全球影响仍较大的生物膜理论(图10—5)。

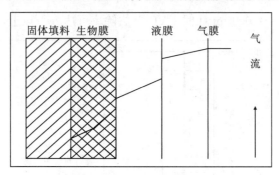

图10—5　生物膜理论示意图

Hou等通过在生物过滤池中填充不同介质，在生物脱水阶段堆肥(BSC)和固化阶段堆肥(CSC)同时去除 NH_3 和 H_2S 气体，当 NH_3 和 H_2S 气体入口浓度为 $100\sim150$ mg/m³ 和 $200\sim250$ mg/m³ 时，60天后，CSC生物滤池中 NH_3 和 H_2S 的平均去除率均大于 95%。Delhoménie等研究了好氧生物滤池对氯苯的处理特性，发现当流速为 1.0 m³/h，氯苯进气浓度为 1.2 g/m³ 时，氯苯去除率高达 90%；当氯苯进气浓度为 1.2 g/m³，停留时间超过 60 s 时，最大去除负荷达到 70 g/(m³·h)。

(3)生物滴滤池。

生物滴滤池(Biotrickling filter，BTF)，是一种以塑料或惰性矿物材料作为微生物附着生长介质的反应器。废水从装有配水系统的塔顶淋下，当废水成滴滤状态流过滤料时，微生物膜内降解有机物的种类与速度、硝化/反硝化等作用机制都依赖于生物滴滤池的运行条件。生物滴滤池与生物滤池的最大区别是，在填料上方喷淋循环液，设备内除传质过程外，还存在很强的生物降解作用。生物滴滤池使用的填料是粗碎石、塑料、陶瓷等，微生物群落在填料表面形成几毫米厚的生物膜，填料比表面积一般为 $100\sim300$ m²/m³，一方面为气体通过提供充足空间，另一方面也将气体对填料层造成的压力以及因微生物生长和生物膜疏松引起空间堵塞的危险性降到最低限度。

生物洗涤与生物滴滤池相比，生物滴滤法具有更好的处理顽固VOCs、酸性或碱性化合物的能力，因为细胞外聚合物是表面活性剂富集污染物，生物滴滤池能对污染物进行快速生物降解，使大量固定化微生物与污染物接触；生物滤池与生物滴滤池相比，生物滴滤池的主要优势是水管理方面，能够对pH、营养供应和有毒代谢物的去除进行明确控制，从而实现更高的污染物去除率。因此，尽管在构建和操作上要复杂一些，但作为VOCs、SVOCs和恶臭气体进行生物处理技术的典型形式，生物滴滤池技术已成为传统空气污染控制技术环境友好、经济有效的替代方案。

生物滴滤池对可挥发性有害气体具有较好的处理效果，如氨、硫醇、二硫化物、苯、甲醇等。生物滴滤池处理有机废气的工艺流程如图 10—6 所示。

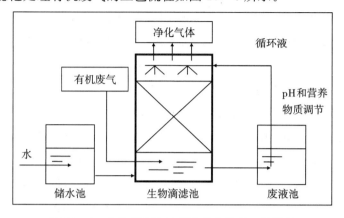

图 10—6 生物滴滤池处理有机废气的工艺流程

Hartmans 和 Diks 等研究表明，当气速为 145～156 m/h、二氯甲烷浓度为 0.7～1.8 g/m³ 时，二氯甲烷的去除率为 80%～95%。任爱玲等在生物滴滤塔利用菌丝体热解炭作为填料，填装热解炭—木屑混合填料，进行微生物净化含苯乙烯废气的实验表明，在入口气体浓度 50～450 mg/m³，停留时间 21.6～43.2 s，气液比 110.7～55.3 时，净化效率为 92%～100%，最大去除负荷可达 153.1 g/(m³ · h)。Nunthaphan Vikromvarasiri 等将一种新型硫氧化剂菌株用于生物滴滤池系统，从合成沼气中除去硫化氢(H_2S)。在最佳操作时，初始 H_2S 浓度在 150～400 ppm 范围内时，H_2S 去除率可达 96%。

◆作业◆

概念理解

室内环境质量；生物吸收；生物滤池；生物滴滤池。

问题简述

(1)简述室内环境污染物类型、来源及其净化技术。

(2)简述大气化学性污染的植物修复机理以及存在的问题。

(3)简述植物对大气物理性污染的净化作用。

(4)简述有机废气的微生物修复的原理和类型。

(5)试论述去除大气中 $PM_{2.5}$ 的可能途径、方法以及产业化的前景。

◆进一步阅读文献◆

Maczulak AE.清洁环境:有害废弃物处理技术[M].北京:科学出版社,2011.

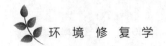

冯冰杰,赵忠,孙天雨,等.生活垃圾 VOCs 生物洗涤净化试验研究[C].中国环境科学学会 2016 年学术年会,2016:3899-3904.

韩杨,白志鹏,袭著革.室内空气污染与防治[M].2 版.北京:化学工业出版社,2013.

任爱玲,赫环环,郭斌,等.生物滴滤塔净化含低浓度苯乙烯废气的研究[J].环境科学学报,2013,33(7):1840-1848.

宋广生,王雨群.室内环境污染控制与治理技术[M].北京:机械工业出版社,2011.

生态环境部.生物滤池法污水处理工程技术规范(HJ 2014-2012)[S],2012.

Alonso C,Suidan M T,Kim B R,et al.Dynamic mathematical model for the biodegradation of VOCs in a biofilter:Biomass accumulation study[J].Environmental Science & Technology,1998,32(20):3118-3123.

Alonso C,Zhu X,Suidan M T,et al.Mathematical model of biofiltration of VOCs:Effect of nitrate concentration and backwashing.Journal of Environmental Engineering,2001,127(7):655-664.

Ardjmand M,Safekordi A,Farjadfard S.Simulation of biofilter used for removal of air contaminants (ethanol).International Journal of Environmental Science & Technology,2005,2(1):69-82.

Avalos Ramirez A,Deschamps J,Jones J P,et al.Experimental determination of kinetic parameters of methanol biodegradation in biofilters packed with inert and organic materials[J].Journal of Chemical Technology and Biotechnology,2010,85(3):404-409.

Bosecker K.Bioleaching:Metal solubilization by microorganisms[J].FEMS Microbiology reviews,1997,20(3-4):591-604.

Chen L,Hoff S J.Mitigating odors from agricultural facilities:a review of literature concerning biofilters[J].Applied Engineering in Agriculture,2009,25(5):751-766.

Conti M E,Cecchetti G.Biological monitoring:lichens as bioindicators of air pollution assessment—a review[J].Environmental Pollution,2001,114(3):471-492.

Cox H H J,Nguyen T T,Deshusses M A.Toluene degradation in the recycle liquid of biotrickling filters for air pollution control[J].Applied microbiology and biotechnology,2000,54(1):133-137.

Deshusses MA,Hamer G,Dunn IJ.Behavior of biofilters for waste air biotreatment.1.Dynamic model development[J].Environmental science & technology,1995,29(4):1048-1058.

Fortin N Y,Deshusses M A.Treatment of methyl tert-butyl ether vapors in biotrickling filters.1.Reactor startup,steady-state performance,and culture characteristics[J].Environmental Science & Technology,1999,33(17):2980-2986.

Fulazzaky M A,Talaiekhozani A,Hadibarata T.Calculation of optimal gas retention time using a logarithmic equation applied to a bio-trickling filter reactor for formaldehyde removal from synthetic contaminated air[J].RSC Advances,2013,3(15):5100-5107.

Giri B S,Kim K H,Pandey R A,et al.Review of biotreatment techniques for volatile sulfur compounds with an emphasis on dimethyl sulfide[J].Process Biochemistry,2014,49(9):1543-1554.

Golshani T,Jorjani E,Chelgani S C,et al.Modeling and process optimization for microbial desulfurization of coal by using a two-level full factorial design[J]. International Journal of Mining Science and Technology, 2013,23(2):261-265.

Hou J, Li M, Xia T, et al. Simultaneous removal of ammonia and hydrogen sulfide gases using biofilter media from the biodehydration stage and curing stage of composting[J]. Environmental Science and Pollution Research,23(20):20628-20636.

Iranpour R, Cox H H J, Deshusses M A, et al. Literature review of air pollution control biofilters and biotrickling filters for odor and volatile organic compound removal[J]. Environmental Progress,2005,24(3): 254-267.

Lebrero R, Gondim A C, Pérez R, et al. Comparative assessment of a biofilter, a biotrickling filter and a hollow fiber membrane bioreactor for odor treatment in wastewater treatment plants[J]. Water Research, 2014,49:339-350.

Liu D, LØkke M M, Riis A L, et al. Evaluation of clay aggregate biotrickling filters for treatment of gaseous emissions from intensive pig production[J]. Journal of environmental management,2014,136:1-8.

Marina Fominaa, Geoffrey Michael Gaddb. Biosorption: Current perspectives on concept, definition and application[J]. Bioresource Technology,2014,160:3-14.

Montes M, Veiga M C, Kennes C. Influence of polymeric materials on the performance of a mesophilic biotrickling filter treating an α-pinene contaminated gas stream[J]. Journal of Chemical Technology and Biotechnology,2015,90(4):658-668.

Monzón Montebello A. Aerobic biotrickling filtration for biogas desulfurization[D]. Universitat Autònoma de Barcelona,2013.230pp.

Padhi, Susant Kumar, Sharad Gokhale. Treatment of gaseous volatile organic compounds using a rotating biological filter[J]. Bioresource Technology,2017(244):270-280.

Rabbani K A, Charles W, Cord-Ruwisch R, et al. Recovery of sulphur from contaminated air in wastewater treatment plants by biofiltration: A critical review[J]. Reviews in Environmental Science and Bio/Technology, 2015,14(3):523-534.

Rossi G. The microbial desulfurization of coal[C]//Geobiotechnology Ⅱ. Springer Berlin Heidelberg, 2014:147-167.

Santos A, Guimerà X, Dorado A D, et al. Conversion of chemical scrubbers to biotrickling filters for VOCs and H₂S treatment at low contact times[J]. Applied Microbiology and Biotechnology,2015,99(1):67-76.

Shareefdeen Z, Singh A. Biotechnology for odor and air pollution control[M]. Springer Science & Business Media,2005.

Torretta V, Raboni M, Copelli S, et al. Application of multi-stage biofilter pilot plants to remove odor and VOCs from industrial[J]. Energy and Sustainability Ⅳ,2013,176:225.

Vikromvarasiri N, Juntranapaporn J, Pisutpaisal N. Performance of paracoccus pantotrophus for H₂S removal in biotrickling filter[J]. International Journal of Hydrogen Energy,2017,42(45):27820-27825.

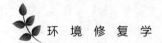
Wang J, Zhang Y. Experimental study on the treatment of odor gas containing ethanethiol by bio-trickling filter[J]. Environmental Science and Management, 2007, 32(10):74-76.

Wu H, Yan H, Quan Y, et al. Recent progress and perspectives in biotrickling filters for VOCs and odorous gases treatment[J]. Journal of Environmental Management, 2018, 222, 409-419.

Yang Y, Allen E R. Biofiltration control of hydrogen sulfide 2. Kinetics, biofilter performance, and maintenance[J]. Air & Waste, 1994, 44(11):1315-1321.

第11章 污染场地环境修复

污染场地是环境污染超过人体健康风险和生态环境影响可接受程度的空间范围，多为废弃工矿用地、旧城改造区、垃圾填埋场、废弃矿山、涉重与化工企业场地及其三废污染与影响区域等。污染场地主要通过直接和间接风险对环境产生危害，须按照场地污染调查、风险评估、修复方案设计和修复施工及验收等程序进行规范管理和修复。由于垃圾填埋场、矿山迹地(包括渣场和尾矿库等)、工业废弃地以及其他污染场地不同的环境条件和污染类型，修复技术方案需要具有可行性、针对性和有效性，严控修复过程中的次生环境污染等环境风险。

我国污染场地成因复杂、历史欠账多、环境多样、污染物类型繁多，包括无机类污染物、有机类污染物和无机—有机类复合污染物。除市政和农业污染场地外，影响大、程度深的一般是与有色金属行业及化工行业密切相关的污染场地，包括矿产资源开采、堆存、洗选、加工、运输以及相关废水、废气和扬尘、废渣等影响所涉及的各类污染，各类危险品和化学品生产、使用、运输、储存、处理、处置等产业过程以及与降解、转化等生物转化过程相关的特征污染。无机污染物主要是重金属，如铬、镉、汞、砷、铅、铜、锌、镍等，有的场地还存在酸污染或碱污染；有机污染物主要有农药(如三氯杀螨醇等)、石油烃、持久性有机污染物(如滴滴涕、六六六、多氯联苯、灭蚁灵、多环芳烃等)、挥发性或溶剂类有机污染物(如三氯乙烯、二氯乙烷、四氯化碳、苯系物等)，以及有机—金属类污染物(如有机砷、有机锡、代森锰锌等)等。此外，有的场地还存在病原性、生物性污染和建筑垃圾类物理性污染，这给污染场地的治理和修复增加了难度。

11.1 污染场地及其修复

11.1.1 污染场地

场地，在环境领域被界定为特定空间范围内的土壤、地下水、地表水，以及该范围内所有建筑物、构筑物与生物的总称。潜在污染场地(Potential contaminated site)，是指因从

事生产、经营、处理和储存有毒有害物质，堆放或处理处置潜在危险废物，突发事故或无意事件导致有毒有害物质进入环境引起污染，以及从事矿山开采等活动造成污染，且对人体健康或生态环境构成潜在风险的场地。污染场地(Contaminated site)，是指在对潜在污染场地进行调查和风险评价后，确认污染危害超过人体健康风险或生态环境可接受风险水平的场地。

11.1.2 污染场地的主要类型及特征

11.1.2.1 污染场地主要成因

污染场地主要是由人们在生产生活中使用有毒危险化学品，在没有采取足够的安全保障措施时储存、堆放、泄露、倾倒废弃物和有害物质等所导致。污染场地产生原因，可分为城市工业活动、矿区开采冶炼、废弃物堆放储存、农业生产活动、无意和突发事件 5 种类型。

(1)城市工业活动。

随着城市化进程的加速、城市环保标准的提高、经济增长方式转变、产业结构调整、缩小第二产业、发展第三产业、退城进园产业转移等政策的实施，全国许多城市重污染行业的大批企业已经关闭和搬迁。这些工业企业关闭或搬迁后的遗留场地(国际通称"棕色地块"，Brown field site)，尤其是重污染行业的遗留场地，往往涉及土壤、地下水、构筑物与设备及废弃物等诸多污染问题，对生态、环境、食品安全和人体健康构成严重威胁，制约了国家土地资源安全有效利用。城市工业污染场地存在与其他类型污染场地不同的特点，集中表现为污染物浓度高、成分复杂、污染土壤深度大、土壤和地下水往往同时被污染等特点。

(2)矿区开采冶炼。

矿业是国民经济的基础产业，在我国经济社会发展中做出了巨大贡献。但是有色金属矿产资源开采厂、洗选厂、矿渣堆放场、废石场、矿区地面地下系统及储运场地，以及废水扬尘排放等影响区域，都是潜在污染场地。因为在矿山开采和矿物冶炼过程中产生的废水、废气和固体废弃物中含有大量有害成分，通过淋溶、沉降、挥发等方式，可对矿山或冶炼厂周围地区的大气、水体和土地造成污染，其污染空间远远超过矿区或冶炼厂本身范围。据统计，目前我国历史上有大中型矿山 9000 多座，小型矿山 26 万座，在采矿过程中形成的"三废"严重影响了周围的土壤、地表水、地下水、空气以及生态环境。

(3)废弃物堆放储存。

环境废弃物包括城市和农村两大来源。城市废弃物指城市建筑垃圾以及商业、事业、办公废弃物及居民家庭的生活垃圾；农村废弃物主要是农村生活和农业种养过程中产生的各类废弃物，如各类废弃塑料、农作物秸秆、畜禽粪便、农村生活垃圾等。据统计，全球每年产生约 2000 万吨电子废弃物（如废电脑、废家电、废通信器材等，以及制造过程中所产生的各种废料、废物等）。

（4）农业生产活动。

农药和化肥造成土壤、地表水和地下水的污染。农业生产活动极易导致浅层地下水的污染，受农业活动的影响，地下水中氮、磷高浓度区与农业活动区分布一致。地下水中氮、磷污染范围和程度与农业施肥和灌溉有密切关系，过量施用含氮、磷化肥会导致氮、磷等营养物质淋滤进入地下水中。在我国一些粮食主产区，浅层地下水中氮污染非常普遍。

（5）无意和突发事件。

无意事件指工业原料泄漏扩散。数量众多的加油站和各类化工原料或产品储存罐，都不同程度地存在着泄漏问题，特别是运行时间超过 20 年的地下储存罐，存在着极大的泄漏风险，对土壤和地下水带来了严重威胁。

在危险品和化学品的生产、加工、储存、运输、处置等过程中，有时会发生起火、爆炸、翻覆、泄漏等突发事件，环境污染物短时间内大量进入环境，不仅影响事故区域及周边地区的空气和地表水，也对土壤和地下水造成不同程度的污染，形成各种突发事件污染场地。

11.1.2.2　污染场地分类

污染场地分类是对污染场地进行修复的重要前提。污染场地的分类可按照污染源特征（污染源在场地中的危害性大小）、暴露途径（污染物到受体的传播途径）、受体影响（人体健康或生态功能）三个方面进行。污染场地也可以根据污染的危害程度和重要性进行分类，如可以分为潜在污染场地、需要调查的污染场地、证实的污染场地、需修复的污染场地等；在需要修复的污染场地中，还可按照污染源、污染程度、重要性等指标，进行优先管控污染场地的分级。我国现阶段污染场地主要是根据污染源类型和产业活动类型进行分类，以便于在实际管控和修复中进行操作。

（1）按产业活动类型分类，包括工业类、农业类、市政类和特殊类 4 类。工业类包括矿产资源采掘业、加工制造业、交通运输业。其中矿产资源采掘业包括石油天然气开采业、金属/非金属矿采选业等；加工制造业包括化学工业、电力工业、钢铁工业、有色金属工业、建材工业、机械工业、电子信息工业、轻工业、纺织工业、医药工业等；交通运输业包括各种工业原料、产品等的运输。农业类可细分为种植业和养殖业，种植业包括各种粮食作物、经济作物、园艺花卉种植，养殖业包括畜禽养殖、水产养殖等。

（2）按场地属性分类。将污染场地进一步划分为矿产资源开采场地、功能转化场地、固体物料及废弃物堆放（处置）污染场地、突发性事故污染场地、液体物料储存及污（废）水渗漏排放场地、农业种植污染场地、养殖业污染场地、军事基地及化学武器遗弃场地。矿产资源开采场地包括石油、天然气开采区，金属/非金属矿采选场等污染场地；功能转化场地包括企业搬迁等场地功能转化后形成的污染场地；固体物料及废弃物堆放（处置）污染场地，包括废弃物填埋场、堆放场，工业企业原料、产品堆放等污染场地；突发性事故污染场地指生产事故污染场地、交通事故引起泄漏形成的污染场地、管道泄漏事故形成的污染场地等；液体物料储存及污（废）水渗漏排放污染场地，包括地上和地下储存罐渗漏污染场地，沟、渠、塘等纳污水体污染场地，污（废）水管道渗漏污染场地等；农业种植污染场地，指农业种植因施用农药、废料等而受到污染的场地；养殖业污染场地，指用于畜禽、水产养殖而受到污染的场地。

（3）按污染物类型分类。按污染物类型分为重金属污染、有机污染、农药污染、放射性物质污染、营养物质污染、生物污染等。其中，重金属污染包括含有汞、镉、铬、铅、铜、钴、镍、锑、锡、钒、砷、硒等无机物和有机物形成的污染；有机污染包括石油烃、卤代烃、多环芳烃等难降解、持续时间长、危害大的有机污染物形成的污染；农药污染包括各种杀虫剂、杀螨剂、杀菌剂、除草剂、杀线虫剂和植物生长调节剂等形成的污染；营养物质污染包括超过环境容量或功能标准的氮、磷等营养元素及有机营养物质形成的污染；放射性物质污染包括核工业及其他民用核设施、放射源泄漏的放射性物质形成的污染；生物污染包括有害微生物、寄生虫等病原体和变态反应原形成的污染（表11-1）。

表 11-1　污染场地及主要污染物类型

类型	行业	污染场地类型	主要污染物
工业	储运	突发性事故污染场地	重金属、放射性、有机污染等
		废弃物堆存处置污染场地	重金属、放射性、有机污染等
	加工制造	泄漏等突发性事件污染场地	重金属、放射性、有机污染等
		功能转换场地	重金属、放射性、有机污染等
		原料、废水排放及渗漏污染场地	重金属、放射性、有机污染等
		采掘业相关污染与废弃场地	重金属、放射性、有机污染等
农业	养殖业	规模化养殖业污染场地	营养物质、生物污染
		物料、贮存、养殖废弃物污染场地	营养物质、生物污染、环境激素及抗生素等
	种植业	农业、种植业污染场地	营养物质、农药
市政	废弃物	废弃物堆放处置污染场地	重金属、有机污染
		液体物料泄漏及废水污染场地	重金属、有机污染
	功能转化	功能转换场地	重金属、有机污染

续表

类型	行业	污染场地类型	主要污染物
其他	军事场地	废弃军事基地	重金属、放射性、有机污染等
		化学武器遗弃污染场地	有机污染

11.1.3 场地调查与监测

11.1.3.1 场地调查

场地调查(Investigation of contaminated site),是采用系统的调查方法,确定场地是否被污染以及污染种类、程度和范围的过程。目前就调查方法而言,包括地球物理方法、采样实验室分析以及计算机模拟分析等。如果场地条件允许,可以在地面初步调查的基础上,首先使用地球物理探测方法,在地下环境信息缺乏的情况下,初步确定污染场地的环境地质、水文地质条件,如地层岩性结构、包气带和含水层分布,以及有可能的污染源位置、污染范围和程度等;然后利用钻探取样分析方法进行验证和核实,最终进行确定。

(1)地球物理方法。

地球物理方法包括电磁法、电阻/电导法、磁法、地表穿透雷达、地震法等,用来初步确定污染源的位置、污染羽范围、污染场地的地层结构等,为概念化污染场地模型(CSM)提供依据。

①电磁法。在地表引入一个电磁场导致电流发生,并带来二次电磁场,利用接收装置进行测试。通过测试地下传导率的变化来分析污染场地的底层结构,确定潜在地下污染羽、污染源等。

②电阻/电导法。在地表施加电流,不同的地下电流模式可以表明电流通过地下介质的电阻或电导率,进而分析判断污染场地的地层结构。

③磁法。测试仪器在场地上进行移动,测试地下磁场的变化,可以确定磁性物质的位置,如地下储存装置、管道等。

④地表穿透雷达。在地表以脉冲形式施加电磁能,有些电磁能可通过地层,有些则由于地层的变化发生反射,通过反射时间的分析来确定地下水水位、地下掩埋物体,以及场地的地层结构。

⑤地震法。在一个地点产生声波,声波在地层中传播,在地层发生变化时,有些声波发生反射或折射,有些则持续通过。使用地震检测器来测试反射或折射声波的到达时间,分析判断场地的地层结构。

(2)采样和实验室分析。

在调查区域内合理布点并进行参考点选择,科学开展地表水、地下水和土壤剖面样品

采集、预处理、运输和保存,地表水和土壤样品要充分体现场地环境特征、污染物特征以及统计学需要和重现性特征,尽可能代表调查区域及邻近区域的实际情形。

实验室分析主要是对样品指标进行严格的定量分析,以确定污染物和特征指标在样品中的浓度和特性。分析指标包括特征污染物和潜在污染物,以及常规的土壤和水体环境质量指标。分析方法繁多,仪器设备、样品保存和预处理方法、测量分析方法、数据处理方法等均有不同,一般按照具体的标准和规范开展工作。

(3)模型模拟。

在污染场地调查的过程中,通过建立和修正相关的环境过程模型,可以进行高效的数据管理、分析决策、过程再现和情景预测。利用计算机技术,进行系统化的设置与管理,能够确保数据采集、分析的科学性,减少投资和场地调查、修复的时间。

11.1.3.2 场地环境监测

场地环境监测(Site environmental monitoring),是进行场地调查、风险评价、污染控制和过程管理的依据和必要手段。场地环境监测应充分考虑污染控制和过程管理,考虑监测方法和技术的科学性和可行性。在过程管理方面,从场地环境调查与风险评估、治理修复过程、工程验收到回顾性评估,通过场地监测手段进行定量精准管理。在监测内容方面,在突出对主要环境污染物和环境介质监测的前提下,兼顾地下水、地表水、土壤和空气环境影响,以及污染源、场地残余废物及其在修复治理中的污染物排放等各方面监测,以实现监测目标和手段的针对性。

①场地环境调查监测。采用监测手段识别土壤、地下水、地表水、环境空气、残余废弃物中的目标污染物及水文地质特征,并全面分析、确定场地的污染物种类、污染程度和污染范围。场地环境调查监测的范围可为前期调查初步确定场地边界范围。

②污染场地修复监测。针对各项治理修复技术措施的实施效果开展相关监测,包括修复过程中涉及环境保护的工程质量监测和二次污染物排放的监测。污染场地修复监测的范围应包括修复工程设计中确定的修复范围,以及治理修复中废水、废气及废渣影响的区域范围。

③工程验收监测。考核和评价治理修复后的场地是否达到已确定的修复目标及工程设计所提出的相关要求。污染场地工程验收监测范围应与修复范围一致。

④回顾性评估监测。污染场地经过治理修复工程验收后,在特定的时间范围内,为评价治理修复后场地对地下水、地表水及环境空气的环境影响所进行的环境监测,同时也包括针对场地长期原位治理修复工程措施的效果开展验证性的环境监测。回顾性评估监测范围应包括所有可能产生影响的区域范围。

11.1.4 污染场地健康风险评估

污染场地健康风险评估(Health risk assessment for contaminated site),是在场地调查

的基础上，分析场地环境(土壤、空气、地表水、地下水、建构筑物)中污染物对人群的主要暴露途径，评估污染物对环境和人体健康的致癌风险或危害水平，重点是关注人体健康风险，对显著的生态环境影响也需予以关注。工作程序包括危害识别、暴露评估、毒性评估、风险表征和场地修复目标的确定。

(1)危害识别(Hazard identification)。根据场地环境调查获取的资料，结合场地的规划利用方式，确定污染场地的关注污染物、场地内污染物的空间分布和可能的敏感受体，如儿童、成人、地下水体等。

(2)暴露评估(Exposure assessment)。在危害识别的工作基础上，分析场地土壤中关注污染物进入并危害敏感受体的情景，确定场地土壤污染物对敏感人群的暴露途径，确定污染物在环境介质中的迁移模型和敏感人群的暴露模型，确定与场地污染状况、土壤性质、地下水特征、敏感人群和关注污染物性质等相关的模型参数值，计算敏感人群摄入来自土壤和地下水的污染物所对应的土壤和地下水的暴露量。

(3)毒性评估(Toxicity assessment)。在危害识别的工作基础上，分析关注污染物对人体健康的危害效应，包括致癌效应和非致癌效应，确定与关注污染物相关的毒性参数，包括参考剂量、参考浓度、致癌斜率因子和单位致癌因子等。

(4)风险表征(Risk characterization)。在暴露评估和毒性评估的工作基础上，采用风险评估模型计算单一污染物经单一暴露途径的风险值、单一污染物经所有暴露途径的风险值、所有污染物经所有暴露途径的风险值;进行不确定性分析，包括对关注污染物经不同暴露途径产生健康风险的贡献率和关键参数取值的敏感性分析;根据需要进行风险的空间表征。风险表征计算的风险值包括单一污染物的致癌风险值、所有关注污染物的总致癌风险值、单一污染物的危害熵(非致癌风险值)和多个关注污染物的危害指数(非致癌风险值)。

(5)场地修复目标(Site remediation target)。在风险表征的工作基础上，判断计算得到的风险值是否超过可接受风险水平。如果污染场地风险评估结果未超过可接受风险，则结束风险评估工作;如果污染场地风险评估结果超过可接受风险水平，则计算关注污染物基于致癌风险的修复限值或基于非致癌风险的修复限值，并进行关键参数取值的敏感性分析;如果暴露情景分析表明，污染场地土壤中的关注污染物可淋溶进入地下水，影响地下水环境质量，则计算保护地下水的土壤修复限值。污染场地修复建议目标值，应根据上述基于致癌风险的土壤(地表水、地下水等)修复限值、基于非致癌风险的土壤修复限值和保护地下水的土壤修复限值确定。

11.1.5 污染场地修复

污染场地修复(Site cleanup and remediation)，是指通过采用工程、技术手段，以及政策、管理措施，将污染场地的污染物移出、削减、固定或将人体健康与生态环境风险控制

在可接受水平的活动。

11.1.5.1 确定修复技术方案的原则

(1)科学性。在工程技术研究和验证的最新成果的基础上,采用科学先进的技术方法,综合考虑污染场地修复目标、指标与修复技术的理论基础、修复效果、生态环境影响等因素。

(2)可行性。可行性主要体现在三个方面:一是技术可行性,即在当前的科技水平下,确定的修复方案和筛选的修复技术在理论上和实践上是可实现的,具有可操作性。二是经济可行性,即在当前的经济发展水平和社会文化背景下,经济成本和社会影响是可被接受的。三是风险可控性,即对于修复技术及工艺失败和失效的风险、产生不良社会经济影响以及可能发生的次生环境污染,是处于可控和被允许的范围内。

(3)安全性。充分重视和利用前期场地调查的工作基础,弄清楚场地历史和工艺布局、污染源和污染物特性、岩土和水文特征、地域气象条件、周边居民分布情况等,解析污染物的迁移转化规律,并由此明确污染物可能的暴露途径;对修复工程的每个环节都要识别污染因子和污染扩散途径,对场地修复技术及每个工艺环节,进行风险评估并提出对策,根据实际情况构建场景模型;评估修复过程中采取各种措施对污染物及可能的扩散风险的控制效果,并最终提出科学合理的污染控制措施;技术方案须综合考虑多种因素,制订修复技术方案须综合考虑投资成本、工期、环境二次污染、技术安全性、公众可接受程度等,并及时将技术方案、成果向社会公布,鼓励公众积极参与污染场地修复过程监管。

11.1.5.2 污染场地修复程序

(1)选择修复模式。在确认场地条件的基础上,提出明确的修复目标和考核经济技术指标,确认修复要求。

(2)筛选修复技术。比较分析场地污染修复的先进实用技术,进行技术的科学性和可行性评估,确定和优化修复技术体系。

(3)制订修复方案。在已确定修复技术的基础上,制定场地修复的技术路线,确定修复的工艺参数,估算修复成本效益,制订初步修复总体方案并进行修复方案比选和论证,制定修复过程中完善的环境风险管理技术。

(4)修复工程实施。在已确定修复方案的基础上,制订和完善必要的工程设计详细方案,并严格按照修复方案和工程设计方案进行场地修复施工、监理、监测和验收评估。

(5)后评估。对于完成修复的场地,特别是重要和敏感的污染场地修复工程,以及创新和独特的修复工艺技术,需要在工程结束后相当一段时期,开展规范的场地环境监测,进行技术有效性和环境影响后评价。

 ### 11.1.5.3 污染场地修复类型

就场地污染修复的环境介质来分,污染场地修复可分为土壤场地修复、地下水场地修复等;从目标场地的污染物类型来看,可以分为无机污染(重金属、酸碱、放射性污染等)修复、有机污染(POPs 等污染)修复以及无机—有机复合污染修复;按修复位置来分,可分为原位修复、异位修复和原址异位修复。

按照修复技术原理来分,目前主要的场地修复技术,还是属于物理修复技术、化学修复技术、生物修复技术、生态修复技术以及集成修复(联合修复)技术这几个大的类型,目前一般按照这种分类方式对场地修复技术进行界定。根据不同的污染场地,可选择不同的修复技术。本章就比较普遍的垃圾填埋场、矿山迹地等几种类型的场地,就场地修复进行简要介绍。

11.2 垃圾填埋场环境修复

11.2.1 概述

我国城市化进程不断推进,城市人口快速增长,生活垃圾产量与日俱增。2010 年,我国城市生活垃圾清运量达 15804.8 万吨。生活垃圾的处理和污染防治已成为我国城市环境保护的难点和热点。《城市生活垃圾污染防治技术政策》中指出,卫生填埋在很长一段时间内仍将是城市生活垃圾处理的主要方式。2012 年,我国国务院印发的《"十二五"全国城镇生活垃圾无害化处理设施建设规划》(国办发〔2012〕23 号)中指出,卫生填埋处理技术是每个地区生活垃圾的最终处置所必须具备的保障手段。

一个设计和运行规范的填埋场,当它按照计划填满封场后,就要进入重新利用或开发阶段;而对于一些从开始就属于简单堆放、填埋,没有采取任何污染控制措施的填埋场,以及没有完善的二次污染防护措施的简易填埋场而言,则必须考虑其环境修复问题。世界各地也有各种各样不同规模的已封场、不再使用或者废弃的生活垃圾处置场,尤其是大都市附近。由于人口高速增长和经济发展,旧的填埋场址,甚至某些正在使用的填埋场址,被工业、商业和居住区所包围。除了直接感观上的不雅和臭味外,垃圾填埋场对环境的影响主要体现在对堆放场的周围土壤和地下水的污染,尤其对以地下水为饮用水源的地区危害更加严重,对环境的破坏作用和公众健康的不利影响将是长期和渐进的。

由于不同的填埋场间存在很大差异,而我国在过去相当长一段时间里的填埋场并没有严格按照标准进行规范,许多填埋场还接受一些有害的工业废弃物(这些工业废弃物在目前法规下是不允许进入生活垃圾填埋场的)。因此,我国垃圾填埋场的修复问题较国外发达国

家而言更加复杂。本节将从如何调查确认那些存在问题的废弃垃圾处置场址、如何采取措施进行整治修复、修复过程中主要存在哪些限制因素，以及相关的填埋场修复案例几方面进行讨论。

11.2.2 填埋场环境问题的调查

无论是需要进行开发利用的填埋场，还是封场后处于维护期的填埋场，都需要了解填埋场中到底有些什么东西，目前有没有造成不利影响，以及在后续的开发利用过程中可能产生什么样的影响。要回答这些问题，必须采取以下两个步骤：①填埋场相关资料的收集和筛查；②填埋场址的现场调查和评估。通过对已有情况的把握和推测验证，能进一步辨析填埋场已经存在和可能存在的环境问题，为填埋场环境问题的后续修复或开发利用提供依据和参考。

11.2.2.1 填埋场相关资料的收集和筛查

在通常情况下，如果一个已不再使用的填埋场存在问题，首先反映出来的是当地居民或相关单位的投诉，一般说来大致可以分为以下几类：①因废弃物造成视觉上的不良观感或者地块不稳，那么可以据此更为明确地认识填埋场址的具体位置和分布特点；②因臭味、失火或者某个地下水井里的饮用水质恶劣，那么就需要进行更为广泛的调查，以确定该填埋场址的确切位置，因为在很多情况下，造成污染的物质都可能已经从填埋场迁移到了别的地方。

因为污染物可能以气体形式存在于空气和土壤中，也可能以渗滤液形式存在于地表水和地下水中，除非污染物首先在填埋场被发现，一般需要确定该污染物从填埋场到被发现地点的迁移路径。对地表水来说，污染物的迁移路径通常是某个溪流渠道或遭到侵蚀、污染的地表；对地下水来说，迁移路径通常是最上层的地下水蓄水层；土壤中的气体一般会从渗透率低的地区向渗透率高的地区移动，并最终进入大气。一旦污染物的迁移路径被确定，下一步的任务通常是确定在污染物的迁移路径上都有哪些人及其活动，以便能完成对污染物产生影响的评价。

另外，该填埋场的历史记录或档案，如废弃物转移文件、旧的填埋现场设施规划、相关的图件等也在资料调查收集的范围之内，这有助于清晰辨明填埋场的边界、功能区以及填埋场中的废弃物种类，了解可能的污染物种类和开发利用的风险。

11.2.2.2 填埋场址的现场调查和评估

对废弃填埋场而言，要明确其环境问题，开展现场调查是非常必要的。现场调查不仅需要弄清楚填埋场出现的问题是仅限填埋场址还是场址以外，而且有必要弄清污染物的类型和数量，为后续的填埋场修复和利用方案的设计提供依据。

需要注意的是，对污染物进行现场调查的成本很高，特别是定量分析污染物在地下的迁移情况，工作难度较高，工作量很大。因此，现场调查必须谨慎地一步步开展，设定明确的目标和经费预算。在完成一个步骤开展下一个步骤之前，调查人员应该对调查计划进行重新审核，以保证调查获得较为满意的结果。现场开展的调查工作步骤一般包括：①依据资料估计污染物的类型和浓度；②合理进行土壤剖面和地下水监测井的布局和安装；③采集样品，分析确定污染物的分布和浓度；④根据掌握的资料、文献和调查信息等确定污染物是否来源于填埋场，以及环境影响程度。

随着废弃填埋（堆）场中垃圾的降解，地表会发生沉降。许多废弃的填埋场由于城市的开发而被推平作为道路或其他用途，地表沉降引起地面下陷，影响地表水、地下水流的路线，造成雨季排水不畅或产生积水；地下垃圾分解气体的加速逸出，以及地下管线的损坏，加速道路开裂和破损。这些内容可由检索记录和现场调查走访的信息得到补充，以便完成场址的调查。

11.2.3 填埋场修复的程序和措施

废弃填埋（堆）场的修复工作，实际和现有填埋场的封场和封场后的维护相类似。需要修复的旧填埋场址，地面上可能已经建造了某些设施，或者有其他商业用途，修复费用非常昂贵。在多数情况下，旧填埋场址的修复应包括三部分工作：①修复，即消除所有或绝大部分产生问题的根源；②缓解，即减轻问题的严重程度；③监测，即检验修复的效果以确保问题已得到解决。

11.2.3.1 消除产生问题的根源

表 11—2 列出了废弃垃圾填埋场可能存在的环境问题及修复对策。其中，土壤侵蚀问题修复比较简单方便。但如果涉及填埋气问题，而该填埋场址及其周围地区已经过改造用作商业用途，修复的代价就会非常昂贵，因为钻孔和挖掘设备不可能不受限制地进入该地区工作。

表 11—2　废弃填埋场可能存在的环境问题及修复对策

可能存在的环境问题	修复对策
地表沉降	采用工程措施重新覆盖，重新压实平整场地
土壤侵蚀及垃圾暴露	修建地表径流收集和处理系统，加强地表工程覆盖与植被覆盖
现场甲烷等易燃气体排放	安装主动式气体收集与抽提设施，并进行无害化处理
渗滤液渗漏	采用各种防渗措施，防止渗滤液向地下水和地表水迁移与渗漏；强化渗滤液收集和抽提系统，并对渗滤液加以处理

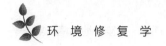

续表

可能存在的环境问题	修复对策
臭气	采用物理、化学、植物和微生物措施，进行系统除臭处理
地表裸露	合理进行植被恢复的风险评价与规划，加强植物景观建设

11.2.3.2　缓解问题的严重程度

当废弃填埋场址的污染难以迅速得到修复时，或者在需要立即采取应急措施来保护公众健康而不是展开全面修复行动时，应对场址采取必要的缓解措施，减轻污染状况。在某些情况下，缓解措施也可以在修复过程中进行。

缓解渗滤液污染的应急措施一般可分为三类：①将现场密封，以防止雨水和地表积水进入垃圾填埋场址，从而减少渗滤液产量(典型的密封层是采用一层新的不透水材料，覆盖至现有覆盖层的顶部)；②放弃已遭到污染的水井，为使用已遭到污染水井的家庭安装新的供水设施；③在遭到污染的水井水源地增加水处理设施，去除污染物，并处理至安全饮用水的标准。

缓解填埋气污染则要求拆除因填埋气迁移扩散受到影响的建筑物，但需要注意的是，只有在填埋气正在从高渗透性的土壤中不断逸出，并且气体产量非常大，在现有经济技术条件下无法进行修复，才需要采取这种极端的对策。

11.2.3.3　监测修复效果

对修复效果和程度进行监测是非常必要的。修复完成后，必须确认污染问题已经得到解决。监测点的类型和数量，视具体场址和修复情况而定，如渗滤液问题需要监测地下水质量，填埋气问题则需要监测土壤和大气质量。

11.2.4　填埋场修复常用技术方法

11.2.4.1　表面覆盖处理技术

表面覆盖处理，是指选择合适的覆盖材料，结合有效、合理的覆盖厚度和外形设计等措施，防止废物中的有害气体外逸，防止雨水和地表水渗入，减少废物分解产生的渗滤液的一种污染控制处理方法。这是一种将垃圾填埋带来的污染，特别是垃圾渗滤液、填埋气等，控制在一定范围内的有效措施。常用的表面覆盖材料有砂土、垃圾土、坡土、底土、粉煤灰、炉渣、黏土，还可结合高密度防渗膜等，一般依据不同的需求和经济状况选择。

11.2.4.2　微生物修复技术

利用微生物特别是细菌和真菌对污染土壤进行生态恢复，是指利用微生物将土壤或地下水中的有机污染物降解为无机物（CO_2、H_2O）的过程，降解过程需要改善场址地下水或土壤条件（包括土壤 pH、温度、湿度、通气性及营养元素的添加）来完成；也可接种工程微生物来提高降解速率。这一方法针对有机污染严重的填埋场土壤是经济有效的，但必须配合一定的工程措施才能发挥较好的效果，如地下曝气管道的铺设等。

11.2.4.3　植物修复技术

植物修复是利用植物对污染物的转移、改变、积累、固定及破坏作用，使地下水和受污染土壤中的污染物得到有效去除，通常与其他方法结合使用，其优点在于费用省、环境影响小、处理范围广，能最大限度地降低污染物的浓度。植物不仅能产生一定的小环境效应，而且能有效吸收污染土壤中的氮、磷、钾、有机物及重金属，从而改善土壤的污染程度，因此已在填埋场的环境修复和生态重建工作中广泛应用。

11.2.4.4　化学修复技术

化学修复是指通过井群系统向受污染的水体或土壤灌注化学药剂，如灌注中和剂以中和酸性或碱性渗滤液，添加氧化剂降解有机物，或使无机化合物形成沉淀等，通过各种化学反应，使有害污染物转变为无害、毒性小、稳定性好的物质。这些方法在污水处理中应用较多，如氧化、脱氯是最典型的化学处理方法，但在应用中要特别注意，中间产物和最后产物的种类及其毒理效应，防止对环境造成次生影响。

11.2.4.5　土壤改性法

利用黏土层，通过注射井在原位注入表面活性剂和有机改性物质，使黏性土转变为有机黏土（这种有机黏土能有效吸附地下水中的有机污染物），然后利用微生物，降解富集在吸附区的有机污染物，从而消除填埋场址地下水中的有机污染物。此方法施工方便，是治理填埋场址有限范围的地下水有机污染的一种有效方法。

11.2.4.6　渗透性反应墙（PRB）

渗透性反应墙是一种在原位对填埋场址地下水污染的羽状体进行拦截、阻断和补救的污染处理技术。它将特定反应介质安装在地面以下，通过生物或非生物作用将其中的污染物转化为环境可接受的形式，但不破坏地下水流动性和改变地下水的水文特点。PRB 由反应单元和隔水漏斗两部分组成，其中反应单元用来放置反应介质（如铁屑、活性炭、沸石及

微生物等），当污染的地下水流经反应单元时，污染物与反应介质接触，被氧化还原、降解或吸附，使通过反应墙的地下水水质得到有效的改善。此法可去除地下水溶解的有机物、金属、放射性物质及其他污染物质，在许多国家已得到广泛应用，试验和现场应用都表现出对地下水较好的处理效果，其优点是不占用地面面积，运行及建设费用少。由于它是一种被动处理方法，因此施工完成后需要定期监测。

11.2.4.7　冲洗法

对于有机烃类污染，可采用空气冲洗，即将空气注入受污染区域底部，空气在上升过程中，污染物中的挥发性组分会随空气一起溢出，再用集气系统收集处理气体；也可采用蒸汽冲洗，蒸汽不仅可以使挥发性组分溢出，而且可以使有机物热解；还可采用酒精冲洗。理论上，只要整个受污染区域都被冲洗过，那么所有的烃类污染物都会被除去。

11.2.5　填埋场修复案例

亦庄 X_7 地块非正规垃圾填埋场位于北京亦庄开发区一期开发范围内东南部边缘地区，用地性质为公共绿地，占地约 17 hm²。X_7 地块大部分原为采砂弃坑，后期被用作垃圾堆填场地，堆填物主要为建筑垃圾和生活垃圾，建筑垃圾约占整个堆填量的 64.45%，生活垃圾约占 35%。该区域地下水属第四系冲积平原孔隙水，场区内浅层地下水与地表水之间存在水力联系，是相互交叉污染的途径。该区 53 个水样监测结果显示，埋深＞25 m 地下水质量属于较好水质，根据地质勘探结果，X_7 地块污染区域约 17 hm²，受污染的地下水保有量约为 8806 m³。填埋气的污染区域主要集中在生活垃圾回填区，此区域内多个研究点位的甲烷浓度超过或接近 5%，由于甲烷的爆炸极限为 5%～15%，因此这些点位的气体存在安全隐患。

11.2.5.1　地表环境整治

(1)垃圾清运。为避免填埋垃圾降解产生新的渗滤液和填埋气而造成安全隐患，将场区东侧约 1.7 万 m² 的地表堆积垃圾清运至距离较近的北京市大兴区北神树正规填埋场。

(2)地表防渗。X_7 地块场区局部地表土地结构以粉砂土、细砂为主，渗透性能较好，需要进行局部防渗处理。该工程采用 1.5 mm 厚的 HDPE 膜进行防渗，防渗面积约为 1.0 万 m²。

11.2.5.2　地下水污染治理

结合 X_7 地块的具体情况，采用"井群控制"与"抽提处理"结合法，即通过井群控制（水动力控制）将场地内的地下水与周围清洁水源隔离后，利用成熟的水处理技术对抽提出的受污染地下水进行处理。结合场地景观建设，可以利用生活垃圾清运后形成的低洼地改造成人工湿地、氧化塘等对处理后的水进一步净化。

(1)水动力控制工程。井群布设点位主要位于地下水流场下游 NH_3—N 浓度较高的场区，考虑到井群系统的整体性，在地块西南布设 6 眼抽水井，在场区中间布设 2 眼调节井，共 8 眼井形成连续抽水井群。

(2)地埋式生物接触氧化工程。抽提出来的水进入地埋式处理系统，污水中的 COD 及 SS 平均去除率分别达到 70%～80% 和 70%。根据场区第 1 层浅层地下水平均水质设计：TDS 为 2800 mg/L，COD 为 300 mg/L，NH_3—N 为 110 mg/L，pH 值为 6～9。结合后续土地处理系统，应适当控制出水水质，处理后出水达到 $COD_{Cr} \leqslant 150$ mg/L，NH_3—N$\leqslant$ 25 mg/L。

(3)人工湿地及氧化塘工程。经上述措施处理后的水引入人工湿地系统，污水中的 COD 及氨氮的总去除率分别达 60%～80% 和 40%～50%。根据 X_7 地块的现场情况，利用天然形成的表面低洼地带建立人工氧化塘进一步加强水质的净化效果，处理后的出水基本可达到景观环境用水标准。

11.2.5.3 填埋气污染控制

X_7 地块的填埋气控制以生活垃圾回填区为重点区域，场地平整后，在生活垃圾集中区铺设 30～50 cm 厚的碎石，中间埋设穿孔管连通到地面以使气体排出，上面铺设 30 cm 厚的黏土以封闭场地，同时根据地形布设竖井(导气井)，竖井中间为直径 20～30 cm 的穿孔 HDPE 管，周围填充砾石，井深达地下水的稳定水位，上端导出地面，用收集支管连接这些竖井后通过引风机和场区内竖直导管排出。具体工艺流程为有害气体→收集井→收集管→汇流中转器→收集管→引风机→地面导排放空。

11.3 矿业废弃地环境修复

近年来，我国尾矿年排放量高达 15 亿吨以上，但尾矿的综合利用率仅为 18.9%。尾矿和废石累积堆存量近 600 亿吨，其中废石堆存 438 亿吨，75% 为煤矸石和铁铜开采产生的废石；尾矿堆存 146 亿吨，83% 为铁矿、铜矿、金矿开采形成的尾矿。据 2000 年统计资料，我国的矿山企业每年产生固体废弃物 133.8 亿吨，因采矿、开挖和各类废渣、废石、尾矿堆置等，破坏与侵占的土地已近 2 万平方千米，并以每年 200 平方千米的速度增加。每年因采矿引起的塌陷面积达 1150 平方千米，发生采矿塌陷灾害的城市近 40 个，造成严重破坏的 25 个，每年因此造成的损失达 4 亿元人民币以上。采矿产生的废水、废液占全国工业废水排放总量的 10%。另外，采矿占用和破坏了大量的耕地和建设用地。中国的重点金属矿山，约有 90% 是露天开采，每年剥离岩土约 3 亿吨。煤矿井下开采，地面发生大面积塌陷和积水，未经生态恢复的废弃地表面极不稳定，因而采矿活动也是造成水土流失的主要原因之一。矿区废弃地的水土流失直接导致河流淤塞、水患频繁，矿业废弃地的生态恢复已成为我国当前面临的紧迫任务之一，也是我国实施可持续发展、建设绿水青山应该优先考虑的问题之一。

11.3.1 矿业废弃地类型及特点

通常将矿山开采过程中，采矿场、排土场、尾矿场、塌陷区等由于受重金属污染而失去经济利用价值的土地称为矿业废弃地，其不仅包括采矿剥离土、废矿坑、尾矿、矸石和洗矿废水沉淀物等占用的土地，还包括采矿作业面、机械设施、矿山辅助建筑物和矿山道路等先占用后废弃的土地。

矿山建设在很多情况下会引起地下水渗漏，同时会间接诱发二次破坏和污染。矿业废弃地情况及特征描述见表 11—3。

表 11—3　矿业废弃地产生的情况特征描述

废弃地种类	特征描述	形成原因
露天采场	山坡露天矿逐渐形成台阶状的地形地貌，凹陷露天矿将形成台阶状的深坑，台阶坡度较陡，基岩裸露	直接占地
废石场	山谷型和平地型废石场(排土场、排矸场)逐渐形成堆积山，一面或多面形成台阶状，台阶坡度陡，粒度分散，多是岩土混排	直接占地
尾矿库	山谷型和平地型尾矿库逐渐形成堆积山，一面或多面形成台阶状，台阶坡度较陡，粒度细，易受水蚀和风蚀	直接占地
地下采空区	地下开采所形成的地下巷道、硐室、采场等地下空区	直接占地
地下水降落漏斗	保证矿山安全生产而进行的地下水抽排，由此形成地下水降落漏斗区	直接占地
道路管线	占地为条带状，扰动相对较轻微	直接占地
工业场地	采选生产的工业设施，主要为建构筑物	直接占地
办公生活区	矿山办公生活区，主要为建构筑物	直接占地
塌陷地	因地下采空引起，需要较长时间才能稳定，一般不改变地层顺序，呈盆地状、漏斗状、裂缝状	间接诱导产生
受污染水体、土地	含重金属、酸性或碱性等污染物的废水、粉尘对矿山周边水体、土地造成污染，一旦污染发生，修复相当困难	间接产生

根据矿业废弃地的来源可将其划分为 4 种类型：①废石堆废弃地；②采空区及塌陷区废弃地；③尾矿废弃地；④其他类型废弃地。矿山废弃地由于受采矿活动的剧烈扰动，不仅丧失天然的表土特性，而且还具有众多危害环境的极端理化性质。

矿山废弃地的主要特点有：表土层被破坏，导致缺乏植物能够自然生根和伸展的介质、水分缺乏、营养物质不足、毒性物质含量过高；土壤污染限制植物生长，如重金属含量过高、pH 值太低或盐碱化等；养分贫瘠，氮、磷、钾及有机质含量极低，或是养分不平衡，缺乏必要的营养元素，如有效磷浓度低、含氮量极低。土壤基质水分含量低，干旱现象普遍。除上述土壤条件恶化外，植物和土壤群落破坏以及生物多样性减少或丧失等生物因素，给矿区废弃地恢复带来了更加不利的影响。上述问题基本上是各种类型矿山所面临的共同问题。

11.3.2　矿业废弃地对环境的影响

矿业废弃地往往含有多种污染物，如高含量的重金属和有害的选矿材料等，这些污染物通过大气和水体等途径广为扩散，污染矿山及周边地区，导致生态系统受到破坏。未经处理的废石和尾矿堆，因其结构不稳定，还会导致严重的水土流失，并引发地质灾害等，其主要特点表现在以下几个方面。

11.3.2.1　对地表景观的改变

露天开采和地下开采两类采矿方式的排土场、尾矿库均可致开采范围内区域生态和自然景观的数倍破坏。二者的不同之处在于，露天开采以剥离、挖损土地为主，明显改变了采矿场的地表景观，而地下采掘无须剥离表土，从这一点来看，露天开采对地表景观的破坏大于地下开采，但地下开采若不及时填充，则有可能导致地面沉陷，从而改变地面景观。

11.3.2.2　占用和破坏大量的耕地资源

一般来说，有色金属在矿石中的含量相对较低，生产 1 吨有色金属可产生上百甚至几百吨固体废物。矿产资源开发不仅破坏和占用大量土地资源，日益加剧我国人多地少的矛盾，还使周围地区地下水位下降，造成表土缺水，许多地方土壤养分短缺，土壤承载力下降，土地贫瘠，植被破坏，最终导致水土流失加剧，土地沙化、荒漠化，加速土壤侵蚀。许多有害物质长期堆放并经雨淋、风化、渗流等作用渗入土壤，使土壤基质被污染，土壤结构变差。金属矿床的开采、选冶，使地下一定深度的矿物暴露于地表环境，致使矿物的化学组成和物理状态改变，促使金属元素向环境释放，影响地球物质循环，污染环境。因此，矿业废弃地的生态恢复与重建对保护耕地资源，实现可持续发展具有重要的意义。

11.3.2.3　对周围地区产生不良影响

未经覆盖的疏松堆积物由于风蚀和水蚀，使得水土流失加剧、土地沙荒化，大风时灰尘飞扬污染环境，影响农作物生长和人类健康，暴雨时大量泥沙被冲入河道或水库，污染水体并淤积，影响水利设施的正常使用，增加洪泛危害。再者通过影响地表和地下水循环，

常导致土壤质量下降，作物减产，生物多样性丧失，生态系统退化。矿山废弃物特别是尾矿库中往往含有各种污染成分，如重金属含量过高、极端 pH 值产物以及用于选矿而残留的剧毒氰化物等，这些污染物可能会伴随水土流失污染水源和农田。

11.3.2.4　地面塌陷和诱发地震

采矿活动造成的地表植被破坏、水系紊乱以及多采空区将会加剧水土流失，带来极具破坏力的灾害，如泥石流和山洪，更严重的则可能加速荒漠化。人为破坏尤其是矿山采矿及矿石运输是形成沙尘暴的重要因素之一，此外，采矿造成的裸露地面也是产生沙尘流动源的重要因素。据报道，广东凡口铅锌矿地表开裂影响面积近 5 平方千米，建筑受损面积达 7 万平方米，农田受损面积达 0.7 平方千米，使河流中断，矿坑涌水加剧；大同煤矿因采空区顶部冒落产生地震几十次，最大达到里氏 3.4 级。

11.3.2.5　对生物多样性的破坏

勘矿、采矿活动引起的地表与地下扰动会对生物群落造成很大危害，且许多是不可逆转的。裸露的矿业废弃地持续对生物群落产生破坏，并使废弃地周围甚至更大范围内的生物多样性减少和生态平衡失调。

11.3.2.6　对大气环境的破坏

在矿山生产过程中，会有大量的粉尘被排放到空气中，矿山排出的废石和尾矿在风力作用下，也会产生大量粉尘，使清新的空气变得污浊。矿山生产排放废气和粉尘，不仅污染环境，还会造成农业破坏。矿山企业冶炼、烧结等加工过程中排放的粉尘不仅会对周围空气环境造成污染，还会造成土壤板结，影响植物光合作用及授粉，破坏农田植物生长。

11.3.2.7　对水资源的破坏

矿区塌陷、裂缝与矿井疏干排水，使矿山开采地段的储水构造发生变化，造成地下水位下降，井泉干涸，形成大面积疏干漏斗。采矿会破坏植被，造成水分涵养下降，进而破坏地表径流的下渗过程，同时，地下开采会改变地下水流的方向，严重时会使河溪断流。河流作为水的运输通道，在矿区往往被作为废水排放的直接途径，河床常被当作堆场，阻碍行洪。地表径流的变更，使水源枯竭，水利设施丧失原有功能，直接影响农作物耕种。

采矿废水包括生产中排出的地表渗透水、岩石孔隙水、矿坑水、地下含水层的疏放水以及井下生产防尘、灌浆、充填污水、废石场的雨淋污水和选矿厂排出的洗矿、尾矿废水等，这些废水大多呈酸性，以含有大量可溶性离子、重金属及有毒、有害元素为特征。

11.3.3　矿业废弃地修复现状

11.3.3.1　国外矿业废弃地的产生及恢复

据统计，全世界废弃矿山面积约 670 万 hm²，其中露天采矿破坏和抛荒地约占 50%。20 世纪 30 年代，美国在全国 26 个州先后制定了有关露天采矿土地复垦方面的法规，并于 1977 年正式颁布《露天采矿管理与修复（复垦）法》，规定所有矿山都要进行合理的开采和复垦。按照该法规定边开采边修复，经过多年实践后，美国矿山修复率已达到 85%，并在粉煤灰改良土壤、矿区种植作物及矸石山植树造林等方面积累了一定经验。根据美国矿务局调查，美国平均每年采矿占用土地 4500 hm²，被占用土地已有 47% 的矿业废弃地恢复了生态环境，1970 年以来生态恢复率为 70% 左右。美国环境法要求被工业建设破坏的土地必须恢复，由于法律的强制作用及科技的发展，美国矿区环境保护和治理成绩显著，在矿区种植作物、矸石山植树、造林和利用电厂粉煤灰改良土壤等方面做了很多工作，积累了大量经验。

英国、德国、澳大利亚等国政府对采矿造成的地表破坏也十分重视。1970 年英国有矿山废弃土地 7 万 hm²，其中每年煤矿露采占地 2100 hm²，通过法律、经济等措施，生态恢复效果显著。1974—1982 年间，因采矿废弃的 19362 hm² 土地生态恢复面积达 16952 hm²，恢复率达 87%，1993 年露天采矿占用地已恢复 5 万 hm²。德国是世界上重要的采煤国，德国政府对煤矿废弃地的土地复垦及环保问题十分重视，到 2000 年，德国煤矿开采破坏土地 16 万 hm²，62% 已复垦，其中恢复为林业用地 4.77 万 hm²、农业用地 3.11 万 hm²、水域景观 1.20 万 hm²、其他 9600 hm²。德国在废弃地恢复领域的工作可大致划分为 4 个阶段：第 1 阶段（1945 年以前），对各种树木在采矿废弃地的适应性进行了研究。第 2 阶段（1945—1958 年），突出了树种的多样性和树种的混交，同时以法律形式规定矿主必须进行矿山复垦及重建，这一阶段主要是种植杨树。第 3 阶段（1958 年以后），原西德根据不同的采矿废弃地分别种植橡树（Quercus palustris）、山毛榉（Fagus syvatica）和枫树（Acer saccharum marsh）等。原东德褐煤产区先以林业复垦为主，后来逐渐转向农业复垦。两德合并，标志着德国的土地复垦进入第 4 阶段，复垦目标从农林复垦转向复合型土地复垦模式，休闲用地、物种保护用地和景观用地比例上升。由于严格执法，资金渠道稳定，德国的土地复垦与生态恢复取得了很大成绩。澳大利亚则把废弃地的修复视为矿山开采工艺中不可或缺的部分，目前已形成高科技指导、多专业联合、综合修复为特点的修复模式。

11.3.3.2　我国矿业废弃地的产生及恢复

我国各种类型矿区对土地和环境的破坏问题一直都十分突出。目前我国 1500 个各类矿

区开发占用和破坏的土地面积多达 200 万 hm^2(200 亿 m^2),并且每年仍以 3.3~4.7 万 hm^2 的速度递增。在矿区修复方面,一般以土地复垦为主要方式,但目前矿区土地复垦率只有 15%,远低于国际上 50%～70% 的平均水平,欧美国家更是达到 80% 以上。

我国矿山废弃地的土地复垦和生态恢复工作可分为 3 个阶段。第 1 阶段始于 20 世纪 50 年代,是自发探索阶段,主要研究土地退化和土壤退化问题,以实现矿山废弃地的农业复垦为主要目标。由于社会认识、经济和技术方面的原因,直到 80 年代,矿山废弃地修复工作都进展缓慢。1988 年颁布《土地复垦规定》和 1989 年颁布《中华人民共和国环境保护法》,标志着我国土地复垦事业从自发、零散状态进入有组织的修复治理阶段,这一阶段强调生态恢复学理论在基质改良方面的应用。经过 20 多年的发展,土地复垦率从 80 年代初的 2% 提升到 12%,虽取得许多进展,但仍然远低于发达国家 65% 的复垦率水平。从复垦的效果来看,煤矿较好,非金属矿次之,而金属矿山最差。1999 年 1 月 1 日生效的《中华人民共和国土地管理法》标志着第 3 阶段的开始。新土地管理法进一步加大了耕地保护力度,实行了土地用途管制制度、耕地补偿制度,即"占多少、垦多少"和基本农田保护制度,提出了耕地总量动态平衡的战略目标。这一阶段的工作重点转向以生态系统健康与环境安全为目标的生态恢复,《全国土地开发整理规划》《土地开发整理规划编制规程》《土地开发整理项目规划设计规范》等法规相继颁布。2001 年,国务院颁布了《全国生态环境保护纲要》,提出维护国家生态环境安全的目标。本阶段我国土地复垦工作进展迅速,矿山废弃地修复和复垦率迅速上升,例如安徽淮北矿山废弃地复垦率上升到 50%。2011 年生效的《土地复垦条例》取代了 1988 年的《土地复垦规定》,使我国的土地复垦工作进一步规范化、科学化。

11.3.4 矿业废弃地环境修复技术

目前,我国矿业废弃地的生态恢复与重建工作正处于蓬勃发展时期,要恢复生态系统的功能,必须恢复生态系统非生物成分的功能,即进行植被的恢复及动物群落和微生物群落的构建。土壤环境作为矿山废弃地生态系统的重要组成,矿山废弃地的生态恢复与重建很大一部分取决于土壤整治。

11.3.4.1 土壤基质物理修复

(1)客土法。

有些矿山废弃地上根本没有土壤层(如废石堆),必须先在废弃地上覆土,再改良;如果废弃地的毒性很大(如重金属尾矿砂),必须在废弃地上面先铺一层隔离层(可以用压实的黏土或高密聚酯乙烯薄膜),以阻挡有毒物质通过毛细管向上迁移,然后再覆土。客土法的关键是寻找土源和确定覆盖的厚度与方式。

（2）露天采矿废弃地物理复垦技术。

露天采矿主要形成露天的采场和排土场，以及废弃的矿坑和堆放的尾渣，一般情况下修复和复垦方法如下：①露天采场复垦。主要是将排土回填矿坑后，再覆盖一定厚度的表土，形成供农业或林业发展用地。②排土场。复垦主要包括排弃物料的分采、分堆和土场的整治，分采、分堆是根据土壤和砾石的物理化学性质，实现排弃物料在剖面堆砌时形成合理的立体分布，形成适合农用或林用的剖面结构，排土场整治主要是土场的后期整平和边坡修复措施。③废弃矿坑复垦。运用充填复垦技术，现在较成熟的是采用粉煤灰、尾矿砂、淤泥、弃土等充填复垦，该方法既充分利用了固体废弃物，又能防止其占用土地和污染地下水。④尾渣堆复垦。主要采用覆土方法，将废弃尾渣平整后，用熟土和尾渣的混合土进行覆盖。

（3）塌陷地复垦技术。

塌陷地修复，主要包括疏干法、挖深垫浅法和充填复垦法。疏干法指开挖大量排水渠，使塌陷区的积水排干，再加以必要的整修工程，使塌陷区不再积水，得以恢复利用；挖深垫浅法是将塌陷深的区域再挖深，形成水（鱼）塘，取出的土方充填塌陷坑浅的区域，形成耕地，达到水产养殖和农业种植并举的目的；充填复垦法是采用粉煤灰等进行充填。

李芬等通过对采煤沉陷地的新型修复材料的研究发现，粉煤灰和糠醛渣以 4：1 至 9：1 的质量比混配的新型基质，适合多种植物正常生长，而且重金属含量可以实现不超标，为塌陷地的修复提供了新的理论与途径，而且实现废弃物再利用，大大降低了修复成本。

（4）隔离修复。

隔离修复主要使用各种防渗材料，如水泥、黏土、石板和塑料板等，把污染土壤就地与未污染土壤或水体分开，以减少或阻止污染物扩散到其他土壤或水体。常用的有振动束泥浆墙、平板墙、薄膜墙等，该法常用于污染严重、易扩散且污染物又可在一段时间后分解的情况，使用范围较为有限。为减少地表水下渗，还可在污染土壤上覆盖一层阻隔膜，或在污染土壤下面铺一层水泥和石块混合层。

11.3.4.2 土壤基质化学修复

土壤基质的化学修复主要包括固化稳定化技术和淋洗修复技术。固化稳定化技术通常用于重金属和放射性物质污染土壤的无害化处理，将污染物转化为不易溶解，迁移能力或毒性变小的状态和形式。淋洗修复技术是通过解吸附、络合及溶解作用，使重金属从固相土壤中转移到液相淋洗液中，对淋洗液进行循环利用或处理，重金属进行回收处置。

（1）重金属问题。

①易溶磷酸盐。易溶磷酸盐可促使土壤中的重金属形成难溶性盐，减少土壤中大多数重金属的生物有效性。如在土壤中增施易溶性磷酸盐（如 Na_3PO_4 等），可提高土壤中磷的

含量，增加土壤肥力，也可促使重金属形成不溶性化合物（磷酸盐），其形态有利于重金属固定，降低重金属的生物可利用性。

②Ca^{2+}化合物。在废弃地中施加$Ca(OH)_2$或$CaCO_3$等可以解决Ca^{2+}含量低的问题及调节环境的酸性条件。一般来说，重金属氢氧化物溶解度仅次于硫化物，可通过施加$CaCO_3$来提高土壤pH值，降低其溶解度。如在土壤中施用石灰，石灰会和重金属反应生成氢氧化物，促进重金属沉淀。当废弃地的酸性较高时，应少量多次施用碳酸氢盐与石灰，防止局部石灰过多而使土壤呈碱性；对于碱性废弃地，宜采用$CaSO_4$及硫酸氢盐等物质改善土壤环境。

③植物修复。主要利用超积累植物对重金属进行吸收清降，同时改善土壤理化性质，把重金属由基质中转移到植物中（含根茎），随后收割植物地上部分进行集中处理以降低土壤中重金属含量；超积累植物培植也有利于土壤微生物多样性和群落结构改善。

④微生物修复。利用微生物的生命代谢活动，减少土壤中有毒有害物质的浓度或使其完全无害化，从而使受污染的土壤功能部分或完全恢复。有些微生物具有固定重金属的特性，利用微生物对重金属污染介质进行净化，在矿山废水及污染水体治理中效果较好。

(2)酸碱度调节。

当废弃地pH值太低时，向土壤中添加碱性物质以调节土壤pH值是非常有效的，如向土壤中施用生石灰不仅能使土壤中的重金属活性降低，而且能有效调节土壤的酸碱度。

(3)营养元素。

大部分矿山废弃地土壤缺乏氮、磷等营养物质，解决这类问题的办法是使用有机肥，或栽培豆科植物，利用豆科植物的固氮能力提高土壤肥力。有机肥料可采用生物活性有机肥料，如动物粪便、人粪尿、污水污泥等，或生物惰性有机肥料，如泥炭和泥炭类物质及各种矿质添加剂的混合物，这些都可作为阴、阳离子的有效吸附剂，提高土壤缓冲能力，降低土壤中的盐分浓度。同时，加入有机质还可螯合或者络合重金属离子，降低其生物毒性，同时提高基质持水保肥能力。

(4)综合修复。

土壤动物在改良土壤结构、增加土壤肥力和分解枯枝落叶层、促进营养物质循环等方面有重要作用。作为生态系统不可缺少的成分，土壤动物扮演着消费者和分解者的重要角色。因此，在废弃地生态恢复中，若能引进一些有益的土壤动物，将使重建生态系统的结构和功能更加完善。

蚯蚓是世界上最为有益的土壤动物之一，蚯蚓应用于铜矿等废弃地生态恢复中，可以改良废弃地的土壤理化性质，增加土壤通气和保水能力，促进矿业废弃地生态恢复与重建。蚯蚓对土壤的机械翻动还起到了疏松和结构形成作用，能使土壤迅速熟化。此外，蚯蚓粪便含有丰富的有机质和微生物群落，可以促进土壤团聚结构形成，增强水肥保持能力，有利于植物生长和群落演替。

11.3.4.3 土壤基质生物修复

(1)植物稳定技术。矿山废弃地尾矿的采空区剥离表土堆放地分布比较集中,各个区域土壤的肥力以及重金属的含量存在明显差异,选择耐性植物可尽快恢复植被。植物稳定技术相对简单而且容易实现,一方面可减少水土流失,另一方面可降低重金属的迁移扩散。

(2)微生物修复技术。主要通过微生物对重金属的溶解、转化与固定来实现修复。

(3)动物修复技术。是指动物在污染土壤中生长、繁殖、穿插等活动过程中对污染物进行破碎、分解、消化和富集作用,从而使污染物浓度降低或消除的一种生物修复技术。

11.3.4.4 生态修复技术

植被恢复是矿业废弃地生态恢复的关键,几乎所有自然生态系统的恢复总是以植被的恢复为前提。因此,环境条件和适宜树种的选择,是生态恢复的关键。

植物种类的选择应遵循以下几个原则:应选择生长快、适应性强、抗逆性好、成活率高的植物;最初应尽量采用具有改良土壤能力的固氮植物;尽量选择适应性宽的当地优良乡土植物和抗逆性强的先锋树种及多功能植物。同时,树种选择时要考虑其经济价值和多功能效益,最主要的是要抗旱、耐湿、抗污染、抗风沙、耐贫瘠、抗病虫害等,尤其是在矿业废弃地上自然定居的植物,强忍耐性和可塑性应该作为优先考虑的因素。有关资料显示,禾本科与茄科植物对铅锌矿渣恶劣环境具有较强的忍耐能力,许多一年生和两年生植物,如白茅、辣蓼、白草、铁线草等可作为先锋植物选用。

在矿业废弃地恢复过程中,通过人工辅助植被恢复,使土壤的物理化学性质得到改善,从而缩短植被演替周期,加快矿业废弃地的生态重建进程。在进行物种配量时,往往按照草本—灌木—木本植物合理搭配,其中豆科植物和其他固氮植物起着关键性的作用。

(1)植物配置养护技术。

在植物搭配上,主要从生态性、经济性、功能性等方面考虑,例如在云南大红山矿区植被恢复中,考虑到植被恢复后将移交地方管理,植被配置首先以植被快速恢复为主,结合附近林业产业发展需求,采用乔灌结合、竹灌结合的方式。

在不同的自然条件下,植物养护技术也需要有更强的针对性。北方大部分矿区自然条件差,水资源缺乏,植物成活率、保存率低。因此,在植被恢复工程中必须考虑耐旱性,在雨季通过综合运用集水技术、保水剂、地膜或植物材料覆盖技术、营养袋和容器苗技术、生根粉处理技术等,进行植被有效快速恢复。

(2)植被营造技术。

①客土喷播。客土喷播是生产上最经济的植被恢复方法,在喷播草种的同时,夹杂木

本植物种子一起喷播在具有植生基质附着的边坡上。

②鱼鳞坑与围堰栽植。利用边坡特殊的有利微地形特点，采用挖鱼鳞坑或围堰砌筑或用植生袋叠置燕窝状栽植槽，然后在坑内或槽内栽植目的树种，进行矿山边坡森林化构建。

③容器苗栽植。在种子发芽迟缓或因其他影响而不适宜直播的情况下，可利用容器苗栽植。生产适合矿山边坡专用的容器苗，是矿山边坡植被森林化构建的一种行之有效的方法，可以弥补喷播的不足。

11.3.5 矿业废弃地应用性修复

11.3.5.1 农业复垦

山地和丘陵地区，地势不平，塌陷不深的地方可适当平整，不用做其他治理，直接进行复垦；平原地区，地表破坏塌陷不深，经过平整后，根据潜水位的高低可以改造成旱地或水田；地表破坏塌陷较深，潜水位较低的平原地区，可采用在塌陷区内先充填后覆土的改造方法，然后复垦；对面积较大，塌陷深、潜水位浅的塌陷区，要进行综合治理，采用"挖深填浅"的方法，对边缘地带进行填充，然后复垦。

11.3.5.2 林牧复垦

山地和丘陵地区，一般土地原本不平整，塌陷后更加难以平整，宜整治为园地，进行经济作物的种植，或植树造林；对土地贫瘠、地势高、坡度大的土地，可复垦为林地或牧地；对坡度在 $10°\sim15°$ 的低丘陵塌陷区或露天采煤后整治平整覆土、阳光比较充足的地区，适宜牧草种植或林业种植。

11.3.5.3 渔业复垦

一般情况下，平原地区的塌陷地，深度超过 2 m 的积水区即可开辟为渔场，对于长年积水区，在"挖深填浅"后，塌陷区深处可以进行水产养殖；对正在采煤的塌陷区，由于塌陷仍在进行，可以采取鱼鸭混养的粗放复垦模式。

11.3.5.4 旅游复垦

对充填后的塌陷地进行合理规划后，设置旅游景点，或栽种有观赏价值的树木、花草，或利用塌陷地修建小桥、湖泊，湖中养鱼，供人观赏；对于水面大、水体深、水质好的塌陷区，可兴建水中公园或游乐中心。

11.3.5.5 水源复垦

塌陷地水源复垦就是合理开发利用塌陷盆地，使塌陷地尽可能多地蓄积降雨，补给地下水，或进行水产养殖、灌溉土地等。这种模式对于水源较缺的北方，是一个很好的水资源开发途径，对水质优良的塌陷区，可开发为新的水源地，建立水厂，经净化处理将积水改造成饮用水，以缓解市区、厂矿企业和居民用水紧张的情况。

11.4　露天采矿场环境修复

露天开采破坏大量土地及植被，大量表层岩石和土壤被剥离和毁弃，扰乱地表水和地下水系统，伴随着重金属、粉尘、弃渣等环境污染物排放，造成严重的生态问题和环境污染。因此，露天采矿场的修复，比废石场的修复更为紧迫，也更加困难。一般地，可根据露天采矿场的深度及修复时所采用的充填料来源和性质，将露天采矿场的修复分为 4 种不同的类型。

11.4.1　无覆盖层的浅采矿场修复

无覆盖层的浅采矿场(Shallow strip mining without overburden)，是指覆盖很薄，开采深度小于 30 m 的采矿场，如开采石灰石、花岗岩等矿物的露天采矿场。这类采矿场可分为两种类型，即水淹型采矿场和干涸型采矿场。

对于水淹型露天采矿场，如果其中的水体与其他水系(地表水或地下水)没有连通，则可用一般充填料充填进行修复；如果其中的水体与其他水系相连通，为了保护其他水系不受污染，则应对充填料进行严格的选择。禁止采用未处理过的固体废物进行充填，一般应选用惰性充填料，最好是采用硬岩、碎砖石、炉渣以及从建筑场地收集的材料进行充填。充填之后，可作为基建用地，也可在其上覆盖一定厚度的腐殖土，进行人工栽植。如果淹没采矿场的水体中不含重金属，还可改造成水库，发展养殖业或将水体作为其他工业用水的水源，也可开辟成水上公园或水上运动场，以美化环境，供人游览。英国诺森伯兰郡的一座露天矿，已规划成海滨公园中的一个人工湖，可划船、游泳等，供人们游览娱乐之用。

对于干涸的露天采矿场，可采用交错循环修复法进行修复，即在采矿场中堆积一层垃圾，再堆积一层泥土和碎石，交替进行充填。一般垃圾层的厚度可取 2 m 左右；泥土、碎石层的厚度可取 30 cm，交错法修复后可作为居民区或工业生产用地，也可用作人工造林。

11.4.2　有覆盖层的浅采矿场修复

有覆盖层的浅采矿场(Shallow strip mining with overburden)，是指覆盖层比较厚，开采深度在 30 m 以下的露天采矿场。在开采这类矿产的过程中，通常剥采比都较大，一般为10∶1 或 15∶1。由于采矿场覆盖层比较厚，修复物料充足，因此，用覆盖层来补偿被采出矿石后的采矿场进行全面修复是完全可能的。在这种条件下，修复通常与采矿同时进行，

即在回采中，同时设置上、下两个区，实行上采矿下剥离，或下采矿上剥离的平行作业采剥方式，使采矿和剥离互不干扰。在采场布置上，沿矿体走向每隔 400 m 划分一个采场，在采场内再按长乘宽划分成若干个采矿段，在采矿段内又划分为若干个采矿带，以便实现上矿段、矿带剥离采矿，下矿段、矿带回填修复。

11.4.3　无覆盖层的深采矿场修复

无覆盖层的深采矿场(Deep strip mining without oveburden)，是指没有覆盖层或覆盖层极薄，开采深度却大于 30 m 的露天采矿场。这类采矿场在开采过程中，因剥离下来的废石很少，故不可能用剥离下来的覆盖层大量回填修复。在这种情况下，对于水淹型采矿场，可以整修成水库，发展养殖业或作生产和生活水源，如美国的曼迪普石灰石矿的采矿场被整修成水库，其水量达 $1.2 \times 10^8 \, m^3$，可供矿区附近布里斯托尔城的全部用水量。对于无法回填的干涸采矿场，可整修成其他用途的场地，如用作军用射击场或其他试验场；也可作为自然保留地或保持地质露头，为在岩石环境下生长罕见植物创造有利条件，供游览之用。英国有不少矿山在开采结束后，被开辟成自然保留地，供游人参观。

11.4.4　有覆盖层的深采矿场修复

有覆盖层的深采矿场(Deep strip miningwith overburden)，是指覆盖层厚度比较大，开采深度超过 30 m 的有色金属矿或煤矿的露天采矿场。这类采矿场在开采过程中，由于覆盖层厚，剥采比大，可提供大量废石、煤矸石和表土在修复时进行回填，对采矿场进行全面修复。除对露天矿的采矿场进行修复外，对地下开采的采空区也应进行修复并重复利用，如采用废石尾矿对不稳固的采空区进行充填，不但可以减少地表固体废物的堆存量，节省更多土地面积，还可防止地表沉陷与土地破坏。对于稳固的地下采空区或井巷，可加以修整用作军火库、火药库、民防工程、蘑菇养殖场或作其他地下工程用。英国的史思斯潘贝斯煤矿由于矿层几乎是水平的，用房柱法开采的水平面积高达 450 m² 以上，而且距地表仅 30 m 高，又有平硐作为入口，因此用作军火库。美国地下矿山采空区主要用作仓库和民防工程，目前重复利用率已达 25%。

◆作业◆

概念理解

污染场地；污染场地健康风险评估；场地修复；矿山废弃地；生态修复。

问题简述

(1)场地环境监测的目标是什么？包括哪些类型？

（2）污染场地修复的工作程序是怎样的？

（3）垃圾填埋场污染修复的常用方法有哪些？

（4）请系统阐述重金属污染场地的主要修复技术。

（5）矿山废弃地生物修复的途径与方法有哪些？

系统阐述

（1）试论述如何进行污染场地调查和风险评估？

（2）结合我国矿山修复治理的现状，系统论述我国矿山修复治理中存在的问题，并提出相应的解决方案。

◆进一步阅读文献◆

陈梦舫.我国工业污染场地土壤与地下水重金属修复技术综述[J].中国科学院院刊,2014,29(3):327-335.

陈卫平,谢天,李笑诺,等.欧美发达国家场地土壤污染防治技术体系概述[J].土壤学报,2018,55(3):527-542.

韩伟,叶渊,焦文涛,等.污染场地修复中原位热脱附技术与其他相关技术耦合联用的意义、效果及展望[J].环境工程学报,2019,13(10):2302-2310.

廖高明,马杰,谷春云,等.污染场地卤代烃非生物自然衰减研究进展[J].环境科学研究,2021,34(3):742-754.

刘慧,仓龙,郝秀珍,等.铜污染场地土壤的原位电动强化修复[J].环境工程学报,2016,10(7):3877-3883.

罗明,于恩逸,周妍,等.山水林田湖草生态保护修复试点工程布局及技术策略[J].生态学报,2019,39(23):8692-8701.

吕永高,蔡五田,杨骊,等.中试尺度下可渗透反应墙位置优化模拟——以铬污染地下水场地为例[J].水文地质工程地质,2020,47(5):189-195.

生态环境部.矿山生态环境保护与恢复治理方案(规划)编制规范(试行):HJ 652-2013[S].北京:中国环境科学出版社,2013.

生态环境部.矿山生态环境保护与恢复治理技术规范(试行):HJ 651-2013[S].北京:中国环境科学出版社,2013.

生态环境部.场地环境调查技术导则:HJ 25.1-2014[S].北京:中国环境科学出版社,2014.

生态环境部.场地环境监测技术导则:HJ 25.2-2014[S].北京:中国环境科学出版社,2014.

生态环境部.污染场地风险评估技术导则:HJ 25.3-2014[S].北京:中国环境科学出版社,2014.

生态环境部.污染场地土壤修复技术导则:HJ 25.4-2014[S].北京:中国环境科学出版社,2014.

生态环境部.污染地块风险管控与土壤修复效果评估技术导则:HJ 25.5-2018[S].北京:中国环境科学出版社,2018.

孙涛,陆扣萍,王海龙.不同淋洗剂和淋洗条件下重金属污染土壤淋洗修复研究进展[J].浙江农林大学学报,2015,32(1):140-149.

王美娥,丁寿康,郭观林,等.污染场地土壤生态风险评估研究进展[J].应用生态学报,2020,31(11):3946-3958.

王艳伟,李书鹏,康绍果,等.中国工业污染场地修复发展状况分析[J].环境工程,2017,35(10):175-178.

晏闻博,柳丹,彭丹莉,等.重金属矿山生态治理与环境修复技术进展[J].浙江农林大学学报,2015,32(3):467-477.

杨金燕,杨锴,田丽燕,等.我国矿山生态环境现状及治理措施[J].环境科学与技术,2012,35(S2):182-188.

赵玲,滕应,骆永明.我国有机氯农药场地污染现状与修复技术研究进展[J].土壤,2018,50(3):435-445.

赵文廷,石鹤飞,周亚鹏,等.矿山固体废弃物种植混合土配制方法及生态修复实效[J].金属矿山,2016(11):147-151.

郑凡东,熊燕娜,廖日红,等.亦庄 X_7 地块非正规垃圾填埋场综合整治技术应用[J].北京水务,2008(6):15.

Bauman J M,Cochran C,Murphy B C,et al.American chestnut's role in the ecological restoration of coal-mined landscapes[J].Journal of the American Chestnut,2013,27(5):15.

Borch T,Roche N,Johnson T E.Determination of contaminant levels and remediation efficacy in groundwater at a former *in situ* recovery uranium mine[J].Journal of Environmental Monitoring,2012,14(7):1814-1823.

Jones D L,Williamson K L,Owen A G.Phytoremediation of landfill leachate[J].Waste Management,2006,26(8):825-837.

Josa R,Jorba M,Vallejo V R.Opencast mine restoration in a Mediterranean semi-arid environment:Failure of some common practices[J].Ecological Engineering,2012,42:183-191.

Jun D,Yongsheng Z,Xiaobo Z,et al.PRB technology *in situ* remediation of groundwater polluted by landfill leachate[J].Environmental Science,2003,5:28.

Kim K R,Owens G.Potential for enhanced phytoremediation of landfills using biosolids—a review[J].Journal of Environmental Management,2010,91(4):791-797.

Koch J M,R J Hobbs.Synthesis:Is Alcoa successfully restoring a jarrah forest ecosystem after bauxite mining in Western Australia? [J].Restoration Ecology,2007,15:137-144.

Mukhopadhyay S,Maiti S K,Masto R E.Use of Reclaimed Mine Soil Index (RMSI) for screening of tree species for reclamation of coal mine degraded land[J].Ecological Engineering,2013,57:133-142.

Mignardi S,Corami A,Ferrini V.Evaluation of the effectiveness of phosphate treatment for the remediation of mine waste soils contaminated with Cd,Cu,Pb,and Zn[J].Chemosphere,2012,86(4):354-360.

Ngugi M R,Neldner V J.Two-tiered methodology for the assessment and projection of mine vegetation rehabilitation against mine closure restoration goal[J].Ecological Management & Restoration,2015,16(3):

215-223.

Pardo T, Clemente R, Alvarenga P, et al. Efficiency of soil organic and inorganic amendments on the remediation of a contaminated mine soil: Ⅱ. Biological and ecotoxicological evaluation[J]. Chemosphere, 2014, 107: 101-108.

Rebele F, Lehmann C. Restoration of a landfill site in Berlin, Germany by spontaneous and directed succession[J]. Restoration Ecology, 2002, 10(2): 340-347.

Renou S, Givaudan J G, Poulain S, et al. Landfill leachate treatment: Review and opportunity[J]. Journal of Hazardous Materials, 2008, 150(3): 468-493.

Robinson G R, Handel S N. Forest restoration on a closed landfill: Rapid addition of new species by bird dispersal[J]. Conservation Biology, 1993, 7(2): 271-278.

Robinson G R, Handel S N, Schmalhofer V R. Survival, reproduction, and recruitment of woody plants after 14 years on a reforested landfill[J]. Environmental Management, 1992, 16(2): 265-271.

Remon E, Bouchardon J L, Cornier B, et al. Soil characteristics, heavy metal availability and vegetation recovery at a former metallurgical landfill: Implications in risk assessment and site restoration[J]. Environmental Pollution, 2005, 137(2): 316-323.

Selverston M D, Hilton S M. Mine remediation and historical archaeology: A gold mine's tale[C]//Proceedings of the Society for California Archaeology, 47th Annual Meeting, Berkeley, Calif. 2013, 27: 193-204.

Simmons E. Restoration of landfill sites for ecological diversity[J]. Waste Management and Research, 1999, 17(6): 511-519.

Suer P, Andersson-Sköld Y. Biofuel or excavation? —Life cycle assessment (LCA) of soil remediation options[J]. Biomass and Bioenergy, 2011, 35(2): 969-981.

Vasudevan N K, Vedachalam S, Sridhar D. Study on the various methods of landfill remediation[C]// Workshop on Sustainable Landfill Management, 2003: 309-315.

Andersson-Sköld Wong J T F, Chen X W, Mo W Y, et al. Restoration of plant and animal communities in a sanitary landfill: a ten years case study in Hongkong[J]. Land Degradation & Development, 2015.

Zhan J, Sun Q. Development of microbial properties and enzyme activities in copper mine wasteland during natural restoration[J]. Catena, 2014, 116: 86-94.

Zhenqi H, Peijun W, Jing L. Ecological restoration of abandoned mine land in China[J]. Journal of Resources and Ecology, 2012, 3(4): 289-296.

Zhou L, Li Z, Liu W, et al. Restoration of rare earth mine areas: organic amendments and phytoremediation [J]. Environmental Science and Pollution Research, 2015: 1-10.

名词索引